動手玩
Python/MicroPython
ESP32
物聯網互動設計

序

隨著自造風潮興起，近年來創客（Maker）常使用 Arduino、ESP8266、ESP32、BBC micro:bit 及樹莓派 Raspberry Pi Pico W 等開發板，來進行嵌入式系統產品開發。這些開發板最大的優點是開源（open-source），軟體源碼及硬體電路都是開放的，具有大量的函式庫支援不同的硬體模組，簡化了周邊元件的底層控制程序。支援常用的 C/C++、Python 語言，讓初學者可以多元選擇、快速入門。

Arduino 及 Micro:bit 開發板只有支援藍牙無線通訊，但不支援 Wi-Fi，必須配合 Wi-Fi 模組才能連網。而 ESP8266、ESP32 及 Raspberry Pi Pico W 支援 Wi-Fi，可以直接連網。樂鑫（espressif）科技製造的 ESP8266 / ESP32 晶片，價格低廉，深受創客喜愛，與 Arduino、BBC micro:bit 相比，具連網功能，應用更多元。常用的 ESP8266 開發板如 Wemos D1 mini 開發板、NodeMCU ESP8266 開發板。常用的 ESP32 開發板如 Wemos D1 ESP32 開發板、NodeMCU ESP32 開發板。

MicroPython 是澳大利亞程式設計師及理論物理學家達米安‧喬治（Damien George）於 2013 年在 Kickstarter 平台成功募資建立。MicroPython 是將 Python 的一小部份標準函式庫濃縮並優化成小型包，再加上 machine、network 等硬體相關控制套件，載入微控制器中運行的一種開源 Python 3 直譯器。MicroPython 支援 Arduino、ESP8266、ESP32、ARM 等微控制器開發板，與 Python 相容性高。本書使用 NodeMCU ESP32-S 開發板、配合 Thonny IDE 軟體，來開發物聯網相關應用專題。只要稍加修改書中範例程式，也可適用於 ESP8266 開發板。

本書完全是以一個從未學習過電子、資訊相關知識的初學者角度，來設計多元化的實習單元並且詳細解說。各章包含相關知識、函式說明、實作練習及專題實作四部份，其中相關知識詳述實習所需基本知識，函式說明詳述實習所需函式的功用。實作練習及專題實作讓讀者真正動手做，快速建立基礎，提升學習的樂趣。

全書使用全彩印刷，擬真繪製的電路圖，讓初學者容易上手，按圖施工、保證成功。所有範例程式模組化且前後連貫一致，讀者只要結合本書部份範例，再加上自己的創意巧思，就能輕鬆建構並設計出有趣又好玩的互動作品。

全書所有範例及練習解答請至以下網址下載，將檔案上傳至 MicroPython 板的微控制器中，即可執行其功能。

http://books.gotop.com.tw/download/AEH004900

楊明豐

本書特色

學習最容易： 使用 Python 開發程式，相較於 C/C++語法簡單、易學易懂且學習資源豐富。

學習花費少： 本書所使用的 NodeMCU ESP32-S 開發板價格不到 300 元，MicroPython 直譯器可在官網 https://micropython.org/download/免費下載。NodeMCU ESP32-S 開發板、周邊元件及模組皆可在電子通路商購買。軟體使用 Thonny IDE 軟體，可在 Thonny 官網免費下載。

學習資源多： Python 提供大量且用途廣泛的標準函式庫，在官網上可以找到多元的技術支援資料，網路上也提供相當豐富的第三方套件庫（Package）共享資源。硬體開發商也有多樣化周邊模組及套件庫可以使用。

學習模組化： 全書程式模組化且前後連貫一致，讀者發揮巧思創意結合部分範例程式，即能輕鬆設計完成互動作品。

內容多樣化： 使用常用元件及模組，包含發光二極體、矩陣型 LED 模組、七段顯示器模組、液晶顯示器模組、蜂鳴器、指撥開關、按鍵開關、矩陣鍵盤、直流馬達、伺服馬達、步進馬達、RFID 模組，以及各類型感測器如光敏電阻、超音波感測器、溫度感測器、溼度感測器、三軸加速度計、三軸數位陀螺儀感測器等，精心設計近 **60 個**豐富多樣化的實用範例。

應用生活化： 生活化的單元教學設計，除了提高學生學習興趣之外、也能培養學生創意設計的**素養能力**。專題實作涵蓋廣告燈、自行車燈、調光燈、電子輪盤、電子時鐘、電子琴、音樂盒、數位電壓表、小夜燈、測距儀、地震儀、停車場自動計數計、字幕機、觸控調光燈、自動窗簾、智慧農場、Wi-Fi 智能插座、RFID 防盜感應門鎖等實用的生活化應用。

商標聲明

CONTENTS

目錄

1 認識 Micropython 與 ESP 開發板

2 Python 程式語言基礎

3 Python 串列、元組、字典與集合

4　發光二極體互動設計

7 聲音元件互動設計

8 感測器互動設計

9 矩陣型 LED 互動設計

10 液晶顯示器互動設計

11 OLED 顯示器實習

12 馬達互動設計

13 HTTP 物聯網互動設計

14 Blynk 物聯網互動設計

15 MQTT 物聯網互動設計

16 IFTTT 物聯網互動設計

17 BLE 物聯網互動設計

A 實習器材表

CHAPTER

1

認識 Micropython 與 ESP 開發板

1-1 認識 Python 與 MicroPython

1-1-1 認識 Python

Python 由荷蘭電腦程式設計師吉多·范羅蘇姆（Guido van Rossum）於 1980 年代後期研發，是一種開放源碼（open-source）的直譯（Interpret）程式語言。相較於 C++ 或 Java，Python 使用更簡潔易懂的程式碼編程，實現簡單且高效的物件導向設計。Python 提供大量且用途廣泛的標準函式庫，在 Windows 安裝檔中基本上已經包含整個標準函式庫。除了標準函式庫之外，也可以到官網 pypi.org 第三方套件儲存庫（Package Index，簡稱 PyPI）或是 Python 社群，取得更多的套件。Python 是直譯程式語言，逐行執行 Python 指令（script），如果該行有錯誤，就會立即停止執行並且顯示錯誤訊息，非常適合初學者學習。

如圖 1-1 所示 C++ 及 Python 九九乘法表程式範例，Python 與 C++、Java 等高階程式語言不同，**Python 以縮排取代大括號**，讓程式更簡潔易讀。另外，**Python 使用動態變數，不必宣告變數的資料型態**，讓程式設計人員可以更快速編寫程式。

C++ 程式語言

```
#include <iostream>
using namespace std;
int i,j;                                    //宣告整數型態的靜態變數。
int main()                                  //主程式。
{                                           //使用大括號表達程式結構。
    for(i=1;i<=9;i++)                       //整數變數 i=1~9。
    {                                       //使用大括號表達程式結構。
        for(j=1;j<=9;j++)                   //整數變數 j=1~9。
        {                                   //使用大括號表達程式結構。
            cout<<i<<"*"<<j<<"="<<i*j<<'\t';//輸出。
        }                                   //使用大括號表達程式結構。
        cout<<endl;                         //換行。
    }                                       //使用大括號表達程式結構。
}                                           //使用大括號表達程式結構。
```

Python 程式語言

```
for i in range(1, 10):                      #動態變數 i=1~9。
    for j in range(1, 10):                  #動能變數 j=1~9。
        print(f'{i}x{j}={i * j:2}', end='') #使用縮排表達程式結構。
    print()                                 #輸出。
```

圖 1-1　C++ 與 Python 九九乘法表程式範例

1-1-2 認識 MicroPython

　　MicroPython 是澳大利亞程式設計師及理論物理學家達米安·喬治（Damien George）於 2013 年在 Kickstarter 平台成功募資建立。MicroPython 是將 Python 的一小部份標準函式庫濃縮並優化成小型包，再加上 **machine**、**network** 等硬體相關控制套件，載入微控制器中運行的一種開源 **Python 3** 直譯器。MicroPython 支援 Arduino、ESP8266、ESP32、ARM 等微控制器開發板，與 Python 相容性高，如果您已經了解 Python，就可以快速輕鬆上手 MicroPython。

　　如圖 1-2 所示 pyboard 是官方的 MicroPython 開發板，使用 MicroUSB 介面，內部配置 32 位元 ARM 168MHz Cortex M4 CPU 核心、1024KB 快閃（Flash）ROM 和 192KB RAM、Micro SD 卡槽、三軸加速度計（MMA7660）及 30 支通用型輸入 / 輸出介面（General-purpose input/output，簡稱 GPIO），價格約新台幣 800 元。

圖 1-2　MicroPython pyboard 開發板

1-2　認識 ESP8266 與 ESP32 開發板

　　如圖 1-3(a)所示 ESP8266 ESP-01 模組，由深圳安信可（Ai-Thinker）科技於 2014 年 8 月所開發生產，具有完整 TCP/IP 協定可以連接 Wi-Fi 網路。因其價格不到百元，上市後深受許多創客（Maker）的喜愛，並且用來開發物聯網（Internet of Things，簡稱 IoT）相關應用產品。

(a) 外觀

(b) 接腳圖

圖 1-3　ESP8266 ESP-01 模組

ESP-01 模組核心晶片 ESP8266，是由深圳樂鑫（Espressif）科技所開發，內建低功率 32 位元微控制器。ESP8266 具備 UART、I2C、GPIO、PWM 及 ADC 等功能，可應用於家庭自動化、遠端監控、穿戴電子及物聯網等相關產品。ESP8266 晶片本身沒有內建記憶體可以儲存韌體，必須外接 Flash 記憶體。如圖 1-3(b)所示 ESP8266 ESP-01 模組接腳圖，使用 25Q80 串列式 Flash 記憶體，具有 8Mbits 容量。晶片最高運作頻率可達 52MHz，ESP-01 模組使用 26MHz 石英晶體振盪器當作計時時鐘。

安信可科技利用 ESP8266 晶片開發 ESP-01 到 ESP-12 等 12 種模組，主要差異是有金屬屏蔽罩（如 ESP-06、ESP-07、ESP-08、ESP-12）、內建印刷電路板天線（如 ESP-01）、陶瓷天線（如 ESP-03、ESP-07、ESP-11）、外接天線（如 ESP-07）、完整提供 GPIO 接腳（如 ESP-03、ESP-04、ESP-06、ESP-07、ESP-08、ESP-12）或是部份提供 GPIO 接腳（如 ESP-01、ESP-02、ESP-11）、ADC 功能（如 ESP-12）等。ESP-01 模組需使用 AT 指令，才能進行物聯網控制，繁複的軟體設定，不適合初學者學習。**ESP-01 模組只有一支 GPIO 腳可用，常搭配 Arduino 開發板來增加 GPIO 接腳。**

樂鑫科技繼 ESP8266 晶片之後，於 2016 年 9 月發布旗艦級產品 ESP32 晶片。ESP8266 晶片使用工作頻率 80MHz 單核心的 CPU，而 ESP32 使用雙核心、CPU 最高工作頻率 240MHz，且有更多 GPIO、更多 ADC 及更快 Wi-Fi，而且支援低功耗藍牙（Bluetooth Low Energy，簡稱 BLE）傳輸。有些廠商會將 ESP8266 晶片或 ESP32 晶片，結合 USB 晶片及電源電路等，包裝成適合 MicroPython 使用的開發板，如 Wemos D1 mini、Wemos ESP32 WROOM-32、NodeMCU ESP8266 及 NodeMCU ESP32 等多種開發板。配合使用 Thonny IDE 開發軟體，可以快速開發物聯網產品。

1-2-1 Wemos D1 mini 開發板

如圖 1-4 所示 Wemos D1 mini 開發板，使用單核處理器 ESP8266 晶片，工作頻率 80MHz，使用 microUSB 介面，內建 ESP8266 ESP-12E 模組及 4MB Flash 記憶體。

(a) 外觀

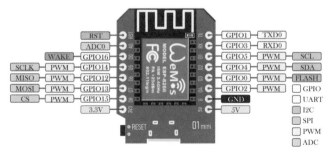

(b) 接腳圖

圖 1-4　Wemos D1 mini 開發板

　　Wemos D1 mini 開發板有 9 支可用的 GPIO 接腳 16、5、4、0、2、14、12、13、15，依序編號為 D0~D8。提供 UART、I2C、SPI 等串列介面，8 個 PWM 及 1 個 10 位元 ADC 輸入 A0（最大輸入電壓 3.3V，解析度 0~1023）。Wemos D1 mini 開發板使用 GPIO1（TXD）及 GPIO3（RXD）當做 UART 介面，除了 GPIO16（D0）之外，其餘 GPIO（D1~D8）接腳皆可支援中斷及 PWM 功能。

　　第一次將 Wemos D1 mini 開發板連接到電腦的 USB 端口時，需要安裝 CH340 驅動程式，CH340 晶片負責 USB 與串列信號轉換。Wemos D1 mini 開發板尺寸為 34 mm×25.5mm，內建一個 LED 連接在 GPIO2（D4），可以作為測試之用。開發板重置時，GPIO0（D3）及 GPIO2（D4）必須保持在高電位，GPIO15（D8）必須保持在低電位，才能成功重置。

1-2-2　NodeMCU ESP8266 開發板

　　NodeMCU 開發板有 ESP8266 及 ESP32 兩種包裝，兩種包裝都具有 V2 及 V3 兩種版本，不同版本引出的接腳不同。**V2 版本使用 CP2102 USB 晶片，V3 版本使用 CH340 USB 晶片。**第一次將 NodeMCU 8266-V2 開發板連接到電腦的 USB 埠口時，需要安裝 CP2102 驅動程式。

　　如圖 1-5 所示 NodeMCU ESP8266-V2 開發板，與 Wemos D1 mini 使用相同的 ESP8266 ESP-12E 模組，功用大致相同。NodeMCU ESP8266-V2 開發板內建兩個 LED，一個連接在 ESP-12E 模組上的 GPIO2（D4），另一個連接在 NodeMCU 底板上的 GPIO16（D0）。**ESP8266 每支 GPIO 接腳輸出最大電流 12mA。**

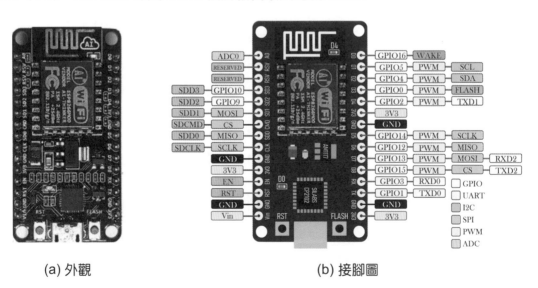

(a) 外觀　　　　　　　　　　　(b) 接腳圖

圖 1-5　NodeMCU ESP8266-V2 開發板

1-2-3 NodeMCU ESP32 開發板

　　如圖 1-6 所示 NodeMCU ESP32-V3 開發板，使用雙核心處理器 ESP32 晶片，工作頻率 160MHz~240MHz。NodeMCU ESP32 開發板有 20 支可用 GPIO 接腳 0、2、4、5、12~19、21~23、25~27、32、33。GPIO34、35、36 及 39 只能當輸入腳，而且沒有內建上升電阻。

　　NodeMCU ESP32 開發板提供 UART、I2C、SPI 等串列介面，20 組 PWM，10 組內建電容觸控感測器 TOUCH0~TOUCH9（GPIO4、0、2、15、13、12、14、27、33、32）及 16 組 12 位元 ADC 輸入（解析度 0~4095）。NodeMCU ESP32-V3 開發板使用 GPIO1、GPIO3 當做 UART 介面，內建兩個 LED，一個連接在 NodeMCU 底板上的 GPIO2，一個為電源指示燈。**EN 按鍵功用為重置（reset），IO0 按鍵連接 GPIO0。**

　　第一次將 NodeMCU ESP32-V3 開發板連接到電腦的 USB 端口時，需要安裝 CH340 驅動程式，CH340 晶片負責 USB 與串列信號轉換。NodeMCU ESP32-V3 開發板尺寸為 25.4mm×48.3mm，內置一個 LED 連接在 GPIO2，可以作為測試之用。**ESP32 每支 GPIO 接腳輸出最大電流 40mA。**

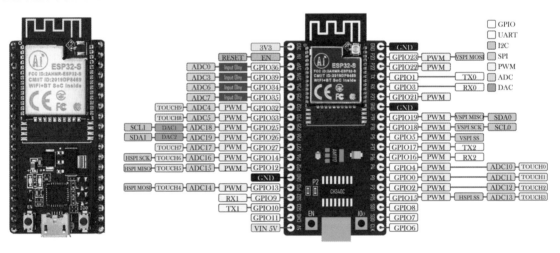

(a) 外觀　　　　　　　　　　　　　(b) 接腳圖

圖 1-6　NodeMCU ESP32-V3 開發板

1-2-4 ESP8266 及 ESP32 的特性比較

　　如表 1-1 所示為創客常用的三種開發板 Arduino Uno、ESP8266 及 ESP32 的特性比較。ESP8266 開發板與 ESP32 開發板內建 Wi-Fi 模組，可以直接用來開發物聯網產品，而 Arduino Uno 開發板必須再搭配如 ESP-01 等 Wi-Fi 模組，才能開發物聯網產品。

ESP8266 開發板只有一組 ADC 介面，可以搭配恩智浦（NXP）半導體公司生產的 PCF8591 來擴增四組 ADC 介面。

表 1-1　Arduino Uno、ESP8266 及 ESP32 特性比較

特性	Arduino Uno	Wemos D1 mini ESP8266	NodeMCU ESP8266	NodeMCU ESP32
工作電壓	5V	3.3V	3.3V	3.3V
MCU	AVR ATmega328P	Tensilica Xtensa LX106	Tensilica Xtensa LX106	Tensilica Xtensa LX6
核心	單核 20MHz	單核 80 / 160MHz	單核 80 / 160MHz	雙核 160 / 240MHz
資料寬度	8 位元	32 位元	32 位元	32 位元
Flash ROM	32KB	1~4MB	1~4MB	4~32MB
SRAM	16KB	64KB	64KB	520KB
GPIO	14	9	9	20
UART	1	1	1	1
I2C	1	1	1	2
SPI	1	1	1	2
PWM	6	8	8	20
ADC	6 (10 位元)	1 (10 位元)	1 (10 位元)	16 (12 位元)
DAC	無	無	無	2
Wi-Fi	無	802.11b/g/n	802.11b/g/n	802.11b/g/n
藍牙	無	無	無	BLE 4.2
內建電容觸控	0	0	0	10 組
內建溫度感測	0	0	0	1
內建霍爾感測	0	0	0	1

1-2-5　安裝 CH340 晶片驅動程式

　　Wemos D1 mini 開發板、NodeMCU ESP8266-V3 開發板及 NodeMCU ESP32-V3 開發板，都是使用 CH340 USB 晶片來負責 USB 與 UART 之間的信號轉換。第一次將開發板連接到電腦的 USB 埠口時，需要安裝 CH340 晶片驅動程式，安裝步驟如下所述。

STEP 1

1. 在 Google 搜尋欄位中輸入「CH340 driver wemos」。

2. 點選「CH340 driver」進入 Wemos 官網下載首頁。

STEP 2

1. 本書使用 Windows 10 作業系統，點選「Windows V3.5」開始下載 CH340 晶片驅動程式「CH341SER_WIN_3.5」。

STEP 3

1. 解壓縮「CH341SER_WIN_3.5」到自訂資料夾中，並執行 SETUP.EXE。

2. 彈出 DriverSetup(X64)視窗後，按下「INSTALL」開始安裝 CH340 驅動程式。

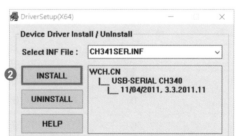

STEP 4

1. CH340 驅動程式安裝完成後，連接開發板。

2. 在裝置管理員中會出現 USB-SERIAL CH340 (COM4)。

3. 串列埠口位址 COMnn，會因電腦配置不同而有差異，此處為 COM4。

1-2-6 安裝 CP2102 晶片驅動程式

　　NodeMCU ESP8266-V2 開發板及 NodeMCU ESP32-V2 開發板，都是使用 CP2102 USB 晶片來負責 USB 與 UART 之間的信號轉換。第一次將開發板連接到電腦的 USB 端口時，需要安裝 CP2102 晶片驅動程式，安裝步驟如下所述。

STEP 1

1. 在 Google 搜尋欄位中輸入「CP2102 driver nodemcu」。

2. 點選「CP210x USB to UART」進入下載頁面。

STEP 2

1. 點選「DOWNLOADS」切換到下載頁面。

STEP 3

1. 點選 CP210x Windows Drivers，下載驅動程式壓縮檔「CP210x_Windows_Drivers」。

STEP ④

1. 將 CP210x_Windows_Drivers 解壓縮到自訂資料夾後，執行檔案 CP210xVCPInstaller_x64。

2. 依提示完成安裝。

名稱	修改日期	類型	大小
x64	2018/6/15 下午 11:13	檔案資料夾	
x86	2018/6/15 下午 11:13	檔案資料夾	
CP210x_Universal_Windows_Driver	2022/11/1 下午 08:57	Zip-File	279 KB
CP210x_Windows_Drivers	2022/11/1 下午 09:00	Zip-File	7,001 KB
CP210xVCPInstaller_x64 ①	2017/9/28 上午 01:58	應用程式	1,026 KB
CP210xVCPInstaller_x86	2017/9/28 上午 01:58	應用程式	903 KB
dpinst	2017/9/28 上午 01:45	XML Document	12 KB
SLAB_License_Agreement_VCP_Windows	2017/9/28 上午 01:46	文字文件	9 KB
slabvcp	2018/6/2 上午 04:35	安全性目錄	11 KB
slabvcp	2018/6/2 上午 04:35	安裝資訊	8 KB
v6-7-6-driver-release-notes	2018/6/16 上午 02:51	文字文件	16 KB

STEP ⑤

1. CP2102 驅動程式安裝完成後，連接開發板。

2. 裝置管理員中出現 Silicon Labs CP210x USB to UART Bridge (COM7)。

3. 串列埠口位址 COMnn，會因電腦配置不同而有差異。此處為 COM7。

1-3　安裝 Python 3.x 版本軟體

Python 是世界上最受歡迎的程式語言之一，目前常使用的版本為 Python 2.x 版及 Python 3.x 版。兩個版本的語法不完全相容，用 Python 2.x 編寫的代碼可能無法在 Python 3.x 中執行。Python 官方建議學習 Python 3.x 版，因此 **MicroPython 是以 Python 3.x 為基礎來設計**。MicroPython 優化 Python 3.x 標準函式庫的一小部分，使其可以在資源受限的微控制器如 ESP8266 開發板或 ESP32 開發板中執行，語法與 Python 3.x 相同。Python 3.x 下載步驟如下所述。

STEP ①

1. 在 Google 搜尋欄位中輸入「Python 下載」。

2. 按 Download Python-Python.org 進入官方首頁 python.org。

STEP 2

1. 點選 Download Python 3.11.0 右下方的「Windows」連結,進入下載頁面。

2. 在下載頁面的下方處,點選「Windows Installer(32-bit)」,下載 Python 3.11.0 (32-bit)版本。

STEP 3

1. 下載完成後,在【下載】資料夾中,點選「python-3.11.0」開始安裝。

STEP 4

1. 勾選安裝視窗中最下方的選項「Add Python.exe to PATH」，讓系統在任何路徑都能執行 Python 指令。

2. 點選「Install Now」，依指示完成安裝。

STEP 5

1. 安裝完畢後，開啟 Windows【命令提示字元】視窗

2. 輸入「python -V」命令，檢視已安裝的 python 版本。

1-4　Thonny 安裝與操作說明

　　Thonny 由愛沙尼亞塔爾圖大學計算機科學研究所程式設計師 Aivar Annamaa 所創建，是一套適合初學者使用的免費開源 Python 整合開發環境（Integrated Development Environment，簡記 IDE）軟體。**Thonny 整合編輯、直譯、執行及除錯等功能來發展 Python 應用程式，支援 Windows、Mac、Linix 三大作業系統**，且已被 Raspberry Pi 基金會推薦使用。只要連上 Thonny 官方網站 https://thonny.org/，即可下載最新版的 Thonny 軟體。安裝完成後，Thonny 內置 Python 3.10，就可以開始學習 Python 程式設計，當然也可以更改為先前安裝的最新版本 Python 3.11.0。

1-4-1 Thonny 安裝說明

STEP 1

1. 在 Google 搜尋欄位中輸入「thonny」。

2. 點選「Thonny, Python IDE for beginners」進入官網首頁。

STEP **2**

1. 移動滑鼠至「Windows」，開啟下拉視窗。

2. 本書使用 Windows 10，點選下載安裝檔「Thonny-4.0.1.exe」。

STEP **3**

1. 下載完成後，在【下載】資料夾中，點選「thonny-4.0.1」。

2. 依提示按下 Next 鈕，完成軟體安裝。

3. Thonny 支援繁體中文，在安裝過程中可選擇繁體中文。或是安裝完成後點選【工具】【選項】【一般】【語言】【繁體中文】，設定為繁體中文。

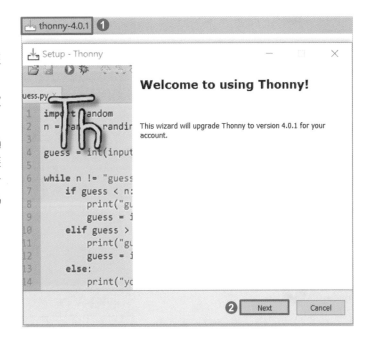

1-4-2 Thonny 基本操作說明

STEP **1**

1. Thonny 包含三個視窗，「程式編輯」視窗，用來編寫 python 程式。

2. 「互動環境(shell)」視窗，是程式執行的結果，也可以在此直接輸入並執行 Python 程式。

3. 「說明」視窗，顯示相關訊息。

STEP 2

1. 在「程式編輯」視窗中，輸入右圖所示 python 指令。

2. 按下執行鈕 ▶ 或是 F5 鍵，執行目前程式。

3. 在「互動環境(shell)」視窗中可以看到執行的結果。

4. 按下 STOP 停止或重啟後端程式。

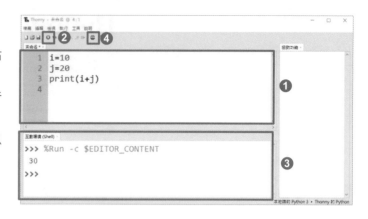

STEP 3

1. 選擇【檢視】【變數】查看執行結果如何影響 Python 變數。

1-4-3 Thonny 除錯說明

STEP 1

1. 在「程式編輯」視窗中，輸入九九乘法的 python 程式。

2. 按下執行鈕 ▶ 或是 F5 鍵，執行九九乘法程式。

3. 「shell」視窗看到執行結果。

4. 「變數」視窗看到變數的變化。

5. 選擇【檔案】【儲存檔案】，儲存檔名為 mul99.py。

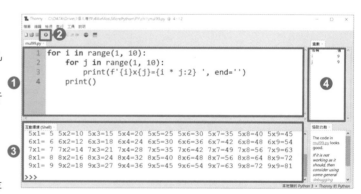

STEP 2

1. 按下 Ctrl+F5 進入單步除錯程序，除錯目前的程式。

2. 每按一下 F7，單步執行(Step into) 一行指令，「變數」視窗中相關變數會改變。

3. 按下 F8 可以結束單步執行。

4. 單步除錯程序可以協助初學者快速找到程式的語意錯誤。

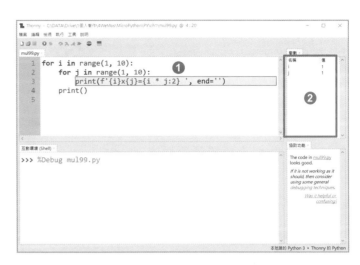

STEP 3

1. Python 是直譯程式，逐行翻譯執行指令，如果有錯誤，游標會停留在該行指令上。

2. 在「互動環境(shell)」視窗中會提示錯誤指令的語法錯誤。此行錯誤為 for 迴圈後面缺少冒號「:」。

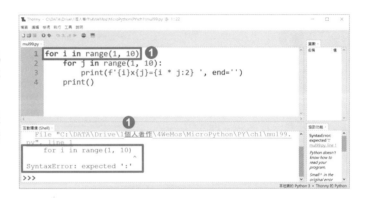

1-5 MicroPython 直譯器下載與安裝

　　新購買的 ESP8266 開發板或是 ESP32 開發板，並沒有內建 MicroPython 直譯器，第一次使用時，必須先將 MicroPython 直譯器程式，燒錄至開發板後才能使用。

1-5-1 MicroPython ESP8266 直譯器下載與安裝

STEP 1

1. 在 Google 搜尋欄位中輸入「micropython download」。

2. 按「Download - MicroPython」進入官網下載首頁。

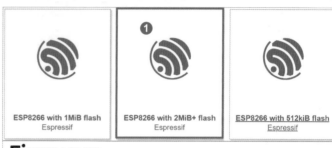

STEP 2

1. 按 ESP8266 with 2MiB+flash，下載 ESP8266 開發板所使用的 MicroPython 直譯器。

2. 進入下載頁面後，點選下載 ESP8266 開發板使用的 MicroPython 直譯器最新版本 v1.20.0(2023-04-26).bin。

STEP 3

1. 開啟 Thonny IDE 並點選右下角的「本地端 Python3•Thonny 的 Python」開啟下拉視窗。

2. 點選「設定直譯器」，進入「Thonny 選項」畫面。

STEP 4

1. 選擇「MicroPython (ESP8266)」直譯器。

2. 選擇連接埠「USB-SERIAL CH340 (COM14)」。

3. 點選「安裝或是更新 MicroPython」，進入 ESP8266 韌體安裝畫面。

STEP **5**

1. 連接埠(Port)選擇「USB-SERIAL CH340 (COM14)」。

2. 韌體(Fireware)選擇之前下載的 MicroPython ESP8266 直譯器。

3. 燒錄模式(flash mode)選擇 Dual I/O (dio)。

4. 點選 安裝 鈕,開始安裝。

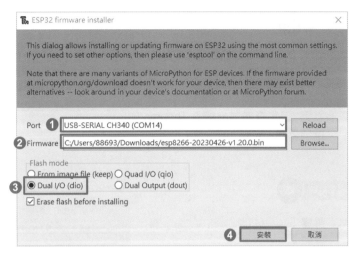

1-5-2 MicroPython ESP32 直譯器下載與安裝

STEP **1**

1. 在 Google 搜尋欄位中輸入「micropython download」。

2. 按「Download - MicroPython」進入官網下載首頁。

STEP **2**

1. 點選 ESP32,下載 ESP32 開發板所使用的直譯器。

2. 進入下載頁面後,點選下載 ESP32 開發板使用的 MicroPython 直譯器最新版本 v1.20.1(2023-04-26).bin。

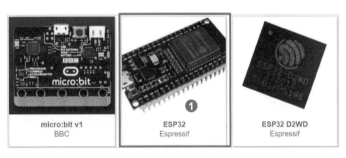

STEP 3

1. 開啟 Thonny IDE 並點選右下角的「本地端 Python•3Thonny 的 Python」，開啟下拉視窗。

2. 點選「設定直譯器」，進入 Thonny 選項畫面。

STEP 4

1. 選擇「MicroPython (ESP32)」直譯器。

2. 選擇連接埠「USB-SERIAL CH340 (COM14)」。

3. 點選「安裝或是更新 MicroPython」，進入 ESP32 韌體安裝畫面。

STEP 5

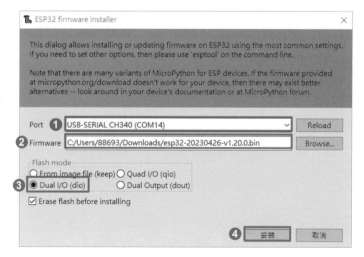

1. 連接埠(Port)選擇「USB-SERIAL CH340 (COM14)」。

2. 韌體(Fireware)選擇之前所下載的 MicroPython ESP32 直譯器韌體。

3. 燒錄模式(flash mode)選擇 Dual I/O (dio)。

4. 點選 安裝 鈕，開始安裝。

1-5-3 執行第一個 MicroPython 程式

將 MicroPython 韌體燒錄至開發板後，即可開始編寫 MicroPython 程式。以 NodeMCU ESP32-S 開發板為例，內建一個連接到 GPIO2 的 LED，我們驅動此 LED 每秒閃爍（亮 0.5 秒、滅 0.5 秒）一次，操作步驟如下所述。

STEP 1

1. 選擇驅動程式及連接埠 MicroPython (ESP32)．COM14。

2. 輸入右圖所示 python 程式，並且 另存檔名為 blink.py。

3. 按下執行鈕 ▶ 或是 F5 鍵，如果 開發板上內建 LED 每秒亮、暗一 次，代表動作正確。

4. 按停止鈕 STOP 可以停止執行。

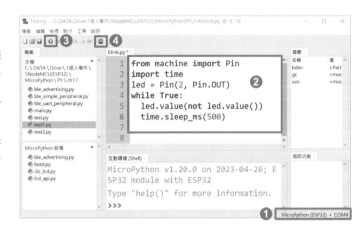

STEP 2

1. 選擇【檢視】【檔案】，開啟「檔 案」視窗，分成兩個部份，上面 為「本機」的檔案內容。

2. 下面為「MicroPython 設備」，即 開發板的檔案內容。

STEP 3

1. 選擇【檔案】【另存新檔】。

2. 在開啟的視窗中選擇 「MicroPython 設備」。

3. 儲存的檔案名稱必須為 main.py。NodeMCU ESP32-S 重 新啟動時，先執行 boot.py，接著 是 configure USB 、 最後是 main.py。

4. 檢視「MicroPython 設備」，會新增一個 main.py 檔案。

5. 重啟 NodeMCU ESP32-S 開發板，LED 每秒亮、暗一次。

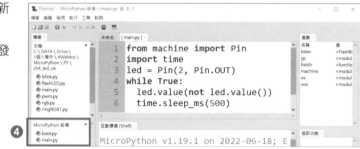

1-6　ampy 套件

MicroPython 開發板如同一台沒有鍵盤及螢幕的小電腦。透過 USB 線連接電腦與 MicroPython 開發板，再以電腦終端機軟體（命令提示字元）執行 shell 命令來控制。如圖 1-7 所示電腦架構，包含硬體和軟體。殼（shell）就是使用者介面程式，是用來存取核心（kernel）的服務程式，如 Windows 中的命令提示字元（cmd.exe）。核心（kernel）則是用來控制硬體設備的程式，通常是作業系統。

圖 1-7　電腦架構

1-6-1　ampy 套件安裝與操作說明

MicroPython 官方提供一個檔案系統工具（remote MicroPython shell，簡稱 rshell），可以用來執行 shell 命令，但是內容過於複雜。開源硬體公司 Adafruit 開發設計精簡版 rshell 工具：**ampy**（**Adafruit MicroPython 的縮寫**），可以使用在 Windows、Mac 及 Linux 三大作業系統。在使用 ampy 工具之前，必須先使用 python 的 pip 套件安裝工具，安裝完 ampy 套件之後才能使用，操作步驟如下所述。

STEP 1

1. 打開 Windows 命令提示字元，在
命令提示字元中輸入
「pip install adafruit_ampy」，安
裝 ampy 套件。

STEP 2

1. 在命令提示字元中輸入 pip list 檢
視 python 所有安裝套件。

2. 檢視 adafruit-ampy 套件。

1-6-2 ampy 套件指令格式

打開 Windows 的「命令提示字元」視窗，在「命令提示字元」中輸入指令 ampy --help，
可以顯示 ampy 指令格式及相關訊息。如表 1-2 所示 ampy 參數說明，第一項參數
OPTIONS，功用是選擇與電腦 USB 連接開發板的串列埠號 COM 及串列傳輸鮑率
BAUD，預設鮑率為 115200bps。第二項參數 COMMAND，功用是提供電腦與開發板溝
通的命令。第三項 ARGS 參數，功用是提供部份命令所需的引數。其中 **COMMAND 參
數為必要項，而 OPTIONS 及 ARGS 參數視情況而定**，不用可省略。

格式 ampy [OPTIONS] COMMAND [ARGS]

表 1-2　ampy 參數說明

OPTIONS	COMMAND	說明
--port		MicroPython 開發板連接的串列埠號。
--baud		MicroPython 開發板串列埠的傳輸速率，預設值 115200bps。
	ls	顯示開發板中的目錄內容。
	get	顯示開發板中的檔案內容。
	put	將電腦中的檔案複製到開發板。
	rm	刪除開發板中的檔案。
	run	讓開發板執行 script 檔案。

1-6-3 ampy 套件基本操作說明

在進行檔案操作前，必須先知道您所使用的 MicroPython 開發板是連接在那個串列埠口位址，在【裝置管理員】中可以看到如下所示相關訊息，本書所使用的埠口是 COM14。**ampy 不可與 Thonny IDE 同時使用，否則無法執行。**

STEP 1

1. 開啟 Windows 10 裝置管理員。
2. 檢視連接埠 (COM 和 LPT) 中 USB-SERIAL CH340 的串列埠號，此處為 COM4。

STEP 2

1. **顯示開發板中的目錄內容：**輸入指令「ampy --port com4 ls」。
2. 為了簡化指令，我們可以輸入指令「set ampy_port=com4」，先設定完成開發板所使用的串列埠口。之後指令即可以不必再輸入串列埠口位址 --port com4。

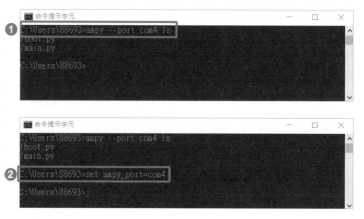

STEP 3

1. **顯示開發板中的檔案內容：**輸入指令「ampy get main.py」，可顯示檔案 main.py 內容。

STEP 4

1. **刪除開發板中的檔案：**輸入指令「ampy rm main.py」，可以刪除開發板中的 main.py 檔案。

2. **檢視開發板中的目錄內容：**指令「ampy ls」檢視開發板中的檔案目錄內容，main.py 已刪除。

STEP 5

1. **複製電腦檔案到開發板：**指令 ampy put blink.py main.py，將電腦中的 blink.py 檔案，複製並更名為 main.py。

2. **檢視開發板中的目錄內容：**指令「ampy ls」檢視，開發板中新增 main.py 檔案。

STEP 6

1. **遠端執行：**輸入指令「ampy run blink.py」，讓 MicroPython 開發板執行 blink.py 程式。

2. 按下 MicroPython 開發板上的 EN 按鍵，即可結束程式執行。

CHAPTER

2

Python 程式語言基礎

2-1　Python 語言架構

　　Python 是一種易學易用且功能強大的高階程式語言，官網提供了許多自由且免費的第三方 Python 模組（module）及套件（package）。有興趣的讀者，可在官網上找到相關的連結。

　　C 語言使用靜態型別，變數使用前必須先宣告資料型別，編譯器才會配置一個記憶體空間給這個變數。如下所示範例，**Python 使用動態型別，變數不用宣告**，執行時直譯器才會確定變數型別。C 語言的每個函式後面都有一個左大括號 "{"，代表函式的開始，右大括號 "}" 代表函式的結束。在函式內的程式稱為敘述，每一行敘述必須以分號結束。**Python 函式使用縮排來取代大括號，相同函式內敘述的縮排字元必須相同，且至少縮排一個字元**。C 語言每行敘述結束必須加上分號，Python 使用新行來取代分號。Python 單行註解使用一個井字號 "#"，多行註解使用三個單引號 ''' 或三個雙引號 """。

範例 ch2_1.py

```
'''Python 語言架構'''          #註解。
a = 10                        #變數 a=10。
def cal(n):                   #定義函式，以冒號取代大括號。
    s=0                       #變數 s=0。
    for i in range(1,n+1):    #迴圈，1≤i<n。
        s = s + i             #加總。
    return s                  #傳回函式運算結果。
c=cal(a)                      #呼叫函式。
print(c)                      #顯示結果，c=1+2+3+…+10=55。
```

　　Python 的直譯特性會一行一行執行並且立即做出回應，初學者容易學習。在終端機模式下啟動 Python，您將會看到由**三個箭頭 ">>>" 組成的命令提示符號**。在命令提示符號後面輸入"10+20"，Python 的互動解譯器 REPL（Read-Evaluate-Print-Loop），會先讀取（Read）10+20，再求值（Evaluate）並輸出（Print）計算結果 30，最後循環（Loop）準備進行下一行指令的解譯。

範例

```
>>> 10+20                     #讀取 10+20。
30                            #求值及輸出。
>>>                           #循環。
```

2-2 變數及常數

　　程式語言中常使用變數（variable）或常數（constant）來取代記憶體的實際位址，好處是程式設計者不用知道那些位址是可用的，程式容易閱讀及維護。Python 的變數不用宣告資料型態，只要直接輸入變數名稱並賦值，Python 直譯器會由賦值決定資料型態。因此，每個變數在使用前都必須賦值，變數才會被建立。Python 沒有常數資料型態，習慣上以大寫字母命名變數來表示常數，但內容還是可以更改。

2-2-1 變數名稱

　　Python 語言變數的命名規則與 C 語言相同，變數可以使用大寫英文字母 A~Z、小寫英文字母 a~z、數字 0~9 或底線符號 _，但是**第一個字元不可以是數字**。Python 變數名稱區分英文字母大、小寫，而且不能使用保留字。保留字又稱為關鍵字，是指 Python 已經賦予特定意義的單字，例如 if、else、elif、for、True、False 等。

2-2-2 資料型態

　　如表 2-1 所示 Python 內建資料型態，主要分成數值（Numeric）型態、字串（String）型態及容器（Container）型態三種。數值型態包含整數（intger）、浮點數（float）及布林（boolean）三種。Python 3 的整數沒有位元限制且沒有小數點，浮點數包含小數點，而布林為二值，只有真（True）與假（False）。容器型態在第 3 章會有詳細說明。type() 函式可以查詢資料型態，len() 函式可以得到物件的長度或項目數量。

表 2-1　Python 內建資料型態

資料型態	說明	範例
整數（int）	不含小數點的數值。	a=10
浮點數（float）	含小數點的數值。	b=10.0
布林（bool）	真（True）與假（False）二值。	c=True
字串（string）	單一字元或一串字元。	d="apple"
串列（list）	一組有序、其值可以更改、可以重覆的項目。	e=["apple" , "banana" , "cherry"]
元組（tuple）	一組有序、其值不可更改、可以重覆的項目。	f=("apple" , "banana" , "cherry")
字典（dict）	一組有序、其值可以更改、不可重覆的項目。	g={"apple":20 , "banana":10}
集合（set）	一組無序、其值不可更改、不可重覆的項目。	h={"apple" , "banana"}

如表 2-2 所示 Python 整數，包含 10 進位、2 進位、8 進位及 16 進位整數，可以使用 bin(x)、oct(x)、hex(x)函式來轉換。bin(x)函式可將數值 x 轉成 2 進位，oct(x)函式可將數值 x 轉成 8 進位，hex(x)函式可將數值 x 轉成 16 進位。

表 2-2　Python 整數

進位	前置符	範圍	相關函式
10	無	0,1,2,3,4,5,6,7,8,9	無。
2	0b	0,1	bin(x)：將數值轉換成 2 進位整數。
8	0o	0,1,2,3,4,5,6,7	oct(x)：將數值轉換成 8 進位整數。
16	0x	0,1,2,3,4,5,6,7,8,9,A,B,C,D,E,F	hex(x)：將數值轉換成 16 進位整數。

範例 ch2_2.py

```
a=0b1100                    #a 賦值 0b1100。
print(a)                    #以 10 進位顯示數值 a。
print(bin(a))               #以 2 進位顯示數值 a。
print(oct(a))               #以 8 進位顯示數值 a。
print(hex(a))               #以 16 進位顯示數值 a。
```

結果

```
12
0b1100
0o14
0xc
```

如表 2-3 所示特殊字元，Python 沒有提供字元資料形態，若字串含特殊字元，如定位（Tab）、換行等，前面必須加上**跳脫（Escape）字元 " \ "**。

表 2-3　特殊字元

字元格式	字元功能	字元格式	字元功能
\r	游標移至列首	\"	插入雙引號
\n	換行	\'	插入單引號
\t	移至下一定位（Tab）	\\	插入反斜線
\b	後退鍵（BackSpace）	\xhh	以 16 進位表示字元 hh
\f	換頁	\ooo	以 8 進位表示字元 oo

範例 ch2_3.py

```
txt = "Hello\nWorld!"              #換行。
print(txt)                         #顯示字串。
txt = "\110\145\154\154\157"       #以 8 進位表示字元。
print(txt)                         #顯示字串。
txt = "\x48\x65\x6c\x6c\x6f"       #以 16 進位表示字元。
print(txt)                         #顯示字串。
```

結果

```
Hello
World!
Hello
Hello
```

2-2-3 變數宣告

　　C 語言使用靜態變數，變數必須宣告資料型態，編譯器才會分配記憶體空間給這個變數儲存資料，所分配的記憶體空間大小與變數資料型態有關。如圖 2-1(a)所示，宣告整數變數 a 及 b，C 編譯器配置不同的記憶體位址給變數 a 及 b，之後如果變數內容改變，位址依然不變。

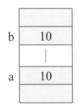

(a) C 語言的變數記憶體配置　　　　　　(b) Python 的變數記憶體配置

圖 2-1　變數的記憶體配置

範例 ch2_4.cpp

```
#include <stdio.h>
int main()
{   int a = 10;                 //宣告整數變數 a=10。
    printf("a=%d\n", a);        //顯示變數 a 的內容。
    printf("位址=%d\n", &a);     //顯示變數 a 的位址。
    int b = 10;                 //宣告整數變數 b=10。
    printf("b=%d\n", b);        //顯示變數 b 的內容。
    printf("位址=%d\n", &b);     //顯示變數 b 的位址。
    return 0;                   //結束。
}
```

結果

```
a=10
位址=6487580
b=10
位址=6487576
```

　　Python 使用動態變數，所有資料型態都是物件（object），建立變數時不用宣告資料型態，只要命名變數並賦值，python 直譯器就會自動建立變數並且指定型別。對 Python 而言，**變數只是一個標籤，本身沒有型別，只有賦值的資料才有型別**。如果變數所對應的值改變，Python 直譯器就會取得新的值來運算。如圖 2-1(b)所示 Python 的變數記憶體配置，定義兩個變數 a 及 b，數字都是 10，雖然兩個變數名稱不同，但是對 Python 而言，都是對應同一個元素，所以有相同的記憶體位址。如下所示範例，id(x)函式可以用來顯示變數 x 所對應的位址，print(x)函式可以用來輸出結果。

範例 ch2_5.py

a = 10	#變數 a 型別為整數。
print("a =",a)	#顯示變數 a 的內容。
print("位址 =",id(a))	#變數 a 所對應的位址。
b = 10	#變數 b 型別為整數。
print("b =",b)	#顯示變數 b 的內容。
print("位址 =",id(b))	#變數 b 所對應的位址。

結果

```
a = 10
位址 = 2799457665552
b = 10
位址 = 2799457665552
```

2-2-4　變數生命週期

　　所謂變數生命週期是指變數保存某個數值，佔用記憶體空間的時間長短，可以分成區域變數（local variables）及全域變數（global variables）兩種。全域變數是指定義在所有函式外的變數，作用範圍在整個 Python 程式。區域變數是指定義在某函式內的變數，作用範圍只在函式內，函式外則無法使用。

　　如下所示範例，a、b 為全域變數，s、d 為區域變數。加法函式將兩數相加之和 s 傳回主程式，因此可以正確輸出 30。減法函式並未將相減之差 d 傳回主程式，主程式並不認識區域變數 d，因此輸出值 None。

範例 ch2_6.py

`a,b=10,20`	`#a=10,b=20。`
`def add(x,y):`	`#加法函式。`
`    s=a+b`	`#兩數相加。`
`    return(s)`	`#傳回 a、b 兩數相加結果。`
`def sub(x,y):`	`#減法函式。`
`    d=x-y`	`#兩數相減。`
`s=add(a,b)`	`#兩數相加之和 s。`
`print("s=a+b=",s)`	`#輸出兩數相加的結果。`
`d=sub(a,b)`	`#兩數相減之差 d。`
`print("d=a-b=",d)`	`#輸出兩數相減的結果。`

結果

```
s=a+b= 30
d=a-b= None
```

2-3 運算子

電腦除了能夠儲存資料之外，還必須具備運算的能力，在運算時所使用的符號稱為運算子（operator）。常用的運算子可以分為算術運算子、位元運算子、關係運算子、邏輯運算子及複合運算子等五種。

2-3-1 算術運算子

如表 2-4 所示算術運算子（Arithmetic Operators），當算式中有一個以上的算術運算子時，會先執行次方、乘法、除法、求整數、求餘數的運算，然後再執行加法及減法的運算。當算式中的算術運算子具有相同優先順序時，依序由左至右運算。

表 2-4 算術運算子

算術運算子	動作	範例	說明
+	加法	a+b	a 加 b。
-	減法	a-b	a 減 b。
*	乘法	a*b	a 乘以 b。
**	指數	a**b	a 的 b 次方，即 a^b。
/	除法	a/b	求 a 除以 b 的浮點數。

算術運算子	動作	範例	說明
//	求整數	a//b	求 a 除以 b 的整數。
%	求餘數	a%b	求 a 除以 b 的餘數。

範例 ch2_7.py

```
a,b=5,2                          #a=5 及 b=2。
print("a+b =",a+b)               #計算 a+b 的值。
print("a-b =",a-b)               #計算 a-b 的值。
print("a*b =",a*b)               #計算 a*b 的值。
print("a**b =",a**b)             #計算 a^b 的值。
print("a/b =",a/b)               #計算 a 除以 b 的浮點數。
print("a//b =",a//b)             #求 a 除以 b 的整數。
print("a%b =",a%b)               #求 a 除以 b 的餘數。
```

結果

```
a+b = 7
a-b = 3
a*b = 10
a**b = 25
a/b = 2.5
a//b = 2
a%b = 1
```

2-3-2 位元運算子

　　如表 2-5 所示位元運算子（Bitwise Operators），包含移位運算子、位元邏輯運算子及補數運算子三種。左移位元運算後，會由右補 0 填滿，右移位元運算後，會由左補 0 填滿。

表 2-5　位元運算子

位元運算子	動作	範例	說明
<<	左移	a<<2	將 a 變數內含值左移 2 個位元。
>>	右移	a>>4	將 a 變數內含值右移 4 個位元。
&	AND	a&b	執行 a 與 b 兩數之位元 AND 邏輯運算。
|	OR	a|b	執行 a 與 b 兩數之位元 OR 邏輯運算。
^	XOR	a^b	執行 a 與 b 兩數之位元 XOR 邏輯運算。
~	補數	~a	將 a 變數中的每一位元反相（0 變成 1、1 變成 0）。

如圖 2-2 所示位元邏輯運算，是將兩變數的每一個位元皆執行邏輯運算，位元值等於 1 為真（True），位元值等於 0 為假（False）。如圖 2-2(a)所示 AND 邏輯運算，當輸入二位元 A 及 B 皆為邏輯 1 時，輸出 F 為邏輯 1，其餘輸入的組合，輸出均為邏輯 0。如圖 2-2(b)所示 OR 邏輯運算，只要任一位元 A 或 B 為邏輯 1，輸出 F 為邏輯 1。如圖 2-2(c)所示 XOR 邏輯運算，當二位元 A、B 邏輯準位不同時，輸出 F 為邏輯 1；當二位元 A、B 邏輯準位相同時，輸出 F 為邏輯 0。如圖 2-2(d)所示補數運算，是將變數中的每一位元反相。以 a=5=0101$_{(2)}$取補數為例，~a=1010$_{(2)}$，電腦採用 2 的補數表示，因此 1010$_{(2)}$取 2 的補數結果為 -6。

A	B	F
0	0	0
0	1	0
1	0	0
1	1	1

(a) AND 邏輯

A	B	F
0	0	0
0	1	1
1	0	1
1	1	1

(b) OR 邏輯

A	B	F
0	0	0
0	1	1
1	0	1
1	1	0

(c) XOR 邏輯

A	F
0	1
1	0

(d) 補數

圖 2-2　位元邏輯運算

範例 ch2_8.py

a,b=5,2	#變數賦值。
print("a&b =",a&b)	#執行 a、b 兩數之位元 AND 運算。
print("a|b =",a|b)	#執行 a、b 兩數之位元 OR 運算。
print("a^b =",a^b)	#執行 a、b 兩數之位元 XOR 運算。
print("~a =",~a)	#將 a 變數取補數運算（每一位元反相）。
print("a<<b =",a<<b)	#a 變數內含值左移 2 位元。
print("a>>b =",a>>b)	#a 變數內含值右移 2 位元。

結果

```
a&b = 0
a|b = 7
a^b = 7
~a = -6
a<<b = 20
a>>b = 1
```

2-3-3　關係運算子

如表 2-6 所示關係運算子(Comparison Operators)，關係運算子會比較兩個運算元的值，然後傳回布林（boolean）值。關係運算子的優先順序全都相同，依照出現的順序由左而右依序執行，**使用小括號 "( )" 可以改變運算的優先順序。**

表 2-6 關係運算子

關係運算子	動作	範例	說明
==	等於	a==b	若 a 等於 b，結果為 True，否則為 False。
!=	不等於	a!=b	若 a 不等於 b，結果為 True，否則為 False。
<	小於	a<b	若 a 小於 b，結果為 True，否則為 False。
>	大於	a>b	若 a 大於 b，結果為 True，否則為 False。
<=	小於等於	a<=b	若 a 小於或等於 b，結果為 True，否則為 False。
>=	大於等於	a>=b	若 a 大於或等於 b，結果為 True，否則為 False。

範例 ch2_9.py

```
a,b=5,2                        #a=5,b=2。
print("a==b",a==b)             #顯示 a==b 的運算結果為 False。
print("a!=b",a!=b)             #顯示 a!=b 的運算結果為 True。
print("a>b",a>b)               #顯示 a>b 的運算結果為 True。
```

結果

```
a==b False
a!=b True
a>b True
```

2-3-4 邏輯運算子

如表 2-7 所示邏輯運算子（Logical Operators），在邏輯運算中，**非 0 的數為真（True），等於 0 的數為假（False）**。對及（AND）運算而言，兩數皆為真時，結果才為真。對或（OR）運算而言，有任一數為真時，其結果為真。對反（NOT）運算而言，若數值原為真，經反運算後變為假，若數值原為假，經反運算後變為真。

表 2-7 邏輯運算子

邏輯運算子	動作	範例	說明
and	AND 運算	a and b	a 與 b 兩變數執行邏輯 AND 運算。
or	OR 運算	a or b	a 與 b 兩變數執行邏輯 OR 運算。
not	NOT 運算	not a	a 變數執行邏輯 NOT 運算。

範例 ch2_10.py

```
a,b=5,2                                        #a=5,b=2。
print("(a>3) and (b>3)) =",(a>3) and (b>3))    #a>3 且 b>3?
print("(a>3) or (b>3) =",(a>3) or (b>3))       #a>3 或 b>3?
print("not (a>3) =",not (a>3))                 #a<=3?
```

結果

```
(a>3) and (b>3)) = False
(a>3) or (b>3) = True
not (a>3) = False
```

2-3-5 複合運算子

如表 2-8 所示複合運算子（Compound Operators），是將指定運算子（等號）與算術運算子或位元運算子結合起來。複合運算子將等號兩邊的變數，先經由算術運算子或位元運算子運算完成後，再指定給等號左邊的變數。例如 a+=b，如同 a=a+b，會先執行 a+b 加法運算，再將結果存入 a 中。

表 2-8　複合運算子

複合運算子	動作	範例	說明
+=	加	a+=b	與 a=a+b 運算相同。
-=	減	a-=b	與 a=a-b 運算相同。
*=	乘	a*=b	與 a=a*b 運算相同。
**=	乘	a**=b	與 a=a**b 運算相同。
/=	除	a/=b	與 a=a/b 運算相同。
//=	除	a/=b	與 a=a/b 運算相同。
%=	餘數	a%=b	與 a=a%b 運算相同。
&=	位元 AND	a&=b	與 a=a&b 運算相同。
|=	位元 OR	a|=b	與 a=a|b 運算相同。
^=	位元 XOR	a^=b	與 a=a^b 運算相同。

2-3-6 運算子的優先順序

運算式結合常數、變數及運算子即能產生數值，當運算式中超過一個以上的運算子時，將會依表 2-9 所示運算子的優先順序進行運算。如果不能確定運算子的優先順序，可以**使用小括號 "( )" 將需要優先運算的運算式括弧起來**，比較不會產生錯誤。

表 2-9　運算子的優先順序

優先順序	運算子	說明
1	( )	括號
2	**	次方

優先順序	運算子	說明
3	* , / , % , //	乘法，除法，求餘數，求整數
4	+ , -	加法，減法
5	>> , <<	右移，左移
6	&	位元 AND 運算
7	^ , |	位元 XOR 運算，位元 OR 運算
8	== , != , > , < , >= , <=	相等，不等，大於，小於，大於等於，小於等於
9	not	邏輯 NOT 運算
10	and	邏輯 AND 運算
11	or	邏輯 OR 運算
12	*= , /= , %/ , += , -= , &= , ^= , |=	複合運算

2-4 程式流程控制

程式流程控制是在**控制程式執行的方向**，Python 程式流程控制可以分成兩大類，第一類為條件控制指令：if、if-else、if-elif-else，第二類為迴圈控制指令：for、while。

2-4-1 條件控制指令

1. if 敘述

如圖 2-3 所示 if 敘述，會先判斷條件式，若條件式為真時，則執行程式碼區塊，若條件式為假，不執行程式碼區塊。在 if 敘述後面要加上**冒號**，且**程式碼區塊內的程式縮排必須一致**。

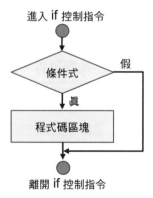

圖 2-3　if 敘述

格式

if (條件式):

    程式碼區塊

範例 ch2_11.py

score=input("請輸入成績:")	#輸入成績 score。
if(int(score)>=60):	#score>=60 分?
print("及格")	#如果 score>=60，顯示"及格"。

結果

請輸入成績:70
及格

2. if-else 敘述

    如圖 2-4 所示 if-else 敘述，會先判斷條件式，若條件式為真，則執行 if 內的程式碼區塊 1。若條件式為假，則執行 else 內的程式碼區塊 2。在 if 及 else 敘述後面要加上冒號，且程式碼區塊內的程式縮排必須一致。

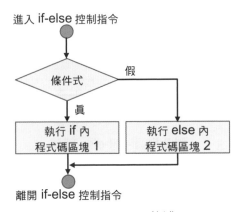

圖 2-4　if-else 敘述

格式

if (條件式):

    程式碼區塊 1

else:

    程式碼區塊 2

範例 ch2_12.py

score=input("請輸入成績:")	#輸入成績 score。
if(int(score)>=60):	#score>=60?
print("及格")	#若 score>=60，顯示"及格"。

```
else:
    print("不及格")                    #若 score<60，顯示"不及格"。
```

結果

```
請輸入成績:50
不及格
```

3. if-elif-else 敘述

如圖 2-5 所示 if-elif-else 敘述，必須注意 if 與 elif 的配合，當所有條件式都不成立時，則執行 else 內的程式碼區塊 4。**在程式碼區塊內的程式縮排必須一致。**

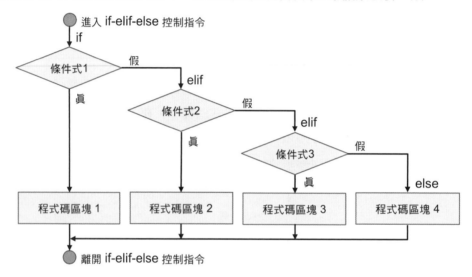

圖 2-5　if-elif-else 敘述

格式

```
if( 條件 1 ):
    程式碼區塊 1
elif ( 條件 2 ):
    程式碼區塊 2
elif ( 條件 3 ):
    程式碼區塊 3
else :
    程式碼區塊 4
```

範例 ch2_13.py

```
score=input("請輸入成績:")          #輸入成績 score。
s=int(score)                         #轉換 score 字串型態為數值型態 s。
if(s>=90):                           #s>=90，輸出 A。
```

`    print("A")`	#顯示字元"A"。
`elif(s<90 and s>=80):`	#s 在 80~89 之間，輸出 B。
`    print("B")`	#顯示字元"B"。
`elif(s<80 and s>=70):`	#s 在 70~79 之間，輸出 C。
`    print("C")`	#顯示字元"C"。
`elif(s<70 and s>=60):`	#s 在 60~69 之間，輸出 D。
`    print("D")`	#顯示字元"D"。
`else:`	#s<60，輸出 E。
`    print("E")`	#顯示字元"E"。

結果

```
請輸入成績:85
B
```

2-4-2 迴圈控制指令

1. for 迴圈

如圖 2-6 所示 Python 的 for 迴圈，與 C 語言不同，不須事先設定索引變量。Python 的 for 迴圈如同一個迭代（iteration）器，可以對串列（list）、元組（tuple）、集合（set）、字典（dict）、字串（string）等物件中的每個項目遍歷（through）執行一次。

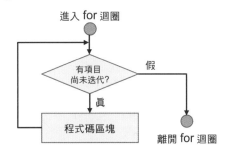

圖 2-6　for 迴圈

格式

for 變數 in 迭代物件：
　　程式碼區塊

範例 ch2_14.py

`for x in "car":`	#x 遍歷字串中的每個項目。
`    print(x)`	
`for y in ["apple","banana","cherry"]:`	#y 遍歷 list 中的每個項目。
`        print(y)`	

結果

```
c
a
r
apple
banana
cherry
```

2. range( )函式

Python 使用 range( )函式產生一個數字序列，預設從 0 開始、遞增量為 1，並以指定數字 n 結束，序列值範圍 0~(n-1)。我們可以使用 range( )函式當作迴圈計數器。

格式

```
for 變數 in range(n)：
    程式碼區塊
```

範例 ch2_15.py

```
for x in range(3):              #產生數字序列 0、1、2。
    print(x)                    #輸出。
```

結果

```
0
1
2
```

雖然 range()函式預設從 0 開始、遞增量為 1，但是我們也可以如同 C 語言一樣，指定開始值（start）、變量（step）及結束值（stop），當 step 值為正時，表示遞增，則 start≤stop；當 step 值為負時，表示遞減，則 start≥stop。

格式

```
for 變數 in range(start, stop, step)：
    程式碼區塊
```

範例 ch2_16.py

```
or x in range(2,10,3):          #產生數字序列 2、5、8。
        print(x)
for y in range(5,1,-2):         #產生數字序列 5、3。
        print(y)
```

結果

```
2
5
```

```
8
5
3
```

3. 巢狀 for 迴圈

所謂巢狀（nested）for 迴圈是指在 for 迴圈內部還有一個 for 迴圈。外部 for 迴圈每迭代一個項目，內部 for 迴圈會遍歷所有項目。

格式

for 變數 in range(start, stop, step)：

　　程式碼區塊

範例 ch2_17.py

```
for x in range(2):          #產生數字序列 0、1。
    for y in range(3):      #產生數字序列 0、1、2。
        print(x,y)          #顯示 x 及 y。
```

結果

```
0 0
0 1
0 2
1 0
1 1
1 2
```

4. while 迴圈

如圖 2-7 所示 while 迴圈，為**先判斷型迴圈**，當條件式為真，則執行 while 迴圈中的程式碼區塊，直到條件式為假不成立時，才結束 while 迴圈。在 while 條件式中沒有初值及變量，因此必須在程式中設定，才能結束 while 迴圈。將 while 迴圈的條件式設定成 True，可以產生無限迴圈。

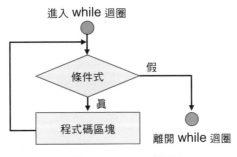

圖 2-7　while 迴圈

格式

while 條件式：

　　程式碼區塊

範例 ch2_18.py

```
i = 0
while i < 3:                    #當 i<3 時，則執行 while 迴圈中的程式碼。
    print(i)                   #顯示 i 的內容。
    i += 1                     #i 遞增加 1。
```

結果

```
0
1
2
```

5. 迴圈控制指令：break

在設計 for 及 while 迴圈時，如果某**條件成立時需要結束迴圈執行**，可以執行 break 指令。break 指令通常與 if 指令配合使用。如下所示範例，使用 for 迴圈迭代字串，直到找到第一個字母 't' 時，結束整個 for 迴圈。

格式

for 變數 in 迭代物件：

　　if 條件式 A：

　　　　break　　　　#條件式 A 成立則結束整個 for 迴圈。

　　程式碼區塊　　　#條件式 A 不成立則繼續執行 for 迴圈。

範例 ch2_19.py

```
for c in 'python':             #for 迴圈迭代字串 python。
    if(c=='t'):                #找到第一個字母't'？
        Break                  #結束 for 迴圈。
    print(c)                   #顯示找到字母't'之前的字母。
```

結果

```
p
y
```

6. 迴圈控制指令：continue

在設計 for 及 while 迴圈時，如果想讓**條件成立時不執行之後的迴圈程式碼區塊**，可以執行 continue 指令。continue 指令通常與 if 指令配合使用。如下所示範例，顯示 1~10 中的偶數值。

格式

```
while 條件式 A：
    程式碼區塊 1
    if 條件式 B：
        continue          #條件式 B 成立則不執行程式碼區塊 2。
    程式碼區塊 2          #條件式 B 不成立則執行程式碼區塊 2。
```

範例 ch2_20.py

```
i=0                              #初始值 i=0。
while i<=10:                     #當 i<=10 成立則執行 while 迴圈。
    i=i+1                        #i 值加 1。
    if i%2:                      #i 值為奇數?
        continue                #不顯示奇數。
    print(i,end=' ')            #如果 i 值為偶數則顯示。
```

結果

```
2  4  6  8  10
```

7. 迴圈控制指令：pass

pass 指令不做任何事情，主要目的是為了**保持程式的完整性**。例如空迴圈或無限迴圈。如下所示範例，並不會顯示任何數字。

格式

```
while 1：
    pass
```

範例 ch2_21.py

```
for i in range(10):
    while 1:
        pass
    print(i)
```

2-5 函式

所謂函式（function）是指**將一些常用的敘述集合起來，並且以一個名稱來代表**，如同在組合語言中的副程式。當主程式必須使用到這些敘述集合時，再去呼叫執行此函式，如此不但可以減少程式碼的重複，同時也增加了程式的可讀性。

2-5-1　函式定義

　　函式的命名規則與變數相同，函式名稱後面小括號內所列的**變數稱為參數**（**parameter**）。透過參數可以將數據資料傳遞到函式中，這些**數據資料稱為引數**（**argument**）。傳遞給函式的引數數量必須與函式定義的參數數量相同。

　　函式也可以回傳數據資料給呼叫函式，當被呼叫的函式要傳回數據時，函式的最後一個敘述須使用 return 敘述。return 敘述有兩個目的：一是將控制權轉回給呼叫函式，另一是將 return 敘述後面的數據傳回給呼叫函式。呼叫函式傳入函式的參數可省略，也可同時多個並以逗號分開。函式傳回給呼叫函式的數據可以省略，也可同時傳回多個數據並以逗號分開。呼叫函式可以是主程式，也可以是另一個函式。

格式

def 函式名稱([參數 1, 參數 2, … , 參數 n])：

　　　程式碼區塊

　　　return [傳回值 1, 傳回值 2, … 傳回值 n]

2-5-2　沒有傳入參數也沒有傳回值

　　下面是一個簡單的函式定義，主程式沒有傳入參數給函式，函式也沒有傳回值給主程式。

格式

def 函式名稱( )：

　　　程式碼區塊

範例 ch2_22.py

```
def display():                   #被呼叫函式，沒有傳入參數。
    print("Hello, Python")       #沒有傳回值。
display()                        #呼叫函式。
```

結果

```
Hello, Python
```

2-5-3　有傳入參數但沒有傳回值

　　有時候我們想讓函式更有彈性，主程式可以將參數傳入函式中，函式再依據傳入參數執行而產生不同的結果。如下範例中的主程式將兩個參數傳給函式，函式執行兩數相加運算，再將結果直接顯示出來。

格式

def 函式名稱(參數 1, 參數 2, … , 參數 n)：

　　程式碼區塊

範例 ch2_23.py

`def add(x,y):`	#被呼叫函式，有傳入參數。
`    print(x+y)`	#顯示相加結果，不回傳。
`add(10,20)`	#呼叫函式。

結果

```
30
```

2-5-4 有傳入參數及傳回值

　　如下所示範例是一個簡單的四則運算，主程式傳入三個參數，第一及第二個參數為數值型態資料，第三個參數為字元型態的運算子。函式依據運算子的不同，分別進行加法、減法、乘法及除法運算，再將結果傳回給主程式。

格式

def 函式名稱(參數 1, 參數 2, … , 參數 n)：

　　程式碼區塊

　　return [傳回值 1, 傳回值 2, … 傳回值 n]

範例 ch2_24.py

`def Four(x,y,z):`	#四則運算函式。
`    if(z=='+'):`	#運算子為加'+'？
`        result=x+y`	#執行加法運算。
`    elif(z=='-'):`	#運算子為減'-'？
`        result=x-y`	#執行減法運算。
`    elif(z=='*'):`	#運算子為乘'*'？
`        result=x*y`	#執行乘法運算。
`    elif(z=='/'):`	#運算子為除'/'？
`        result=x/y`	#執行除法運算。
`    else:`	#不正確的運算子。
`        print("不正確的運算子")`	#顯示提示字串。
`        return None`	#傳回 None。
`    return result`	#傳回運算結果。
`print(Four(10,20,'+'))`	#計算並顯示 10+20 運算結果。
`print(Four(10,20,'-'))`	#計算並顯示 10-20 運算結果。
`print(Four(10,20,'*'))`	#計算並顯示 10*20 運算結果。
`print(Four(10,20,'/'))`	#計算並顯示 10/20 運算結果。

結果

```
30
-10
200
0.5
```

2-5-5 型別轉換函式

在進行運算時，運算的物件（object）資料型態必須相同，才不會產生型別不同的錯誤。如表 2-10 所示 Python 內建型別轉換函式，我們可以使用 type() 函式得知物件的型別，使用 len() 函式得知物件的長度，使用 id() 函式得知物件的儲存位址。

表 2-10　Python 內建型別轉換函式

轉換函式	說明	範例	結果
int(object)	將傳入的物件轉換成整數。	int('12')+34	46
float(object)	將傳入的物件轉換成浮點數。	float('12')+2.2	14.2
bool(object)	將傳入的物件轉換成布林值。	bool(' ')	False
str(object)	將傳入的物件轉換成字串。	str(12)+ '34 '	'1234 '
chr(ascii)	將 ASCII 碼轉成字元。	chr(65)	A
ord(char)	將字元轉成 ASCII 碼。	ord('A')	65
bytearray(byte)	將傳入的位元組資料轉成 bytearray 型別。	bytearray(b'\x41')	bytearray'A'
bytes(byte)	將傳入的位元組資料轉成 bytes 型別。	bytes(b'\x41')	b'A'

1. int()函式及 float()函式

int()函式及 float()函式用於數值運算，int()函式將傳入的物件轉換成整數，而 float()函式將傳入的物件轉換成浮點數。下列範例中的 a 為字串型別，必須先轉成整數，才能進行算術運算，運算結果仍為整數型別。

範例 ch2_25.py

```
a,b='1',2                    #字串 a='1',整數 b=2。
print(int(a)+b)              #轉換並相加。
```

結果

```
3
```

2. bool()函式

bool() 函式將傳入的物件轉換成布林值，若物件為數值 0 或空字串，則轉換布林值為 False，其他情形為 True。

範例 ch2_26.py

```
print(bool(12))          #非零數值布林值為 True。
print(bool(0))           #數值 0 布林值為 False。
print(bool('12'))        #字串布林值為 True。
print(bool(''))          #空字串布林值為 False。
```

結果

```
True
False
True
False
```

3. chr()函式及 ord()函式

美國資訊交換標準碼（American Standard Code for Information Interchange，簡記 ASCII），是現今最通用的單位元組電腦編碼系統。主要目的是讓所有使用 ASCII 的電腦在讀取相同文件時，不會有不同的結果與意義。

ASCII 碼大致可以分成不可見字元、可見字元及擴充字元三個部分，共定義 128 個字元。ASCII 最大缺點是只能顯示 26 個大小寫英文字母、阿拉伯數字及標點符號，無法顯示其他語言。數字 0~9 的 ASCII 碼為 0x30~0x39（48~57），大寫英文字母 A~Z 的 ASCII 碼為 0x41~0x5A（65~90），小寫英文字母 a~z 的 ASCII 碼為 0x61~0x7A（97~122）。**chr() 函式的功用是將 ASCII 碼轉成字元，而 ord()函式的功用是將字元轉成 ASCII 碼。**

為了提高跨平臺編碼一致性，現今電腦採用萬國碼（Unicode）來編碼世界上大部分的文字系統。Unicode 碼可以降低不同編碼系統之間，文字碼切換和轉換的困擾，APPLE 電腦即是採用 Unicode 碼。

範例 ch2_27.py

```
x=chr(65)
print(x)
y=ord('A')
print(y)
```

結果

```
A
65
```

bytes()函式及 bytearray()函式用來處理位元組資料型別，保存 8 位元無號整數所構成的序列，整數範圍是 0~255。**bytes 型別內容不可變，而 bytearray 型別內容可變**，如同 tuple 與 list 的關係。

範例 ch2_28.py

```
x=b'\x61\x62\x63'
print(bytes(x))
print(bytearray(x))
```

結果

```
b'abc'
bytearray(b'abc')
```

CHAPTER

3

Python 串列、元組、字典與集合

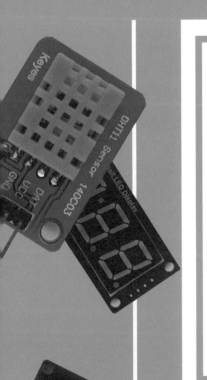

3-1 串列（List）

如表 3-1 所示，Python 有四種可以用來儲存多筆資料的容器（Container），分別是串列（List）、元組（Tuple）、字典（Dict）及集合（Set），各具不同的特性和用途。

表 3-1　Python 容器資料型態

資料型態	說明	範例
串列（list）	一組有序、其值可以更改、可以重覆的項目。	a=["apple" , "banana" , "cherry"]
元組（tuple）	一組有序、其值不可更改、可以重覆的項目。	b=("apple" , "banana" , "cherry")
字典（dict）	一組有序[註1]、其值可以更改、不可重覆的項目。	c={"apple":20 , "banana":10}
集合（set）	一組無序、其值不可更改、不可重覆的項目。	d={"apple" , "banana"}

註 1：Python 3.6 之前的版本，字典是無序的，自 Python 3.7 版開始，字典是有序的。

3-1-1 串列定義

串列（List）定義如下所示，用於將多筆資料儲存在單一變數中。串列中的每一筆資料稱為項目（item）或元素（element），所有項目都建立在一組中括號 "[ ]" 內，項目之間以逗號分開。

串列中的項目是**有序、其值可變，而且允許重複**。所謂有序是指項目被定義後，順序不會改變，使用中括號內的索引值來取得串列中的項目。對於 n 個項目的串列而言，第 1 個項目的索引值為[0]、第 2 個項目的索引值為[1]，…，第 n 個項目的索引值為[n-1]。所謂可變是指在建立串列後仍可進行修改、新增或刪除串列中的項目。

如下所示串列範例，mylist[0]="apple"、mylist[1]="banana"、mylist[2]="cherry"。字串資料可以單引號（'）或雙引號（"）包起來。在進行多次操作後，可以使用內建函數 len() 來取得串列中的項目數量。

【格式】 mylist = [項目 1, 項目 2, … , 項目 n]

【範例】 ch3_1.py

```
mylist=["apple","banana","cherry"]    #串列賦值。
print(mylist)                         #顯示串列所有項目。
```

【結果】

```
['apple', 'banana', 'cherry']
```

3-1-2　讀取指定的串列項目

對於 n 個項目的串列而言,索引值 m 可以指定的範圍為 0~(n-1)。如果索引值大於 (n-1),直譯器會產生索引值超出範圍的錯誤訊息。

格式 mylist[m]

範例 ch3_2.py

```
mylist=["apple","banana","cherry"]    #串列賦值。
print(mylist[1])                      #讀取串列 mylist[1]項目。
```

結果

```
banana
```

3-1-3　讀取指定範圍的串列項目

如下所示範例,使用索引範圍 [x:y] 來讀取指定範圍的串列項目,從索引值 x 開始 (包含 x),依序讀取串列中的每個項目,一直到索引值 (y-1) 結束。如果省略 x 則讀取 0~(y-1)的所有項目,省略 y 則讀取 x~y 的所有項目。如果要從串列尾端開始讀取,必須設定**索引值為負值,由右往左,索引值依序為-1、-2、…。**

格式 mylist[x : y]

範例 ch3_3.py

```
mylist=["apple","banana","cherry","orange"]  #串列物件。
print(mylist[1:3])                           #讀取索引值 1~2 的項目。
print(mylist[:3])                            #讀取索引值 0~2 的項目。
print(mylist[1:])                            #讀取索引值 1~3 的項目。
print(mylist[-3:-1])                         #讀取索引值-3~-2 的項目。
```

結果

```
['banana', 'cherry']
['apple', 'banana', 'cherry']
['banana', 'cherry', 'orange']
['banana', 'cherry']
```

3-1-4　更改串列的項目

如下所示範例,索引值 m 指定所要更改的項目,於指定運算子 "=" 的右邊輸入新項目。對於有 n 個項目的串列而言,0 ≤ m ≤ n-1。如果要更改指定範圍項目,可以使用索引範圍 x 及 y 來設定所要更改的項目,再於指定運算子 "=" 的右邊輸入新項目。索引範圍 x~(y-1) 中的所有項目會先被刪除,再加入新項目。

格式

```
mylist[m] = 新項目                  #更改指定項目。
mylist[x : y] = [新項目 1,新項目 2,…]    #更改指定範圍項目。
```

範例 ch3_4.py

```
mylist=["apple","banana","cherry","melon"]    #串列賦值。
mylist[2]="orange"                            #修改索引值 2 的項目。
print(mylist)                                 #顯示串列的所有項目。
mylist[1:3]=["kiki"]                          #修改索引範圍 1~2 的項目。
print(mylist)                                 #顯示串列所有項目。
```

結果

```
['apple', 'banana', 'orange', 'melon']
['apple', 'kiki', 'melon']
```

3-1-5　串列的方法

如表 3-2 所示串列的方法，包含新增項目 append()、刪除項目 remove()、插入項目 insert()、刪除項目 pop()、附加物件 extend()及清除串列 clear()等多種方法。

表 3-2　串列的方法

方法	格式	說明
append()	x.append(項目)	新增項目到串列 x 最後面。
remove()	x.remove(項目)	刪除串列 x 中的項目。
insert()	x.insert(m, 項目)	在串列 x 指定索引值 m 位置插入新增項目。
pop()	x.pop(m)	刪除串列 x 指定索引值 m 的項目，未指定則刪除最後項目。
extend()	x.extend(串列 y)	在串列 x 後附加串列 y。
clear()	x.clear()	清空串列 x。

1. append()方法

append()方法可以新增一個項目至串列最後面，而 remove()方法則是刪除一個指定項目，如果指定刪除的項目不存在，直譯器會顯示錯誤訊息。

範例 ch3_5.py

```
mylist=["apple","banana"]    #串列賦值。
mylist.append("cherry")      #新增項目"cherry"到串列最後面。
print(mylist)                #顯示串列內容。
```

結果

```
['apple', 'banana', 'cherry']
```

2. remove()方法

範例 ch3_6.py

`mylist=["apple","banana","mango","papaya"]`	#串列賦值。
`mylist.remove("mango")`	#刪除指定項目"mango"。
`print(mylist)`	#顯示串列內容。

結果

```
['apple', 'banana', 'papaya']
```

3. insert()方法

　　insert()方法可以在指定索引值位置插入新增項目，pop()方法則是刪除指定索引值的項目，如果刪除指定索引值超出串列索引值範圍，直譯器會顯示錯誤訊息。

範例 ch3_7.py

`mylist=["apple","banana","cherry"]`	#串列賦值。
`mylist.insert(1,"kiki")`	#將新增項目"kiki"插入索引值 1 的位置。
`print(mylist)`	#顯示串列內容。

結果

```
['apple', 'kiki', 'banana', 'cherry']
```

4. pop()方法

範例 ch3_8.py

`mylist=["apple","banana","papaya"]`	#串列賦值。
`mylist.pop(1)`	#刪除指定索引 1 項目。
`print(mylist)`	#顯示串列內容。

結果

```
['apple', 'papaya']
```

5. extend()方法

　　extend()方法可以在原串列的後面，附加新的串列。如下所示範例，原串列 mylist 附加新的串列 yourlist 後，新增 "mango" 及 "papaya" 兩項。

範例 ch3_9.py

mylist=["apple","banana"]	#串列 mylist 物件。
yourlist=["mango","papaya"]	#串列 yourlist 物件
mylist.extend(yourlist)	#在串列 mylist 後附加串列 yourlist。
print(mylist)	#顯示串列內容。

結果

```
['apple', 'banana', 'mango', 'papaya']
```

6. clear()方法

clear()方法用來清除串列，清除後的串列內容為空串列，沒有任何項目。

範例 ch3_10.py

mylist=["apple","banana","papaya"]	#串列賦值。
mylist.clear()	#清除串列內容。
print(mylist)	#顯示串列內容。

結果

```
[]
```

3-2 元組（Tuple）

3-2-1 元組定義

元組（Tuple）的定義格式如下所示，用於將多筆資料儲存在單一變數中，每一筆資料稱為項目（item）或元素（element）。所有項目都建立在一組小括號 "( )" 內，項目之間以逗號分開。

元組中的項目是**有序的、其值不可變，但允許重複**。元組與串列唯一的不同是元組的項目內容不可以改變，因此元組又可以稱為**常數串列**。元組與串列相同，使用中括號內的索引值來取得元組中的項目。如下所示範例，mytuple[0]= "apple"、mytuple[1]= "banana"、mytuple[2]= "cherry"。

格式 mytuple = (項目 1, 項目 2, … , 項目 n)

範例 ch3_11.py

mytuple=("apple","banana","cherry")	#串列賦值。
print(mytuple)	#顯示串列所有項目。

結果

```
('apple', 'banana', 'cherry')
```

3-2-2 讀取元組的項目

對於 n 個項目的元組而言，索引值 m 可以指定的範圍為 0～(n-1)。如果索引值大於 (n-1)，直譯器會產生索引值超出範圍的錯誤訊息。

格式 mytuple[m]

範例 ch3_12.py

```
mytuple=("apple","banana","cherry")    #元組賦值。
print(mytuple[1])                       #讀取索引值 1 的項目。
```

結果

```
banana
```

3-2-3 讀取指定範圍的元組項目

如下所示範例，使用索引範圍 [x:y] 來讀取指定範圍的元組項目，從索引值 x 開始 （包含 x），依序讀取元組中的每個項目，一值到索引值 y 結束（不含 y），其中 x < y。 如果省略 x 則讀取索引值 0～(y-1) 所有項目。如果省略 y 則讀取 x～y 所有項目。如果 要從串列尾端開始讀取，必須設定索引值為負值，元組中的項目由右往左，索引值依序 為 -1、-2、…。

格式

mylist(x:y)

範例 ch3_13.py

```
mylist=("apple","banana","cherry","orange")    #元組賦值。
print(mylist[1:3])                              #讀取索引值 1~2 的項目。
print(mylist[:3])                               #讀取索引值 0~2 的項目。
print(mylist[1:])                               #讀取索引值 1~3 的項目。
print(mylist[-3:-1])                            #讀取索引值-3~-2 的項目。
```

結果

```
('banana', 'cherry')
('apple', 'banana', 'cherry')
('banana', 'cherry', 'orange')
('banana', 'cherry')
```

3-2-4　更改元組項目

　　元組無法更改項目的內容，我們可以使用 list() 函數先將元組轉換成串列，更改完成後，再使用 tuple() 函數將串列轉換成元組。串列項目內容及數量可以隨時變動，但是元組項目內容及數量不可變動。在 C 語言中，不可變動的資料如圓周率 π，常被定義為常數。**Python 程式中的元組功能如同常數，因此又稱為常數串列。**

【格式】

```
list(mytuple)                              #將元組轉換成串列。
tuple(mylist)                              #將串列轉換成元組。
```

【範例】 ch3_14.py

```
mytuple=("apple","banana","cherry")   #元組物件。
newtuple=list(mytuple)                #將元組轉換為串列。
newtuple[1:3]=["kiki","mango"]        #將索引 1~2 更換新項目。
mytuple=tuple(newtuple)               #將串列轉換為元組。
print(mytuple)                        #顯示元組內容。
```

【結果】

```
('apple', 'kiki', 'mango')
```

3-2-5　元組的方法

　　如表 3-3 所示元組的方法，元組有兩個方法可以使用，第一個方法是 count()，可以傳回指定項目在元組中出現的次數。第二個方法是 index()，可以傳回指定項目在元組中第一次出現的索引值。

表 3-3　元組的方法

方法	格式	說明
count()	n=x.count(指定項目)	傳回元組 x 指定項目在元組中出現的次數 n。
index()	m=x.index(指定項目)	傳回元組 x 指定項目在元組中第一次出現的索引值 m。

count()及 index()方法

【範例】 ch3_15.py

```
mytuple=("apple","banana","cherry","banana") #元組賦值。
x=mytuple.count("banana")    #傳回指定項目"banana"在元組中出現的次數。
print(x)                     #顯示出現次數。
y=mytuple.index("banana")    #傳回指定項目"banana"在元組中第一次出現的索引值。
print(y)                     #顯示索引值。
```

結果

```
2
1
```

3-3 字典（Dict）

3-3-1 字典定義

字典（Dict）的定義格式如下所示，是以 " **鍵（key）:值（value）**" 配對方式儲存資料，每筆資料稱為項目（item）或元素（element）。所有項目都建立在一組大括號 "{ }" 內，項目之間以逗號分開。字典以中括號內含 "鍵（key）"，當做索引來讀取項目的"值（value）"。

字典的資料是**有序的、可變的、而且不允許重覆**。字典的 "鍵（key）" 常以**數字或字串**的方式出現，而字典的 "值(value)" 可以是任何 Python 物件資料。每一次執行 print() 函數時都會強置換行，也可以使用 end 參數，輸入空白或其它字元來取代強置換行。

格式 mydict = { 鍵 1:值 1, 鍵 2:值 2, … , 鍵 n:值 n }

範例 ch3_16.py

```
mydict = {1:"red",2:"yellow",3:"green"}    #字典賦值。
for x in mydict:                           #遍歷字典的所有鍵 1~3。
    print(x,end=':')                       #顯示字典鍵。
    print(mydict[x])                       #顯示字典鍵所對應的值。
```

結果

```
1:red
2:yellow
3:green
```

3-3-2 讀取字典的項目

字典是以 "鍵（key）" 為索引來讀取 "值（value）"，如下所示範例，以 "apple" 為索引所讀取到的 "值（value）" 為 "red"。如果索引不是字典中所定義的 "鍵（key）"，直譯器會產生索引錯誤的訊息。

格式 x=mydict[鍵]

範例 ch3_17.py

```
mydict = {"apple":"red","banana":"yellow","watermelon":"green"}
x = mydict["apple"]                #讀取鍵="apple"的值。
print(x)                           #顯示對應用的值。
```

結果

```
red
```

3-3-3 更改字典的值

如果要更改 "鍵（key）" 所配對的 "值（value）"，可以使用 "鍵（key）" 來指定所要更改的 "值（value）"，再於指定運算 "=" 的右邊輸入新值即可。如下所示範例，將指定鍵 "apple" 所對應的值更改為 25。

格式

```
mydict[鍵]=值                      #更改指定項目。
```

範例 ch3_18.py

```
mydict = {"apple":20,"banana":10,"watermelon":50}
mydict["apple"]=25                 #更改項目 1 的值。
print(mydict)                      #顯示字典內容。
```

結果

```
{'apple': 25, 'banana': 10, 'watermelon': 50}
```

3-3-4 更改字典的鍵

字典的 "鍵（key）" **不可直接更改**，但是我們可以使用間接的方式來更改。如下所示範例，先將原鍵 x 的值傳入新鍵 y，之後再刪除原鍵 x。更改後順序可能會改變。

格式

```
mydict[鍵 y] = mydict[鍵 x]        #將鍵 x 更改成鍵 y。
del mydict[鍵 x]                   #刪除鍵 x。
```

範例 ch3_19.py

```
mydict = {"apple":20,"banana":10,"watermelon":50}
mydict["orange"]=mydict["apple"]   #將鍵名"apple"的值傳給鍵名"orange"。
del mydict["apple"]                #刪除鍵名"apple"的項目。
print(mydict)                      #顯示字典所有項目。
```

結果

```
{'banana': 10, 'watermelon': 50, 'orange': 20}
```

3-3-5 字典的方法

如表 3-4 所示字典的方法，update()方法用來更新字典指定項目的值，pop()方法及 popitem()方法用來刪除項目，keys()方法用來讀取所有鍵，values()方法用來讀取所有值。 get()方法用來讀取指定鍵的值，clear()方法是清空字典所有項目，變成空字典 "[]"。

表 3-4　字典的方法

方法	格式	說明
update()	x.update({key:val})	更新字典 x 的值，如輸入鍵 key 不在字典中，則新增「key:val」對。
pop()	x.pop(key)	刪除字典 x 指定鍵名的項目。
popitem()	x.popitem( )	刪除字典 x 最後一個項目。
keys()	x.keys( )	讀取字典 x 的所有鍵名。
values()	x.values( )	讀取字典 x 的所有值。
get()	x.get(key)	傳回字典 x 指定鍵 key 的值。
copy()	y=x.copy()	將字典 x 複製至字典 y，更改字典 y 的內容不會影響字典 x。
clear()	x.clear( )	清空字典 x 的內容。

1. update()方法

update()方法可以更新已有鍵的值，如果輸入的鍵不在字典中，則會新增一組 "鍵（key）:值（value）" 對。

範例 ch3_20.py

```
mydict = {"apple":20,"banana":10,"watermelon":50}
mydict.update({"apple":25})          #更新鍵"apple"的值為 25。
print(mydict)                        #顯示字典的所有項目。
```

結果

```
{'apple': 25, 'banana': 10, 'watermelon': 50}
```

2. pop()及 popitem()方法

pop()方法可以刪除指定鍵的項目，popitem()方法則是刪除最後插入的項目。

範例 ch3_21.py

```
mydict = {"apple":20,"banana":10,"cherry":30,"watermelon":50}
mydict.pop("banana")                #刪除鍵"banana"的項目。
print(mydict)                       #顯示字典的內容。
mydict.popitem()                    #刪除最後一個項目。
print(mydict)                       #顯示字典的內容。
```

結果

```
{'watermelon': 50, 'apple': 20, 'cherry': 30}
{'apple': 20, 'cherry': 30}
```

3. keys()及 values()方法

keys()方法用來讀取字典中的所有鍵，values()方法用來讀取字典中的所有值。

範例 ch3_22.py

```
mydict = {"apple":20,"banana":10,"watermelon":50}
print(mydict.keys())                #讀取字典中的所有鍵。
print(mydict.values())              #讀取字典中的所有值。
```

結果

```
dict_keys(['apple', 'banana', 'watermelon'])
dict_values([20, 10, 50])
```

4. get()方法

如果只是要知道某個鍵名的值，可以使用 get()方法，在 get()方法的小括號內輸入鍵名，會傳回鍵所對應的值。

範例 ch3_23.py

```
mydict = {"apple":20,"banana":10,"watermelon":50}
print(mydict.get("banana"))         #傳回鍵 "banana" 所對應的值。
```

結果

```
10
```

5. copy()方法

copy()方法可以複製一個新字典，複製後的新字典可以進行新增、刪除項目，但不會影響原來的字典項目。

範例 ch3_24.py

```
mydict = {"apple":20,"banana":10}        #字典賦值。
yourdict=mydict.copy()                    #複製字典 mydict 所有項目到字典 yourdict。
print(mydict)                             #顯示字典 mydict 所有項目。
print(yourdict)                           #顯示字典 yourdict 所有項目。
```

結果

```
{'apple': 20, 'banana': 10}
{'apple': 20, 'banana': 10}
```

3-4 集合（Set）

3-4-1 集合定義

集合（Set）定義如下所示，用於將多筆資料儲存在單一變數中，每一筆資料稱為項目（item），所有項目都建立在一組大括號 "{ }" 內，項目之間以逗號分開。

集合的項目是**無序的、不可變、而且不允許重覆**。因為項目是無序的，所以不能確定項目出現的順序，也不能以索引值讀取指定項目。在集合中的每個項目都是唯一的，所以**重覆定義的項目只會保留一個**。

格式 myset = { 項目 1, 項目 2, … , 項目 n }

範例 ch3_25.py

```
myset = {"apple","banana","cherry","apple"}  #集合物件。
print(myset)                                  #顯示集合所有項目。
```

結果

```
{'apple', 'cherry', 'banana'}
```

3-4-2 建立集合

如下所示範例，我們可以使用 set() 函數將串列、元組、字典轉換成集合。如果將字典轉換成集合，只會保留字典中的 "鍵（key）"，而 "值（value）" 會被刪除。

格式

myset = set(串列、元組或字典)

範例 ch3_26.py

mylist=[1,2,3]	#串列物件。
mytuple=(4,5,6)	#元組物件。
mydict={"apple":20,"banana":10,"cherry":15}	#字典物件。
myset=set(mylist)	#將串列轉換成集合。
print(myset)	#顯示集合 myset 的所有項目。
myset=set(mytuple)	#將元組轉換成集合。
print(myset)	#顯示集合 myset 的所有項目。
myset=set(mydict)	#將字典轉換成集合。
print(myset)	#顯示集合 myset 的所有項目。

結果

```
{1, 2, 3}
{4, 5, 6}
{'banana', 'cherry', 'apple'}
```

3-4-3 集合的方法

如表 3-5 所示集合的方法，包含集合中指定項目的新增、刪除，集合的複製、刪除及附加等。

表 3-5　集合的方法

方法	格式	說明
add()	x.add()	新增項目至集合 x。
copy()	y=x.copy()	複製集合 x 所有項目至新集合 y。
remove()	x.remove(item)	刪除集合 x 中指定項目 item。
pop()	x.pop()	從集合 x 中刪除一個隨機項目。
clear()	x.clear()	移除集合 x 中所有項目。
update()	x.update(y)	將集合 y 中所有項目插入集合 x 中。
intersection()	z = x.intersection(y)	傳回集合 z，包含 x、y 兩個集合的交集。
union()	z = x.union(y)	傳回集合 z，包含 x、y 兩個集合的聯集。
difference_update()	x.difference_update(y)	刪除 x、y 兩個集合都存在的項目。
intersection_update()	x.intersection_update(y)	刪除集合 x 中不存在於集合 y 中的項目。
difference()	z=x.difference(y)	傳回集合 z，存在於集合 x 但不存在於集合 y 的項目。

1. add()方法

add()方法可以新增一個新的項目到集合中，新增的項目會**隨機無序**的加入集合中。可以使用 len()函式得知集合項目的數量。

範例 ch3_27.py

myset = {"apple","banana","cherry"}	#集合賦值。
myset.add("orange")	#新增項目"orange"至集合 myset。
print(myset)	#顯示集合 myset 的內容。

結果

```
{'orange', 'apple', 'banana', 'cherry'}
```

2. copy()及 remove()方法

copy()方法用來複製一個與原集合相同的新集合，remove()方法用來刪除集合中一個指定的項目。

範例 ch3_28.py

myset={"apple","banana","cherry"}	#集合賦值。
newset=myset.copy()	#複製集合 myset 至 newset。
myset.remove("cherry")	#刪除集合 myset 中的項目"cherry"。
print(myset)	#顯示集合 myset 的所有項目。
print(newset)	#顯示集合 newset 的所有項目。

結果

```
{'apple', 'banana'}
{'cherry', 'apple', 'banana'}
```

3. update()方法

update()方法會將一個集合中的所有項目，插入另一個集合中，插入的集合會依序排在原集合的後面。

範例 ch3_29.py

myset={"apple","banana","cherry"}	#集合 myset 物件。
yourset={"orange","kiki"}	#集合 yourset 物件。
myset.update(yourset)	#將集合 yourset 所有項目插入集合 myset 中。
print(myset)	#顯示集合 myset 所有項目。
print(yourset)	#顯示集合 yourset 所有項目。

結果

```
{'apple', 'banana', 'cherry', 'orange', 'kiki'}
{'orange', 'kiki'}
```

4. 集合的交集方法

假設集合 A={1,2,3,4,5}，集合 B={4,5,6,7,8}。如圖 3-1(a)所示，使用交集 intersection() 方法或是運算式 "A & B"，可以得到集合 A 及集合 B 的交集{4,5}。

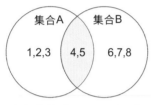

(a) 交集 intersection()

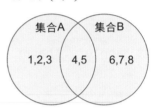

(b) 聯集 union()

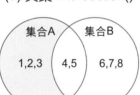

(c) 差集 difference()

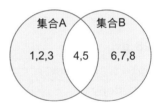

(d) 對稱差集 symmetric_difference()

圖 3-1　集合的交集、聯集、差集及對稱差集方法

範例 ch3_30.py

A = {1, 2, 3, 4, 5}	#集合 A 定義。
B = {4, 5, 6, 7, 8}	#集合 B 定義。
print(A.intersection(B))	#交集。
print(A & B)	#交集。

結果

```
{4, 5}
{4, 5}
```

5. 集合的聯集方法

如圖 3-1(b)所示，使用聯集 union()方法或是運算式 "A | B"，可以得到集合 A 及集合 B 的聯集{1,2,3,4,5,6,7,8}。

範例 ch3_31.py

```
A = {1, 2, 3, 4, 5}        #集合 A 定義。
B = {4, 5, 6, 7, 8}        #集合 B 定義。
print(A.union(B))          #聯集。
print(A | B)               #聯集。
```

結果

```
{1, 2, 3, 4, 5, 6, 7, 8}
{1, 2, 3, 4, 5, 6, 7, 8}
```

6. 集合的差集方法

如圖 3-1(c)所示，使用差集 difference()方法或是運算式 "A - B"，可以得到集合 A 及集合 B 的差集{1,2,3}。

範例 ch3_32.py

```
A = {1, 2, 3, 4, 5}        #集合 A 定義。
B = {4, 5, 6, 7, 8}        #集合 B 定義。
print(A.difference(B))     #差集。
print(A - B)               #差集。
```

結果

```
{1, 2, 3}
{1, 2, 3}
```

7. 集合的對稱差集方法

如圖 3-1(d)所示，使用對稱差集 symmetric_difference()方法或是運算式 "A＾B"，可以得到集合 A 及集合 B 的對稱差集{1,2,3,6,7,8}。

範例 ch3_33.py

```
setA = {1, 2, 3, 4, 5}                      #集合 A 定義。
setB = {4, 5, 6, 7, 8}                      #集合 B 定義。
print(setA.symmetric_difference(setB))      #對稱差集。
print(setA ^ setB)                          #對稱差集。
```

結果

```
{1, 2, 3, 6, 7, 8}
{1, 2, 3, 6, 7, 8}
```

CHAPTER

4

發光二極體互動設計

4-1 認識發光二極體

發光二極體（Light Emitter Diode，簡稱 LED）的技術發展日益成熟，LED 常被製作成各種封裝方式，普偏應用於日常生活中。從小功率的家庭用照明燈，儀器與 3C 產品用指示燈、顯示器。到大功率的醫用照明燈、病床燈，商用聚光燈、崁燈、條燈，交通號誌燈、建築景觀燈、戶外太陽能燈等，應用領域相當廣泛。

如圖 4-1 所示電磁波頻譜圖，LED 所發出的光是一種波長介於 380 奈米（nm）至 760 奈米（nm）之間的電磁波，屬於可見光。**LED 發光顏色與製造材料有關，而與工作電壓大小無關**。製造 LED 的主要半導體材料為砷化鎵（GaAs）、砷磷化鎵（GaAsP）或磷化鎵（GaP）。常見的 LED 顏色有紅色、黃色、綠色、藍色、白色等，色彩三原色之紅光波長最長，其次為綠光，最短的為藍光。可見光波長區間之外的為不可見光，例如紅外線（infrared，簡稱 IR）及紫外線（ultraviolet，簡稱 UV）等。

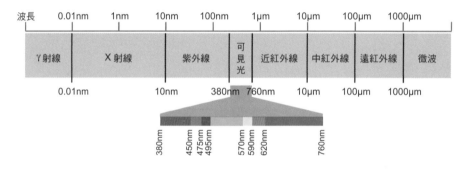

圖 4-1　電磁波頻譜圖

4-1-1 LED 發光原理

如圖 4-2 所示發光二極體，為 PN 二極體的一種，LED 的**長腳為 P 型**（positive，正端），又稱為**陽極**（anode，簡稱 A）；**短腳為 N 型**（negative，負端），又稱為**陰極**（cathode，簡稱 K）。LED 的發光原理是利用外加順向偏壓，使其內部的電子、電洞漂移至接面附近結合後，再以光的方式釋放出能量。

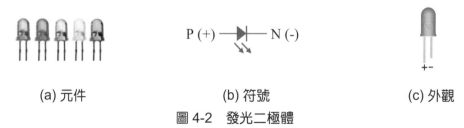

(a) 元件　　　　　　　(b) 符號　　　　　　　(c) 外觀

圖 4-2　發光二極體

4-1-2 LED 測量方法

如圖 4-3 所示 LED 測量方法，先將數位式三用電表切換至 ─▶┤─ 檔，將**紅棒連接 LED 的 P 型接腳，黑棒連接 LED 的 N 型接腳**，此時 LED 因順偏而導通發亮，同時三用電表顯示 LED 的導通電壓值。紅、黃 LED 的導通電壓在 1.8~2.4V 之間，白、藍、綠 LED 的導通電壓在 3.0~3.6V 之間。LED 發光強度與順向電流成正比。實際電路必須串接一個 220Ω 限流電阻，以防止 LED 因電流過大而燒毀。

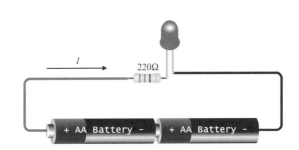

(a) 電表測量　　　　　　　　　　(b) LED 應用電路

圖 4-3　LED 測量方法

4-1-3 全彩 LED

有時候我們需要使用如圖 4-4 所示全彩 LED 來增加色彩的顯示效果。一個全彩 LED 需要使用 MicroPython 開發板三支數位腳，來控制紅（red，簡稱 R）、綠（green，簡稱 G）、藍（blue，簡稱 B）三種顏色。

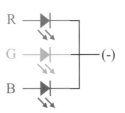

(a) 元件外觀　　　　　　　　　　(b) 接腳

圖 4-4　全彩 LED

4-1-4　串列式全彩 LED 模組

　　如圖 4-5(a) 所示 WORLDSEMI 公司生產的串列式全彩 LED 驅動 IC WS2811，包含紅、綠、藍三個通道 LED 驅動輸出 OUTR、OUTG、OUTB。每種顏色由 8 位元數位值控制，輸出不同脈寬的 PWM 信號產生 256 階顏色變化，因此每次傳入驅動 IC 的資料共 24 位元數位值。WS2811 有 400kbps 及 800kbps 兩種數據傳送速率，**不需再外接任何電路，傳送距離可以達到 20 公尺**。如圖 4-5(b) 所示 WS2812，是將驅動 IC WS2811 封裝在 5050 全彩 LED 中，如圖 4-5(c)所示 WS2812B 是 WS2812 的改良版，亮度更高、顏色均勻，同時也提高了安全性、穩定性及效率。

(a) 驅動 IC WS2811　　　　　(b) WS2812　　　　　(c) WS2812B

圖 4-5　串列式全彩 LED 驅動 IC WS2811

　　串列式全彩 LED 模組只須使用 1 支 GPIO 腳，即可控制多達 1024 顆全彩 LED，但須有獨立電源提供足夠的電流，以避免尾端燈亮度不足。如圖 4-6 所示串列式全彩 LED 模組，有環形、方形及帶狀條形等多種包裝，可依實際使用場合選用環形、方形，或是使用帶狀條形自行剪裁排列組合所需的形狀。

(a) 環形　　　　　　　(b) 方形　　　　　　　(c) 帶狀條形

圖 4-6　串列式全彩 LED 模組

4-2 函式說明

Python 將標準函式庫（libraries）微型化（micro）以適應 MicroPython 微控制器有限的資源。開發板安裝完 MicroPython 後，即內建 machine、network 等函式庫。

4-2-1 machine 函式庫

machine 函式庫包含一些與**硬體控制相關**的函式，例如用來控制 I/O 接腳狀態及準位的 Pin 類別（class），輸出 PWM 信號的 PWM 類別，連續取樣類比輸入電壓並轉換成數位值的 ADC 類別，提供串列通訊介面的 UART、SPI 及 I2C 類別及控制硬體計時器的 Timer 類別。

Pin 類別

Pin 類別的格式如下，用來控制 GPIO 接腳的模式、讀取輸入腳邏輯準位、設定輸出腳邏輯準位等。

格式 machine.Pin(pin, mode, pull, value)

pin 參數用來設定所使用的 GPIO 接腳，mode 參數用來設定 GPIO 的工作模式，pull 參數設定使用上拉電阻（pull-up）、下拉電阻（pull-down）或不使用，value 參數設定 GPIO 在輸出模式下的初值。

pin 參數

pin 參數用來設定微控制器連接到外部的 GPIO。ESP32 開發板有 20 支可用 GPIO 接腳 0、2、4、5、12~19、21~23、25~27、32、33。ESP8266 開發板有 9 支可用 GPIO 接腳 0、2、4、5、12、13、14、15、16。

mode 參數

mode 參數用來設定接腳的工作模式，有 Pin.IN 及 Pin.OUT 兩種，如果 mode 設定為 Pin.IN，則該接腳為輸入模式，且接腳處於高阻抗狀態。如果 mode 設定為 Pin.OUT，則該接腳為輸出模式。

pull 參數

當 GPIO 腳的工作模式設定為輸入模式時，pull 用來設定接腳是否使用內部上拉電阻或下拉電阻。當 pull 設定為 Pin.PULL_UP，使用上拉電阻。當 pull 設定為 Pin.PULL_DOWN，使用下拉電阻。當 pull 設定為 None（預設值），不使用。

value 參數

value 參數用來設定 GPIO 腳的輸出邏輯電位，如果 value=0，則輸出低電位信號。如果 value=1，則輸出高電位信號。

如表 4-1 所示 Pin 類別的常用方法，使用時可以 "import machine" 載入函式庫，或是使用 "from machine import Pin"，只載入 Pin 類別。

表 4-1　Pin 類別的常用方法

方法	功能	參數說明
value(val)	設定 GPIO 腳的輸出狀態。	val=0：設定 GPIO 輸出初值為低電位（邏輯 0）。 val=1：設定 GPIO 輸出初值為高電位（邏輯 1）。 無參數：讀取 GPIO 輸入狀態。
on()	設定 GPIO 腳輸出高電位。	無。
off()	設定 GPIO 腳輸出低電位。	無。

GPIO 接腳設定範例如下所示，首先載入 machine 函式庫中的 Pin 函式，再設定 GPIO2 為輸出模式來控制 led 的狀態。

範例

```
from machine import Pin          #載入 machine 函式庫 Pin 類別。
led = Pin(2, Pin.OUT)            #設定 GPIO2 為輸出模式。
led.value(1)                     #輸出高電位，點亮連接於 GPIO2 的 LED。
```

PWM 類別

PWM 類別的功用是使用 GPIO 接腳模擬輸出脈波寬度調變（pulse width modulation，簡稱 PWM）信號。設定格式如下所示，第一個參數 pin 設定輸出 PWM 信號的 GPIO 接腳，第二個參數 freq 設定 PWM 的頻率，第三個參數 duty 設定 PWM 的工作週期。

格式　machine.PWM(pin, freq, duty)

pin 參數

ESP32 開發板 20 支可用 GPIO 接腳 0、2、4、5、12~19、21~23、25~27、32、33，都可以輸出 PWM 信號。ESP8266 開發板 8 支可用 GPIO 接腳 0、2、4、5、12、13、14、15，都可以輸出 PWM 信號。

freq 參數

　　freq 參數用來設定 PWM 信號的頻率，單位赫芝 Hz。ESP8266 設定範圍 **1Hz ～ 1000Hz**，ESP32 設定範圍 **1Hz ～ 40MHz**。因為人眼的視覺暫留現象，如果要用來控制 LED 亮度，必須設定較高的頻率，LED 才不會有閃爍的現象。

duty 參數

　　duty 用來設定 PWM 信號的工作週期，ESP8266 及 ESP32 的設定範圍均在 **0~1023** 之間，代表工作週期在 0~100%。PWM 信號可以用來控制 LED 的亮度、直流馬達的轉速，以及伺服馬達的轉角等。

　　如圖 4-7(a)所示 PWM 信號，藉由調整脈波寬度，可以得到不同的工作週期及平均直流電壓 V_{dc}，計算公式如下。如圖 4-7(b)所示 PWM 信號，高電位為 3.3V，低電位為 0V。當設定 duty=512 時，可以得到工作週期 50%、平均直流電壓 1.65V 的 PWM 信號。

$$V_{dc} = \frac{t_H}{T} V_m = \frac{duty}{1024} V_m$$

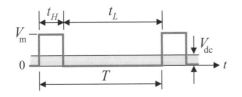

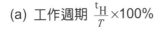

(a) 工作週期 $\frac{t_H}{T} \times 100\%$　　　　　　　　(b) 工作週期 50%

圖 4-7　PWM 信號

　　如表 4-2 所示 PWM 類別的常用方法，可以使用 "import machine" 載入函式庫，或是使用 "from machine import PWM"，只載入 PWM 類別。

表 4-2　PWM 類別的常用方法

方法	功能	參數說明
freq(hz)	設定 PWM 頻率。	hz：ESP8266 範圍 1Hz~1000Hz，ESP32 範圍 1Hz~40MHz。無參數則為讀取設定值。
duty(val)	設定 PWM 工作週期。	val：設定範圍 0~1023，無參數則為讀取設定值。
deinit()	關閉 PWM 輸出。	無。

PWM 信號的設定範例如下所示,首先載入 machine 函式庫中的 Pin 及 PWM 函式,再設定 PWM 信號所使用的 GPIO 接腳、頻率及工作週期。

範例 方法一

```
from machine import Pin,PWM          #使用 machine 函式庫的 Pin、PWMM 類別。
pwm=PWM(Pin(2),freq=1000,duty=512)   #GPIO2 輸出 PWM、頻率 1kHz、50%工作週期。
```

範例 方法二

```
from machine import Pin,PWM          #使用 machine 函式庫 Pin、PWM 類別。
pwm=PWM(Pin(2))                      #GPIO2 輸出 PWM。
pwm.freq(1000)                       #設定 PWM 頻率為 1kHz。
pwm.duty(512)                        #設定 PWM 工作週期為 50%。
```

4-2-2 time 函式庫

如表 4-3 所示 time 函式的常用方法,Python 的標準函式 time,提供一些與時間有關的處理,如取得目前時間、轉換時間、暫停執行程式等多種方法。

表 4-3　time 函式的常用方法

方法	功能	參數說明
sleep(seconds)	設定秒延遲時間,單位 sec。	設定的秒數 seconds 為正浮點數。
sleep_ms(ms)	設定毫秒延遲時間,單位 ms。	設定的毫秒數 ms 為正整數。
sleep_us(us)	設定微秒延遲時間,單位 us。	設定的微秒數 us 為正整數。
ticks_ms()	傳回不斷遞增的毫秒計數值。	無。
ticks_us()	傳回不斷遞增的微秒計數值。	無。

4-2-3 neopixel 函式庫

MicroPython 標準函式庫 neopixel,用來驅動串列式全彩 LED 模組。可以設定單獨顯示 LED 像素(pixel)的紅、綠、藍三色強度,強度值範圍 0～255。建立 Neopixel 物件的格式如下所示,第 1 個參數 pin 設定控制全彩 LED 模組的 GPIO 接腳,第 2 個參數 pixels 設定 LED 的數量。

格式 neopixel.NeoPixel(pin, pixels)

如表 4-4 所示 NeoPixel 類別的常用方法,在使用時可以使用 "import neopixel" 載入函式庫,或是使用 "from machine import NeoPixel",只載入 NeoPixel 類別。

表 4-4　neopixel 類別的常用方法

方法	功能	參數說明
pin	設定控制的 GPIO 接腳。	ESP32 有 20 支可用的 GPIO 腳。ESP8266 有 8 支可用的 GPIO 腳，不含 GPIO16。
pixels	設定 LED 的數量。	如果設定 pixels=16，則 LED 的編號為 0~15。
write()	設定顯示顏色。	設定紅、綠、藍三色的顏色值，範圍在 0~255 之間，0 最暗，255 最亮。

　　neopixel 的設定範例如下所示，載入 machine 函式庫中 Pin 類別及 neopixel 函式庫中的 NeoPixel 類別，並且設定 GPIO 接腳及 LED 的數量。最後使用 NeoPixel 物件 np，設定紅、綠、藍三種顏色值。

範例

```
from machine import Pin          #載入 machine 函式庫中的 Pin 類別。
from neopixel import NeoPixel    #載入 neopixel 函式庫中的 NeoPixel 類別。
np = NeoPixel(Pin(2), 16)        #設定使用 GPIO2 控制 16 位全彩 LED 模組。
np[0]=(255,0,0)                  #設定編號 0 的 LED 顏色值為紅色。
np.write()                       #更新顯示。
```

4-3　實作練習

4-3-1　LED 閃爍實習

■ 功能說明

　　如圖 4-8 所示 ESP8266 / ESP32 開發板的內建 LED，連接於 GPIO2 腳。ESP8266 GPIO2 輸出低電位，LED 點亮，而 ESP32 GPIO2 輸出高電位，LED 點亮。

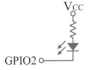

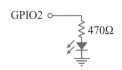

(a) ESP8266 開發板內建 LED　　　　　　(b) ESP32 開發板內建 LED

圖 4-8　ESP8266 / ESP32 開發板的內建 LED

　　如圖 4-9 所示電路接線圖，使用 NodeMCUESP32-S 的 GPIO2 控制內建 LED（P2）閃爍，亮 1 秒、暗 1 秒。當 GPIO2 輸出高電位，則 LED 點亮；當 GPIO2 輸出低電位，則 LED 不亮。

電路接線圖

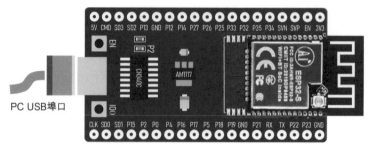

圖 4-9　LED 閃爍實習電路圖

程式：ch4_1.py

```
from machine import Pin          #使用 machine 函式庫的 Pin 類別。
import time                      #使用 time 函式庫。
led = Pin(2, Pin.OUT)            #設定 GPIO2 為輸出腳，使用內建 LED。
while True:                      #迴圈。
    led.value(not led.value())   #改變 LED 狀態。
    time.sleep_ms(1000)          #延遲 1 秒。
```

練習

1. 使用 NodeMCU ESP32-S 開發板 GPIO2，控制一個 LED 閃爍，亮 0.5 秒、減 0.5 秒。
2. 使用 NodeMCU ESP32-S 開發板 GPIO0、GPIO2，控制兩個 LED 每 0.5 秒交替閃爍。

4-3-2　LED 單燈右移實習

功能說明

　　如圖 4-11 所示電路接線圖，使用 NodeMCU ESP32-S 開發板 GPIO5、4、0、2 四支 GPIO 接腳，控制四個 LED 執行如圖 4-10 所示單燈右移。

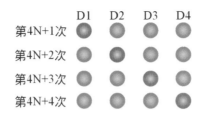

圖 4-10　LED 單燈右移

二 電路接線圖

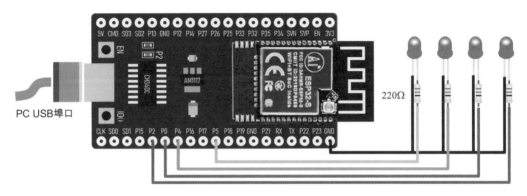

圖 4-11　LED 單燈右移實習電路圖

三 程式：ch4_2.py

```
from machine import Pin          #使用 machine 函式庫的 Pin 類別。
import time                      #使用 time 函式庫。
GPIO = (5,4,0,2)                 #使用 GPIO5、4、0、2 接腳。
leds=[]                          #空串列。
for i in GPIO:                   #建立四個接腳物件。
    leds.append(Pin(i,Pin.OUT,value=0)) #輸出模式、初始值為低電位，LED 均不亮。
while True:                      #迴圈。
    for i in range(4):          #四個 LED。
        leds[i].value(1)        #點亮第 i 個 LED。
        time.sleep_ms(500)      #移位延遲 0.5 秒。
        leds[i].value(0)        #關閉第 i 個 LED。
```

練習

1. 接續範例，控制四個 LED 執行單燈右移。
2. 接續範例，控制四個 LED 執行單燈閃爍右移。

4-3-3 LED 霹靂燈實習

一 功能說明

如圖 4-11 所示電路接線圖，使用 NodeMCU ESP32-S 開發板 GPIO5、4、0、2，控制四個 LED 執行如圖 4-12(a)所示霹靂燈移位變化，每 0.2 秒變化一次狀態。

(a) LED 霹靂燈變化　　　　　　　　(b) LED 音量燈變化

圖 4-12　LED 變化

二 電路接線圖

如圖 4-11 所示電路。

三 程式：ch4_3.py

`from machine import Pin`	#使用 machine 函式庫的 Pin 類別。
`import time`	#使用 time 函式庫。
`GPIO = (5,4,0,2)`	#使用 GPIO5、4、0、2 接腳。
`TABLE = ((1,0,0,0),(0,1,0,0),(0,0,1,0),(0,0,0,1),`	#LED 狀態。
`　　　(0,0,0,1),(0,0,1,0),(0,1,0,0),(1,0,0,0))`	#LED 狀態。
`leds=[]`	#空串列。
`for i in GPIO:`	#建立四個 GPIO 接腳物件。
`　　leds.append(Pin(i,Pin.OUT,value=0))`	#輸出模式，初值為 0。
`while True:`	#迴圈。
`　　for i in TABLE:`	#取出四個 LED 的資料。
`　　　　for j in range(4):`	#四個 LED。
`　　　　　　leds[j].value(i[j])`	#設定 LED 輸出電位。
`　　　　time.sleep_ms(200)`	#移位延遲 0.2 秒。

🌱 練習

1. 接續範例，控制四個 LED 執行霹靂燈閃爍移位變化。
2. 接續範例，控制四個 LED 執行如圖 4-12(b)所示音量燈。

4-3-4 LED 亮度變化實習

一 功能說明

如圖 4-9 所示電路接線圖，使用 NodeMCU ESP32-S 開發板 GPIO2 輸出 PWM 信號，控制 LED 的亮度，由最暗變化到最亮。

二 電路接線圖

如圖 4-9 所示電路。

三 程式：ch4_4.py

```
from machine import Pin, PWM        #使用 machine 函式庫的 Pin 類別。
import time                         #使用 time 函式庫。
led=Pin(2,Pin.OUT)                  #建立 led 物件，使用 GPIO2 接腳。
pwm=PWM(led,1000)                   #建立 pwm 物件，設定 GPIO2 輸出 PWM 信號。
while True:                         #迴圈。
    for i in range(0,1024,50):      #i 值介於 0~1023，遞增值為 50。
        pwm.duty(i)                 #設定 PWM 信號的工作週期。
        time.sleep_ms(50)           #LED 亮度變化的間隔時間 50 毫秒。
```

練習

1. 使用 NodeMCU ESP32-S 開發板 GPIO2，控制 LED 產生呼吸燈效果，由最暗變化到最亮，再由最亮變化到最暗。
2. 使用 NodeMCU ESP32-S 開發板 GPIO5、4、0、2，執行單燈呼吸右移。

4-3-5 全彩 LED 顯示實習

一 功能說明

如圖 4-13(a)所示全彩 LED 模組紅 **R**、綠 **G**、藍 **B** 三色 LED，接腳如圖 4-13(b)所示。當 R 為高電位時，LED 亮紅燈，當 G 為高電位時，LED 亮綠燈，當 B 為高電位時，LED 亮藍燈。如圖 4-13(c)所示色彩三原色，利用 RGB 加法混色可以得到不同的顏色，例如紅、綠混色為黃色，綠、藍混色為青色、紅、藍混色為洋紅。

(a) 外觀

(b) 接腳

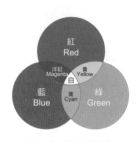

(c) 色光三原色

圖 4-13　全彩 LED 模組

　　如圖 4-14 所示電路接線圖，使用 NodeMCU ESP32-S 開發板 GPIO5、4、0 三腳，分別控制控制全彩 LED 模組的 R、G、B 三色，每秒依序點亮紅、綠、藍三色 LED。

電路接線圖

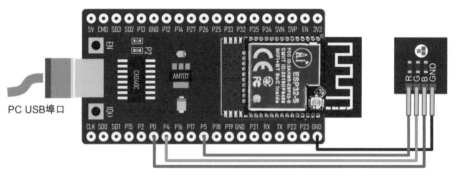

圖 4-14　全彩 LED 顯示實習電路圖

程式：ch4_5.py

程式	說明
`from machine import Pin`	#使用 machine 函式庫的 Pin 類別。
`import time`	#使用 time 函式庫。
`GPIO = (5,4,0)`	#使用 GPIO5、4、0 接腳。
`leds=[]`	#空串列。
`for i in GPIO:`	#建立三色 LED 物件。
`    leds.append(Pin(i,Pin.OUT,value=0))`	#GPIO 為輸出模式，初值為 0。
`while True:`	#迴圈。
`    for i in range(3):`	#三色。
`        leds[i].value(1)`	#點亮 LED。
`        time.sleep_ms(500)`	#0.5 秒。
`        leds[i].value(0)`	#關閉 LED。

練習

1. 接續範例，控制全彩 LED 依序每秒顯示紅、綠、藍、黃、青、洋紅、白等七種顏色。
2. 接續範例，控制全彩 LED 依序顯示紅、綠、藍三種顏色，執行呼吸燈效果。

4-3-6 串列式全彩 LED 顯示實習

一 功能說明

真實色彩（true color）或稱為全彩，R、G、B 各使用 8 位元表示 0~255 等 256 種色階，三色共有 24 位元，呈現出 1677 萬（$=2^8 \times 2^8 \times 2^8$）種顏色變化。如表 4-5 所示彩虹七色的 RGB 顏色值，使用不同的 R、G、B 色階組合而成。

表 4-5　彩虹七色的 RGB 顏色值

名稱	顏色	R	G	B	名稱	顏色	R	G	B
紅		255	0	0	藍		0	0	255
橙		255	127	0	青		0	255	255
黃		255	255	0	紫		143	0	255
綠		0	255	0	白		255	255	255

如圖 4-15 所示電路接線圖，使用 NodeMCU ESP32-S 開發板 GPIO2，控制串列全彩 LED 模組，16 燈同時依序顯示紅、橙、黃、綠、藍、青、紫、白八種顏色。

二 電路接線圖

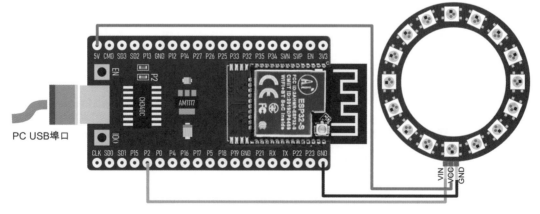

圖 4-15　串列式全彩 LED 顯示實習電路圖

程式：ch4_6.py

```
from machine import Pin              #載入 machine 函式庫 Pin 類別。
from neopixel import NeoPixel        #載入 neopixel 函式庫 NeoPixel 函式。
import time                          #載入 time 函式庫。
RGB = ((255,0,0),(255,127,0),(255,255,0),(0,255,0),   #紅、橙、黃、綠
       (0,0,255),(0,255,255),(143,0,255),(255,255,255))  #藍、青、紫、白
np=NeoPixel(Pin(2),16)              #設定 NeoPixel 物件 np。
while True:                          #迴圈。
    for i in RGB:                    #查表選擇顏色。
        for j in range(16):          #16 個 LED。
            np[j]=(i[0],i[1],i[2])   #設定顏色值。
        np.write()                   #輸出顏色值。
        time.sleep(2)                #顏色變換間隔時間 2 秒。
```

練習

1. 接續範例，控制串列全彩 LED 模組，依序變化顯示紅、橙、黃、綠、藍、青、紫、白等八種顏色，16 燈每秒同時閃爍一次。

2. 接續範例，控制串列全彩 LED 模組，依序變化顯示紅、橙、黃、綠、藍、青、紫、白等八種顏色，每種顏色單燈順時針正轉一圈。

4-3-7 專題實作：廣告燈

功能說明

本例使用條燈自行剪裁排列成 5×5 字形，顯示如圖 4-16 所示英文字母 N（紅）、I（綠）、H（藍）、S（白）。

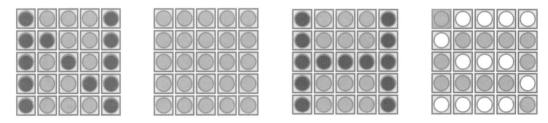

圖 4-16　英文字母 N、I、H、S

如圖 4-17 所示電路接線圖，使用 NodeMCU ESP32-S 開發板 GPIO2，控制 5×5 串列全彩 LED 模組，顯示如圖 4-16 所示 N、I、H、S 字形，每 2 秒變換一次。

二 電路接線圖

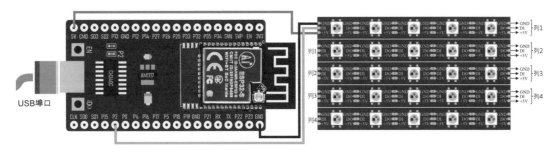

圖 4-17　廣告燈電路圖

三 程式：ch4_7.py

```
from machine import Pin                #載入 machine 函式庫 Pin 類別。
from neopixel import NeoPixel          #載入 neopixel 函式庫的 NeoPixel 函式。
import time                            #載入 time 函式庫。
TABLE =                               #四個英文字母的位元資料。
    ((1,0,0,0,1),(1,1,0,0,1),(1,0,1,0,1),(1,0,0,1,1),(1,0,0,0,1),   #N
    (0,1,1,1,0),(0,0,1,0,0),(0,0,1,0,0),(0,0,1,0,0),(0,1,1,1,0),   #I
    (1,0,0,0,1),(1,0,0,0,1),(1,1,1,1,1),(1,0,0,0,1),(1,0,0,0,1),   #H
    (0,1,1,1,1),(1,0,0,0,0),(0,1,1,1,0),(0,0,0,0,1),(1,1,1,1,0))   #S
RGB = ((255,0,0),(0,255,0),(0,0,255),(255,255,255))#紅、綠、藍、白。
np=NeoPixel(Pin(2),25)                 #建立 NeoPixel 物件 np。
while True:                            #迴圈。
    n=0                                #LED 索引值。
    for i in range(4):                 #4 個英文字母。
        rgb=RGB[i]                     #選擇字母顏色。
        for j in range(5):             #每個英文字母有 5 行。
            m=i*5+j                     #計算在 TABLE 中的行位置 0~19。
            for k in range(5):         #每行有 5 個 LED。
                n=j*5+k                 #計算 LED 的位置 0~24。
                table=TABLE[m]         #讀取 TABLE 中的資料。

np[n]=(rgb[0]*table[k],rgb[1]*table[k],rgb[2]*table[k])
    np.write()                         #輸出顯示資料。
    time.sleep(2)                      #字母顯示間隔時間 2 秒。
```

1. 接續範例，使用 LED 條燈排列成 5×5 字形，每 2 秒變換顯示如圖 4-18 所示 T（紅）、A（綠）、I（藍）、P（白）、E（黃）、I（青）。

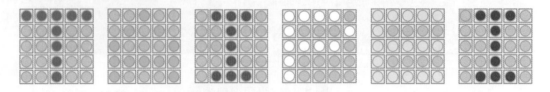

圖 4-18　廣告燈顯示英文字母 T、A、I、P、E、I

2. 承上題，改成每 2 秒<u>閃爍</u>變換顯示 T（紅）、A（綠）、I（藍）、P（白）、E（黃）、I（青）。

CHAPTER

5

開關元件互動設計

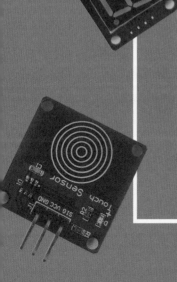

5-1   認識開關
5-2   實作練習

5-1　認識開關

開關種類很多，主要用途是接通或斷開電路。對串聯電路而言，當開關接通（ON）時，允許電流通過，當開關斷開（OFF）時，電路電流為零。常用的機械開關如**搖頭開關**、**滑動開關**、**指撥開關**、**按鍵開關**等，都是利用金屬片接觸面與接點接觸而產生導通狀態。一般會在接點上電鍍抗腐蝕金屬，以避免因氧化物產生的接點接觸不良現象，有時也會使用導電塑膠等非金屬接觸面材料，來提高接點接觸的可靠性。

5-1-1　指撥開關

如圖 5-1 所示指撥開關，依開關的包裝數量可區分如圖 5-1(a)所示 2P、4P、8P 等多種組合。指撥開關屬於單刀單投開關，其符號如圖 5-1(b)所示。

(a) 外觀　　　　　　　　　　　　　　　　(b) 符號

圖 5-1　指撥開關

如圖 5-2 所示指撥開關電路，有兩種接線方式。如圖 5-2(a) 所示高電位產生電路，當開關斷開，輸出電壓 $V_o = 0$，當開關接通，輸出電壓 $V_o = +5V$。如圖 5-2(b) 所示低電位產生電路，當開關斷開，輸出電壓 $V_o = +5V$，開關接通，輸出電壓 $V_o = 0$。

(a) 高電位產生電路　　　　　　　　　　(b) 低電位產生電路

圖 5-2　指撥開關電路

5-1-2 按鍵開關

指撥開關在某些應用的操作上不是很方便，例如輸入電話號碼。我們可以改用如圖 5-3 所示按鍵開關。按鍵開關應用廣泛，如電話按鍵、手機按鍵及電腦鍵盤等。如圖 5-3(b) 所示按鍵開關的接腳，1、2 腳連通，3、4 腳連通，接線要特別注意。

(a) 元件　　　　　　　　　　　　　　　(b) 接腳

圖 5-3　按鍵開關

如圖 5-4 所示按鍵開關電路，有兩種接線方式，如圖 5-4(a)所示正脈波產生電路，當按鍵斷開時，輸出電壓為 0，按下按鍵時，輸出電壓為+5V。如圖 5-4(b)所示負脈波產生電路，當按鍵斷開時，輸出電壓為+5V，按下按鍵時，輸出電壓為 0V。

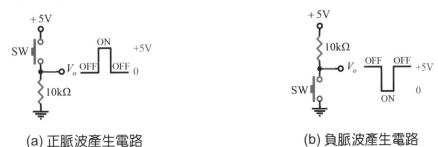

(a) 正脈波產生電路　　　　　　　　　　(b) 負脈波產生電路

圖 5-4　按鍵開關電路

理想上每按一下按鍵開關，只會產生一個脈波輸出。實際上會有**機械彈跳（bounce）**的問題存在，也就是說按一下按鍵開關可能產生不固定次數的脈波輸出。如圖 5-5 所示正脈波產生電路的機械彈跳現象，機械彈跳時間約為 **10ms~20ms**。**消除機械彈跳最簡單的方法是使用延遲程序避開不穩定狀態**，在開關穩定狀態下檢測狀態，解決機械彈跳問題，以避免誤動作產生。延遲程序簡單，但延遲時間過短則無法有效消除機械彈跳，延遲時間過長會造成按鍵反應不靈敏。

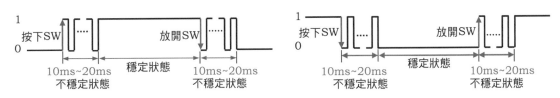

(a) 正脈波產生電路　　　　　　　　　　(b) 負脈波產生電路

圖 5-5　正脈波產生電路的機械彈跳現象

5-1-3　觸摸開關模組

　　如圖 5-6 所示電容式觸摸開關模組，使用九合電子公司所開發設計的 TTP223-BA6 觸控板檢測 IC。相較於傳統的按鍵開關，觸摸開關**輸出信號穩定，沒有機械彈跳現象**。觸摸開關模組工作在觸摸高電位模式，常態下輸出低電位 (LOW，邏輯 0)。當手指觸摸相應位置時，模組輸出高電位 (HIGH，邏輯 1)。模組通電後大約有 0.5 秒的穩定時間，在此期間不要觸摸開關。

(a) 外觀

(b) 接腳

圖 5-6　觸摸開關模組

　　ESP32 提供 10 組電容式觸摸感測器 TOUCH0~TOUCH9，依序連接在 GPIO4、0、2、15、13、12、14、27、33、32，ESP8266 沒有內建觸摸感測器，可以使用觸摸開關模組。當您的手指觸摸這些感測器時，電容會產生變化並且輸出一數值，用來檢測接腳是否被觸摸。經實際測試，未觸摸接腳時的數值大於 500，觸摸接腳時的數值小於 300。觸摸數值會隨周圍環境及接線情況而有所不同。

5-2　實作練習

5-2-1　按鍵開關控制 LED 亮與暗實習

■ 功能說明

　　如圖 5-7 所示電路接線圖，NodeMCU ESP32-S 開發板內建按鍵開關（IO0）連接於 GPIO0，內建 LED（P2）連接於 GPIO2。按一下按鍵 IO0，LED 改變狀態，原來點亮則熄滅，原來熄滅則點亮。

電路接線圖

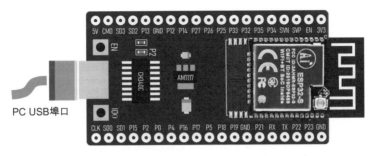

圖 5-7　按鍵開關控制 LED 亮與暗實習電路圖

程式：ch5_1.py

`from machine import Pin`	#載入 Pin 類別。
`import time`	#載入 time 函式庫。
`sw = Pin(0,Pin.IN,Pin.PULL_UP)`	#使用內建按鍵開關 GPIO0，含上拉電阻。
`led = Pin(2,Pin.OUT)`	#LED 連接 GPIO2。
`led.value(0)`	#LED 熄滅。
`val = 0`	#LED 初值為 0(暗)。
`while True:`	#迴圈。
`    if(sw.value()==0):`	#按下按鍵？
`        time.sleep_ms(20)`	#消除機械彈跳。
`        while(sw.value()==0):`	#放開按鍵？
`            pass`	#等待放開按鍵。
`        val=not val`	#LED 狀態改變。
`        led.value(val)`	#設定 LED 狀態。

練習

1. 接續範例，每按一下按鍵 IO0，LED 狀態改變，動作依序為：閃爍➜全暗。
2. 接續範例，每按一下按鍵，LED 狀態改變，動作依序為：慢閃➜快閃➜全暗。

5-2-2　自行車燈實習

功能說明

　　如圖 5-8 所示電路接線圖，手指觸摸開關 TOUCH7，LED 狀態改態，動作依序為：四燈同時閃爍➜單燈左右來回移動➜全暗。

電路接線圖

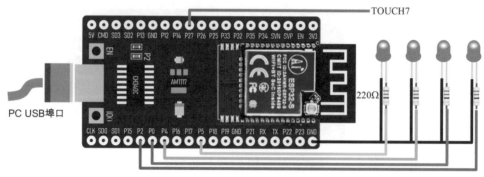

圖 5-8　自行車燈實習電路圖

程式：ch5_2.py

程式	說明
`from machine import Pin,TouchPad`	#載入 Pin 及 TouchPad 類別。
`import time`	#載入 time 函式庫。
`touch = TouchPad(Pin(27))`	#設定使用 GPIO27(TOUCH7)觸摸感測器。
`GPIO = (5,4,0,2)`	#GPIO5、4、0、2 連接 LED。
`leds=[]`	#空串列。
`for i in GPIO:`	#設定 GPIO5、4、0、2 為輸出埠。
`    leds.append(Pin(i,Pin.OUT,value=0))`	
`direct=0`	#LED 移位方向。direct=0/1：右移/左移。
`val=0`	#LED 功能。0：全暗，1：閃爍，2：左右移。
`while True:`	#迴圈。
`    if(touch.read()<=250):`	#手指觸摸 TOUCH7 接腳？
`        time.sleep(1)`	#等待反應時間。
`        val=val+1`	#設定功能。
`        if(val==3):`	#val=0~2。
`            val=0`	
`    if(val==0):`	#val=0，四個 LED 全暗。
`        for i in range(4):`	#四個 LED。
`            leds[i].value(0)`	#全暗。
`    elif(val==1):`	#val=1，四個 LED 同時閃爍。
`        for i in range(4):`	#四個 LED。
`            leds[i].value(not leds[i].value())`	#改變 LED 狀態。
`        time.sleep_ms(100)`	#閃爍速度控制。
`    elif(val==2):`	#val=2，單燈左右移。
`        if(direct==0):`	#右移？
`            for i in range(4):`	#四次。
`                leds[i].value(1)`	#點亮 LED。
`                time.sleep_ms(100)`	#LED 點亮 100ms。

	leds[i].value(0)	#關閉 LED。
direct=1		#右移四次改左移。
else:		#左移。
for i in range(3,-1,-1):		#四次。
	leds[i].value(1)	#點亮 LED。
	time.sleep_ms(100)	#LED 點亮 100ms。
	leds[i].value(0)	#關閉 LED。
direct=0		#左移四次改右移。

練習

1. 接續範例，觸摸開關 TOUCH7 改變 LED 狀態，依序為四燈慢閃➔四燈快閃➔單燈左右移➔全暗。
2. 接續範例，觸摸開關 TOUCH7 改變 LED 狀態，動作依序為全暗➔四燈同閃➔單燈右移➔單燈右移➔單燈右移。

5-2-3 調光燈實習

一 功能說明

顏色是由紅（red，簡稱 R）、綠（green，簡稱 G）、藍（blue，簡稱 B）三原色來表示，每個顏色使用 8 位元表示不同的色階，最暗為 0、最亮為 255，以 16 進制表示成 #RRGGBB。白光是由紅、綠、藍三原色組合而成，RGB 顏色值為 #FFFFFF，以 tuple 型別表示為（255,255,255）。

如圖 5-9 所示電路接線圖，使用觸摸開關 GPIO27（TOUCH7）控制串列全彩 LED 模組，完成調光燈功能。手指觸摸一下開關 TOUCH7，LED 模組白光亮度改變，由最暗到最亮，依序設定亮度為：0（最暗）➔50➔100➔150➔200（最亮）➔0。

二 電路接線圖

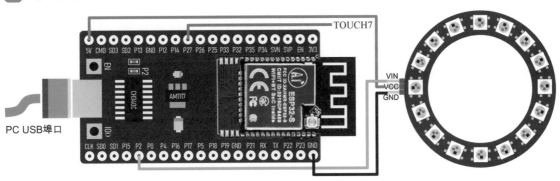

圖 5-9　調光燈實習電路圖

📄 程式：ch5_3.py

```
from machine import Pin,TouchPad        #載入 Pin 及 TouchPad 類別。
import time                             #載入 time 函式庫。
from neopixel import NeoPixel           #載入 NeoPixel 類別。
touch = TouchPad(Pin(27))               #使用 GPIO27(Touch7)觸摸感測器。
np=NeoPixel(Pin(2),16)                  #GPIO2 控制全彩 LED 模組。
DUTY = 0                                #LED 模組亮度。
while True:                             #迴圈。
    if(touch.read()<=250):              #手指觸摸 Touch7?
        time.sleep(1)                   #等待反應時間。
        DUTY=DUTY+50                    #改變亮度。
        if(DUTY==250):                  #亮度值分 0、50、100、150、200 五段。
            DUTY=0
    for i in range(16):                 #設定 16 位全彩 LED 模組的白光亮度。
        np[i]=(DUTY,DUTY,DUTY)          #設定 LED 模組的白光亮度。
    np.write()                          #更新顯示。
```

🌱 練習

1. 接續範例，手指觸摸一下開關 TOUCH7，LED 模組白光亮度改變，由最暗到最亮，依序設定亮度為：0（最暗）➔50➔100➔150➔200➔250（最亮）➔0。
2. 接續範例，手指觸摸一下開關 TOUCH7，LED 模組顏色改變，依序設定顏色為：全暗➔紅色➔綠色➔藍色➔白色。

5-2-4 專題實作：電子輪盤

📄 功能說明

為了達到電子輪盤隨機停在某一燈號的目的，本例使用 David Glaude 開發者設計的 random.py 模組（https://goo.gl/jChk4g）來完成此功能。random.py 模組已附在本書範例檔 py/ch5/random.py，必須**先將 random.py 模組載入 MicroPython 開發板**才能使用。如表 5-1 所示 random.py 模組函式功能說明，randrange()函式及 randint()函式都可以產生隨機整數 N。randrange(a,b)產生範圍在 a≤N<b 的隨機整數，而 randint(a,b)函式產生範圍在 a≤N≤b 的隨機整數。

表 5-1　random.py 模組函式功能說明

函式	功能	參數說明
randrange(stop)	產生隨機整數 N	$0 \leq N <$ stop。
randrange(start, stop)	產生隨機整數 N	start $\leq N <$ stop。
randrange(start, stop, step)	產生隨機整數 N	start $\leq N <$ stop，增量為 step。
randint(a,b)	產生隨機整數 N	$a \leq N \leq b$。

如圖 5-10 所示電路接線圖，使用觸摸感測器 GPIO27（TOUCH7）控制連接於 GPIO0 的蜂鳴器模組及連接於 GPIO2 的串列全彩 LED 模組，完成電子輪盤專題。手指每觸摸一下開關 TOUCH7，LED 模組單燈白光順時針旋轉，同時蜂鳴器模組發出嗶聲，最後會隨機停留在某一燈號上。

二 電路接線圖

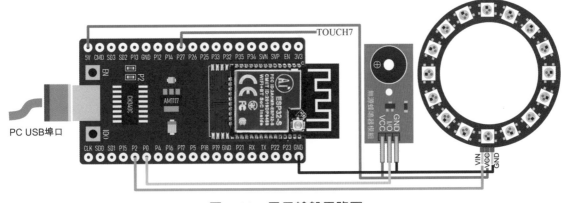

圖 5-10　電子輪盤電路圖

三 程式：ch5_4.py

```
from machine import Pin,PWM,TouchPad  #載入 Pin、PWM 及 TouchPad 類別。
from neopixel import NeoPixel         #載入 NeoPixel 類別。
import time                           #載入 time 函式庫。
import random                         #載入 random 函式庫。
touch = TouchPad(Pin(27))             #使用 GPIO27(Touch7)觸摸感測器。
sp = PWM(Pin(0,Pin.OUT))              #GPIO0 連接蜂鳴器。
np = NeoPixel(Pin(2),16)              #GPIO2 連接全彩 LED 模組。
sp.duty(0)                            #關閉蜂鳴器。
white = (255,255,255)                 #白光。
dark = (0,0,0)                        #全暗。
pixel = 0                             #LED 目前位置。
start = 0                             #LED 開始位置。
```

```
while True:                          #迴圈。
    if(touch.read()<=250):           #手指觸摸開關 TOUCH7？
        time.sleep(1)                #消除彈跳。
        for i in range(16):          #16 燈全暗。
            np[i]=dark               #設定顏色值。
        np.write()                   #更新顯示。
        n=random.randrange(100)      #亂數產生 0~100 間的數值。
        for i in range(start,n+1):   #LED 轉動次數。
            pixel=i%16               #每圈 16 位。
            np[pixel]=white          #點亮白光。
            np.write()               #更新顯示。
            sp.duty(500)             #嗶聲。
            sp.freq(1000)            #1000Hz。
            time.sleep_ms(20)        #20ms。
            sp.duty(0)               #關閉蜂鳴器。
            np[pixel]=dark           #全暗。
            np.write()               #更新顯示。
            time.sleep_ms(10)        #10ms。
            if(i==n):                #轉動完畢，停留單燈。
                np[pixel]=white      #設定單燈亮。
                np.write()           #更新顯示。
                sp.duty(0)           #關閉蜂鳴器輸出。
                start=pixel          #儲存亮燈停止位置。
```

練習

1. 更改範例，手指每觸摸一下開關 TOUCH7，LED 模組單燈藍光順時針旋轉，同時蜂鳴器模組發出嘀聲，最後隨機停在某一燈號。

2. 更改範例，手指每觸摸一下開關 TOUCH7，LED 模組單燈順時針旋轉，每轉動一圈，更換一次顏色，依序為：紅光➔綠光➔藍光➔白光，同時蜂鳴器模組發出嘀聲，最後隨機停在某一燈號。

CHAPTER

6

七段顯示器互動設計

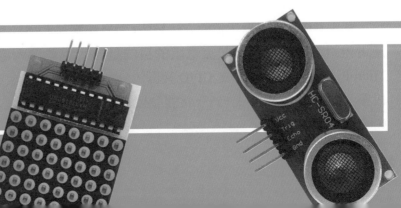

6-1 認識七段顯示器

如圖 6-1(a) 所示七段顯示器，由 8 個 LED 所組成，因此特性與 LED 相同。如圖 6-1(b) 所示七段顯示器正面腳位，以**順時針方向命名**，依序為 a、b、c、d、e、f、g 及小數點 p。

(a) 元件   (b) 正面腳位

圖 6-1 七段顯示器

如圖 6-2 所示七段顯示器內部結構，可分成兩種型式，如圖 6-2(a)所示**共陽極**（common anode，簡記 CA）結構，各段陽極相連至共同接點 COM。如圖 6-2(b)所示**共陰極**（common cathode，簡記 CC）結構，各段陰極相連至共同接點 COM。

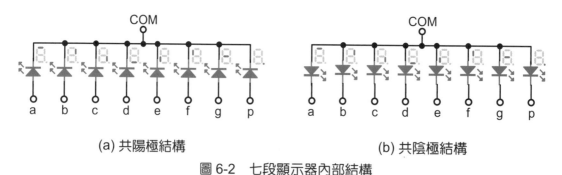

(a) 共陽極結構   (b) 共陰極結構

圖 6-2 七段顯示器內部結構

6-1-1 共陽極七段顯示器顯示原理

驅動共陽極七段顯示器的方法是將 COM 接腳加上+5V 電源，各段連接一個220Ω 限流電阻接地即會發亮，限流電阻的目的是為了避免過大電流燒毀該段 LED。使用 MicroPython 開發板的 8 支 GPIO 接腳，分別連接 a、b、c、d、e、f、g、p 等接腳，七段顯示器的 COM 腳加上+5V。當開發板 GPIO 接腳輸出邏輯 1 時，該段不亮，輸出邏輯 0 時，該段點亮。

6-1-2 共陰極七段顯示器顯示原理

　　驅動共陰極七段顯示器的方法是將 COM 接腳接地，各段連接一個 220Ω 限流電阻接+5V 即會發亮。使用 MicroPython 開發板的 8 支 GPIO 接腳，分別連接 a、b、c、d、e、f、g、p 等接腳，顯示器的 COM 腳接地。當開發板 GPIO 接腳輸出邏輯 1 時，該段點亮，輸出邏輯 0 時，該段不亮。

6-2　函式說明

6-2-1 串列周邊介面 SPI

　　串列周邊介面（Serial Peripheral Interface Bus，簡稱 SPI），是一種短距離、快速四線同步傳輸協定。SPI 包含串列時脈（Serial Clock，簡記 SCK）、主出從入（Master Out Slave In，簡記 MOSI）、主入從出（Master In Slave Out，簡記 MISO）和從選擇（Slave Select，簡記 SS）等四支接腳。如圖 6-3 所示 SPI 主從結構，應用在微控制器與周邊裝置通信，也可以應用在兩個微控制器之間的通信。如圖 6-3(a) 所示為一對一主從結構，由主設備（微控制器）產生同步時脈，將從選擇腳 SS 電位拉低，即可透過 MOSI 及 MISO 與從設備進行數據資料交換。如圖 6-3(b) 所示為一對多主從結構，當主設備要與多個從設備進行通訊時，由主設備產生同步時脈，再將要進行通訊的某個從設備選擇腳 SS 電位拉低，即可透過 MOSI 及 MISO 與從設備進行數據資料交換。**SPI 採用點對點資料傳輸，所以每次只致能其中一個從設備的選擇腳，所以從設備擴充數量主要是受限於主設備的 GPIO 接腳數量。**

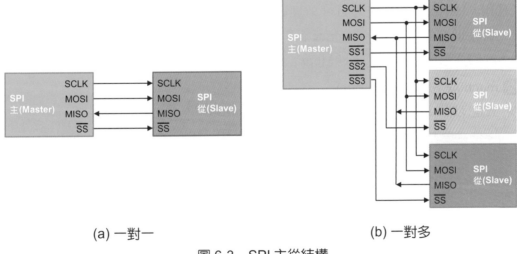

(a) 一對一　　　　　　　　　　　　　　(b) 一對多

圖 6-3　SPI 主從結構

6-2-2　硬體 SPI 及軟體 SoftSPI 類別

ESP8266 及 ESP32 的 SPI 介面，可分成硬體 SPI 及軟體 SoftSPI 兩種，兩者皆為 machine 函式庫中的類別。

如表 6-1(a)所示 ESP8266 硬體 SPI 介面接腳，預設使用 GPIO14（D5）為 SCK 接腳、GPIO13（D7）為 MOSI 接腳、GPIO12（D6）為 MISO 接腳、從晶片選擇腳 SS 可以設定連接開發板的任何 GPIO 接腳，預設使用 GPIO15（D8）。軟體 SoftSPI 的 SCK、MOSI、MISO、SS 四支腳，可以設定連接任何 GPIO 接腳。

如表 6-1(b)所示 **ESP32 硬體 SPI 介面接腳，包含 HSPI 及 VSPI 兩組硬體 SPI**。HSPI 預設使用 GPIO14 為 SCK 接腳、GPIO13 為 MOSI 接腳、GPIO12 為 MISO 接腳、從晶片選擇腳 SS 可以設定連接開發板的任何 GPIO 接腳，預設使用 GPIO15。VSPI 預設使用 GPIO18 為 SCK 接腳、GPIO23 為 MOSI 接腳、GPIO19 為 MISO、從晶片選擇腳 SS 可以設定連接開發板的任何 GPIO 接腳，預設使用 GPIO5。軟體 SoftSPI 的 SCK、MOSI、MISO、SS 四支腳，可以設定連接任何 GPIO 接腳。

表 6-1　ESP8266 及 ESP32 硬體 SPI 介面接腳

硬體 SPI	Id=1
SCK	GPIO14
MOSI	GPIO13
MISO	GPIO12
SS	GPIO 任何腳

硬體 SPI	HSPI (id=1)	VSPI (id=2)
SCK	GPIO14	GPIO18
MOSI	GPIO13	GPIO23
MISO	GPIO12	GPIO19
SS	GPIO 任何腳	GPIO 任何腳

(a) ESP8266 硬體 SPI 介面接腳　　　　(b) ESP32 硬體 SPI 介面接腳

硬體 SPI 設定格式如下所示，id 參數決定特定的 SPI 硬體，**id=0 已經被內部快閃記憶體使用**。ESP8266 只能使用 id=1 的硬體 SPI，ESP32 有兩組硬體 SPI，設定 id=1 使用 HSPI，設定 id=2 使用 VSPI。baudrate 參數決定串列傳輸速率（bits per second，簡稱 bps），硬體 SPI 的傳輸速率最高可達 80Mbps，軟體 SPI 的傳輸速率最高限制為 40Mbps。

格式 machine.SPI(id, baudrate)

範例 設定硬體 SPI

```
from machine import Pin,SPI      #使用 machine 函式庫 Pin 及 SPI 類別。
cs=Pin(15, Pin.OUT)             #設定 GPIO15 為從晶片選擇腳 SS。
Spi=SPI(1,10000000)            #使用 id=1 硬體 SPI，傳輸速率 10Mbps。
```

軟體 SoftSPI 設定格式如下所示，baudrate 參數決定串列傳輸速率，polarity 參數設定在 SCK 閒置時的電位。phase 參數設定 SCK 的取樣位置，phase=0 時，數據在上升緣取樣並在下降緣移位；phase=1 時，數據在下降緣取樣並在上升緣移位。sck 參數設定 SCK 接腳、mosi 參數設定 MOSI 接腳、miso 參數設定 MISO 接腳。polarity 參數及 phase 參數預設值為 0，須視設備不同而設定不同值。

格式 machine.SoftSPI(baudrate, polarity, phase, sck, mosi, miso)

範例 設定軟體 SoftSPI

```
from machine import Pin,SoftSPI    #使用 machine 函式庫 Pin 及 SoftSPI 類別。
cs=Pin(15, Pin.OUT)               #設定 GPIO15 為從晶片選擇腳 SS。
Spi=SoftSPI(10000000,polarity=1,sck=Pin(14),mosi=Pin(13),miso=Pin(12))
```

如表 6-2 所示 SPI 及 SoftSPI 函式常用方法，硬體 SPI 及軟體 SoftSPI 使用相同的方法。write()函式可將微控制器資料寫入周邊 SPI 晶片中，read()函式用來讀取周邊 SPI 晶片中的資料。

表 6-2　SPI 及 SoftSPI 函式常用方法

方法	功能	參數說明
write(buf)	將微控制器位元組資料 buf，寫入周邊 SPI 晶片。	傳回值為 None。
read(nbytes, write=0x00)	自周邊 SPI 晶片讀取 n 個位元組資料，並且連續寫入指定的位址 write 中，預設值為 0x00。	傳回讀取的位元組數量。

6-2-3　積體匯流排電路 I²C

積體匯流排電路（Inter-Interated Circuit，簡稱 I²C），唸法是 I 平方 C（I squared C）。I²C 由飛利浦公司在 1980 年代所開發，是一種短距離、快速二線同步傳輸協定，包含串列時脈腳（Serial Clock，簡稱 SCL）及串列資料腳（Serial Data，簡稱 SDA）二線。**I²C 用於主機板、嵌入式系統等主控端與低速周邊設備之間的通信。**

如圖 6-4 所示 I²C 主從結構，由一個主控設備（微控制器）及多個從端設備組成，所有 I²C 設備的時脈腳 SCL 及資料腳 SDA，必須分別連接在一起。I²C 主控端會發出一個 7 位元長度的位址，產生 128（=2^7）個不同的位址編號，用來識別每一個具有唯一位址編號的從端設備。除了部份位址編號保留給特殊用途使用之外，剩餘 112 個位址編號皆可以使用。

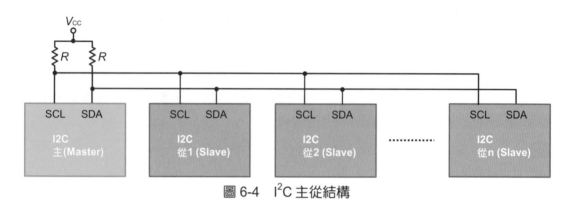

圖 6-4　I²C 主從結構

　　一般數位邏輯都是使用圖 6-5(a) 所示推挽（push-pull）輸出，又稱圖騰柱（totem pole）輸出，輸出明確的邏輯準位。I²C 設備使用圖 6-5(b) 所示開汲極（open drain）輸出，**SCL 及 SDA 接腳必須外接 1~10kΩ 範圍內的提升電阻，才能正常工作。**多數市售 I2C 介面模組已內建提升電阻。

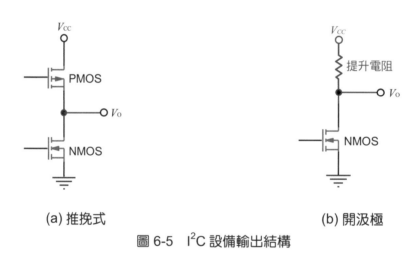

(a) 推挽式　　　　　　　　　　(b) 開汲極

圖 6-5　I²C 設備輸出結構

6-2-4　硬體 I2C 及軟體 SoftI2C 類別

　　ESP8266 及 ESP32 的 I2C 介面，可分成硬體 I2C 及軟體 SoftI2C 兩種，兩者皆為 machine 函式庫中的類別。

　　如表 6-3(a)所示 ESP8266 硬體 I2C 介面接腳，只有一組硬體 I2C 介面。預設使用 GPIO5（D1）為串列時脈腳 SCL，GPIO4（D2）為串列資料腳 SDA。ESP8266 的硬體 I2C 介面已內建提升電阻。軟體 SoftI2C 的 SCL 及 SDA 兩支腳，可以設定連接任何 GPIO 接腳。

如表 6-3(b)所示 ESP32 硬體 I2C 介面接腳，有兩組硬體 I2C 介面，第一組硬體 I2C 介面（id=0），預設使用 GPIO18 為 SCL 接腳，GPIO19 為 SDA 接腳。第二組硬體 I2C 介面（id=1），預設使用 GPIO25 為 SCL 接腳，GPIO26 為 SDA 接腳。ESP32 的 I2C 介面已內建提升電阻。**硬體 I2C 及軟體 SoftI2C 的 SCL 及 SDA 兩支腳，可以設定連接任何可用的 GPIO 接腳。**

表 6-3　ESP8266 及 ESP32 硬體 I2C 介面接腳

硬體 I2C	Id=0
SCL	GPIO5
SDA	GPIO4

硬體 I2C	Id=0	Id=1
SCL	GPIO18	GPIO25
SDA	GPIO19	GPIO26

(a) ESP8266 硬體 I2C 介面接腳　　　(b) ESP32 硬體 I2C 介面接腳

硬體 I2C 設定格式如下所示，id 參數決定特定的 I2C 硬體，ESP8266 只有一組硬體 I2C，ESP32 有兩組硬體 I2C。freq 參數決定 I2C 的串列時脈頻率，標準模式可達 100Kbps，高速模式可達 400Kbps。

格式 machine.I2C(id, freq)

範例 設定硬體 I2C

```
from machine import I2C          #載入 machine 函式庫中的 I2C 類別。
i2c=I2C(id=1,freq=400000)        #建立硬體 I2C 介面，串列時脈頻率 400Kbps。
```

軟體 SoftI2C 設定格式如下所示，scl 參數設定 SCL 接腳，sda 參數設定 SDA 接腳，freq 參數決定 I2C 的串列時脈頻率，timeout 參數設定 SCL 保持在低電位時的最長時間。

格式 machine.SoftI2C(scl, sda, freq, timeout)

範例 設定軟體 SoftI2C

```
from machine import Pin,SoftI2C                        #使用 Pin 及 SoftI2C 類別。
i2c=SoftI2C(scl=Pin(5),sda=Pin(4),freq=400000)  #建立軟體 I2C 介面。
```

如表 6-4 所示硬體 I2C 及軟體 SoftI2C 的常用方法，可以先使用 scan()函式得知 I^2C 裝置位址。使用 writeto()函式可將資料寫入 I^2C 裝置，使用 readfrom()函式可自 I^2C 裝置中讀取資料。

表 6-4　硬體 I2C 及軟體 SoftI2C 函式的常用方法

方法	功能	參數說明
writeto(addr, buf)	將微控制器中 buf 位元組資料，寫入位址 addr 的 I²C 裝置。	addr：I²C 裝置位址。 buf：資料字串。
readfrom(addr, nbytes)	自 I²C 裝置位址 addr，讀取 nbytes 個位元組資料。	addr：I²C 裝置位址。 nbytes：位元組數。 傳回讀取的位元組數目。
scan()	掃描 I²C 位址 0x08~0x77。	無。傳回 I²C 裝置位址
deinit()	關閉 I²C 匯流排。	無。

6-2-5　實時時鐘 RTC 類別

在 ESP8266 及 ESP32 內部有一個實時時鐘（ real time clock，簡稱 RTC ）。使用 machine 函式庫中的 RTC 類別，可以設定或讀取 RTC 日期及時間。內建 RTC 精確度不高，如需較高精確度，可外接 RTC DS3231 等 RTC 模組。

設定 RTC 日期及時間格式如下所示，datetime()函式內的參數使用 8 個元素的 tuple 型態（年、月、日、星期、時、分、秒、毫秒）。「星期」使用數字 0 到 6 來表示星期一到星期日，例如數字 1 表示星期二。讀取 RTC 日期時間，datetime()函式不需參數，傳回 8 個元素的 tuple 型態（年、月、日、星期、時、分、秒、毫秒）。

【格式】 rtc.datetime((year,month,day,week, hours, minutes, seconds, subseconds))

【範例】 設定 RTC 的日期及時間

```
from machine import RTC                          #載入 RTC 類別。
rtc = machine.RTC()                              #建立 RTC 物件。
rtc.datetime((2023, 1, 12, 3, 21, 0, 0, 0))      #設定 RTC 的日期及時間。
print(rtc.datetime())                            #讀取並顯示 RTC 的日期及時間。
```

【結果】

```
(2023, 1, 12, 3, 21, 0, 0, 0)
```

6-3 MAX7219 七段顯示模組

如圖 6-6 所示 MAX7219 七段顯示模組，使用 10Mbps 的 SPI 介面 MAX7219 IC，可以驅動八個共陰極七段顯示器，或是一個共陰極 8×8 點矩陣 LED 顯示器。MAX7219 的 DIG0~DIG7 接腳，由右而左依序控制八位七段顯示器的 COM 接腳。另外，MAX7219 的 SEG DP（MSB）、SEG A～G（LSB）則依序連接七段顯示器的小數點 p 及 a～g 各段。**當 DIG 為低電位且 SEG 為高電位時，所對應七段顯示器位數的該段即會點亮。**

(a) 外觀   (b) 接腳

圖 6-6　MAX7219 串列八位七段顯示模組

6-3-1 MAX7219 介面 IC

如表 6-5 所示 MAX7219 接腳功能說明，MAX7219 介面 IC 具有獨立的 LED 段驅動、150μA 低功率關機模式、顯示亮度控制、BCD 解碼器等功能。

表 6-5　MAX7219 接腳功能說明

接腳	名稱	功能說明
1	DIN	串列資料輸入腳。在 CLK 脈波的正緣，將資料載入至 MAX7219 內部的 16 位元暫存器。
2,3,5~8,10,11	DIG0~DIG7	八位驅動輸出腳。動作時輸出低電位，每支腳最大輸出 320mA，關閉時輸出高電位。
4,9	GND	接地腳。4 腳與 9 腳必須同時接地。
12	LOAD	致能腳。資料在 LOAD 信號的正緣被鎖定。
13	CLK	脈波輸入腳。最大速率為 10MHz，在脈波正緣，資料由 DIN 腳移入 MAX7219 內部暫存器，在脈波負緣，資料由 MAX7219 的 DOUT 腳移出。
14~17, 20~23	SEG A~SEG G, SEG DP	七段與小數點驅動輸出腳。動作時輸出高電位，每支腳最大輸出 40mA，關閉時輸出低電位。
18	ISET	段驅動電流設定腳。ISET 腳連接電阻 R_{SET} 至電源腳 V+，電阻 R_{SET} 值決定段驅動電流的大小。

接腳	名稱	功能說明
19	V+	+5V 電源腳。
24	DOUT	串列資料輸出腳。DIN 的輸入資料經過 16.5 個 CLK 脈波後由 DOUT 輸出。主要是用來擴展多個 MAX7219 使用。

1. MAX7219 串列資料格式

如表 6-6 所示 MAX7219 串列資料格式,使用 16 位元暫存器儲存,D15~D12 位元不使用。D11~D8 位元用來設定表 6-7 所示 MAX7219 暫存器位址,D7~D0 為 8 位元資料。串列資料由 MSB 位元開始移入 DIN 腳,並依序由 DOUT 腳移出。

表 6-6 MAX7219 串列資料格式

D15	D14	D13	D12	D11	D10	D9	D8	D7	D6	D5	D4	D3	D2	D1	D0
×	×	×	×	位址(ADDRESS)				資料(DATA)							

2. MAX7219 暫存器位址

如表 6-7 所示 MAX7219 暫存器位址,有 14 個暫存器,包含 Digit0~Digit7 八個資料暫存器、解碼模式(Decode Mode)、亮度控制(Intensity)、掃描限制(Scan Limit)、關閉模式(Shutdown)、顯示測試(Display Test)控制暫存器、不工作(no operation,簡稱 NOP)等 6 個暫存器。

Digit0~Digit7 用來存取內部的 8×8 SRAM 記憶體,顯示模組由右而左依序為第 1 位(Digit0)、第 2 位(Digit1)、…、第 8 位(Digit7)。

表 6-7 MAX7219 暫存器位址

暫存器	位址(ADDRESS)					16 進碼
	D15~D12	D11	D10	D9	D8	
NOP	××××	0	0	0	0	0x00
Digit 0	××××	0	0	0	1	0x01
Digit 1	××××	0	0	1	0	0x02
Digit 2	××××	0	0	1	1	0x03
Digit 3	××××	0	1	0	0	0x04
Digit 4	××××	0	1	0	1	0x05
Digit 5	××××	0	1	1	0	0x06
Digit 6	××××	0	1	1	1	0x07

暫存器	位址（ADDRESS）					16 進碼
	D15~D12	D11	D10	D9	D8	
Digit 7	××××	1	0	0	0	0x08
Decode Mode	××××	1	0	0	1	0x09
Intensity	××××	1	0	1	0	0x0A
Scan Limit	××××	1	0	1	1	0x0B
Shutdown	××××	1	1	0	0	0x0C
Display Test	××××	1	1	1	1	0x0F

3. 暫存器功能說明

(1) 不工作（NOP）

不工作（NOP）暫存器位址為 0x00，當有多個 MAX7219 串接使用時，可以將所有 MAX7219 的 LOAD 腳連接在一起，再將相鄰的 DOUT 與 DIN 連接在一起。以四個 MAX7219 串接使用為例，如果要傳送資料給第四個 MAX7219，可以先傳送一位元組資料，後面緊接著傳送三組 NOP 代碼，此時只有第四個 MAX7219 可以收到資料，其他三個 MAX7219 **接收到 NOP 代碼，所以不會工作。**

(2) 解碼模式（Decode Mode）

如表 6-8 所示解碼模式（Decode Mode）暫存器，位址為 0x09，可以設定為 BCD 解碼模式（解碼輸出 0~9、E、H、L、P、－）或是不解碼模式。一般而言，**驅動七段顯示器可以選擇 BCD 解碼模式或是不解碼模式，驅動 8×8 矩陣型 LED 顯示器選擇不解碼模式。** 解碼模式暫存器中的每個位元對應一位數，當位元值為 1 時，選擇 BCD 解碼模式，當位元值為 0 時，選擇不解碼模式。

表 6-8　解碼模式（Decode Mode）暫存器：位址 0x09=9

解碼模式	暫存器資料 (DATA)								16 進碼
	D7	D6	D5	D4	D3	D2	D1	D0	
不解碼	0	0	0	0	0	0	0	0	0x00
BCD 解碼 DIG 0~3	0	0	0	0	1	1	1	1	0x0F
BCD 解碼 DIG 0~7	1	1	1	1	1	1	1	1	0xFF

如表 6-9 所示 BCD 解碼（Code B）字形表，當選擇 BCD 解碼模式時，只使用資料暫存器 D3 ~ D0 四位元來解碼，不考慮 D6 ~ D4 位元。D7 位元控制七段顯示器的小數點 DP，當 D7 = 1（DP = 1）顯示小數點，當 D7 = 0（DP = 0）不顯示小數點。

表 6-9　BCD 解碼字形表

BCD	暫存器資料 (DATA)						Segment=1：亮，Segment=0：暗						
	D7	D6~D4	D3	D2	D1	D0	DP	A	B	C	D	E	F	G
0	1/0	×××	0	0	0	0	1/0	1	1	1	1	1	1	0
1	1/0	×××	0	0	0	1	1/0	0	1	1	0	0	0	0
2	1/0	×××	0	0	1	0	1/0	1	1	0	1	1	0	1
3	1/0	×××	0	0	1	1	1/0	1	1	1	1	0	0	1
4	1/0	×××	0	1	0	0	1/0	0	1	1	0	0	1	1
5	1/0	×××	0	1	0	1	1/0	1	0	1	1	0	1	1
6	1/0	×××	0	1	1	0	1/0	1	0	1	1	1	1	1
7	1/0	×××	0	1	1	1	1/0	1	1	1	0	0	0	0
8	1/0	×××	1	0	0	0	1/0	1	1	1	1	1	1	1
9	1/0	×××	1	0	0	1	1/0	1	1	1	1	0	1	1
−	1/0	×××	1	0	1	0	1/0	0	0	0	0	0	0	1
E	1/0	×××	1	0	1	1	1/0	1	0	0	1	1	1	1
H	1/0	×××	1	1	0	0	1/0	0	1	1	0	1	1	1
L	1/0	×××	1	1	0	1	1/0	0	0	0	1	1	1	0
P	1/0	×××	1	1	1	0	1/0	1	1	0	0	1	1	1
blank	1/0	×××	1	1	1	1	1/0	0	0	0	0	0	0	0

(3) 亮度控制（Intensity）

如表 6-10 所示亮度控制暫存器，位址為 0x0A，僅使用 D3 ~ D0 四個位元來設定電流工作週期。改變電流值的工作週期由 $(1/16)I_{SEG}$ ~ $(15/16)I_{SEG}$，可以控制顯示器的亮度。I_{SEG} 由 $V+$ 及 I_{SET} 間的電阻 R_{SET} 決定，**最大段電流為 $I_{SEG} = 40mA$。**

表 6-10　亮度控制（Intensity）暫存器：位址 0x0A=10

工作週期		暫存器資料 (Data)								16 進
MAX7219	MAX7221	D7	D6	D5	D4	D3	D2	D1	D0	
1/32	1/16	×	×	×	×	0	0	0	0	0x00
3/32	2/16	×	×	×	×	0	0	0	1	0x01
5/32	3/16	×	×	×	×	0	0	1	0	0x02
7/32	4/16	×	×	×	×	0	0	1	1	0x03
9/32	5/16	×	×	×	×	0	1	0	0	0x04
11/32	6/16	×	×	×	×	0	1	0	1	0x05
13/32	7/16	×	×	×	×	0	1	1	0	0x06
15/32	8/16	×	×	×	×	0	1	1	1	0x07
17/32	9/16	×	×	×	×	1	0	0	0	0x08
19/32	10/16	×	×	×	×	1	0	0	1	0x09
21/32	11/16	×	×	×	×	1	0	1	0	0x0A
23/32	12/16	×	×	×	×	1	0	1	1	0x0B
25/32	13/16	×	×	×	×	1	1	0	0	0x0C
27/32	14/16	×	×	×	×	1	1	0	1	0x0D
29/32	15/16	×	×	×	×	1	1	1	0	0x0E
31/32	15/16	×	×	×	×	1	1	1	1	0x0F

(4) 掃描限制（Scan Limit）

　　如表 6-11 所示掃描限制（Scan Limit）暫存器，位址為 0x0B，用來設定掃描顯示器位數，1 位到 8 位。以 $8 \times f_{osc}/N$ 的掃描速率來掃描，f_{osc}=800Hz，N 為顯示器位數。掃描位數將會影響顯示亮度，掃描位數愈多，顯示亮度愈暗。

表 6-11　掃描限制（Scan Limit）暫存器：位址 0x0B=11

掃描限制	D7	D6	D5	D4	D3	D2	D1	D0	16 進
顯示 DIG 0	×	×	×	×	×	0	0	0	0x00
顯示 DIG 0,1	×	×	×	×	×	0	0	1	0x01
顯示 DIG 0,1,2	×	×	×	×	×	0	1	0	0x02
顯示 DIG 0,1,2,3	×	×	×	×	×	0	1	1	0x03
顯示 DIG 0,1,2,3,4	×	×	×	×	×	1	0	0	0x04

掃描限制	D7	D6	D5	D4	D3	D2	D1	D0	16 進
顯示 DIG 0,1,2,3,4,5	×	×	×	×	×	1	0	1	0x05
顯示 DIG 0,1,2,3,4,5,6	×	×	×	×	×	1	1	0	0x06
顯示 DIG 0,1,2,3,4,5,6,7	×	×	×	×	×	1	1	1	0x07

(5) 關閉模式（Shutdown）

如表 6-12 所示關閉（Shutdown）模式控制暫存器，位址為 0x0C，在關閉模式下的所有段輸出為 0，所有數字驅動輸出為+5V，因此顯示器不亮。

表 6-12　關閉模式（Shutdown）暫存器：位址 0x0C=12

模式	D7	D6	D5	D4	D3	D2	D1	D0	16 進碼
關閉模式	×	×	×	×	×	×	×	0	0
正常模式	×	×	×	×	×	×	×	1	1

(6) 顯示測試（Display Test）

如表 6-13 所示顯示測試（Display Test）暫存器，位址為 0x0F，用來測試所有顯示器是否正常。在顯示測試模式下，顯示器全亮且驅動電流最大。

表 6-13　顯示測試（Display Test）暫存器：位址 0x0F=15

模式	D7	D6	D5	D4	D3	D2	D1	D0	16 進
正常模式	×	×	×	×	×	×	×	0	0x00
顯示測試模式	×	×	×	×	×	×	×	1	0x01

6-4　TM1637 七段顯示模組

如圖 6-7 所示 TM1637 串列四位七段顯示模組，使用天微（Titan Micro）電子公司開發設計的 TM1637 晶片，可以驅動六位共陽極七段顯示器，具有八種亮度調整功能。**TM1637 顯示模組有小數版及冒號版兩種包裝**，冒號版只有百位小數點才能設定，千位、十位及個位的小數點設定無效。TM1637 模組使用二線式 I^2C 串列介面，一為串列時脈腳 CLK、另一為串列資料腳 DIO。

(a) 外觀

(b) 接腳

圖 6-7　TM1637 串列四位七段顯示模組

　　在使用 TM1637 顯示模組前，須先**下載 TM1637.py 函式庫**，下載網址為 https://github.com/mcauser/micropython-tm1637，下載完成後直接使用 Thonny IDE 將 tm1637.py 檔案上傳到 MicroPython 設備中。步驟如下：

STEP 1

1. 輸入網址：
   https://ithub.com/mcauser/micro
   python-tm1637。
2. 點選下拉 Code ▾ 。
3. 點選 Download ZIP，下載 tm1637
   函式庫。

STEP 2

1. 在 Thonny IDE 中開啟解壓縮後的
   tm1637.py 檔案。
2. 點選【檔案】【另存新檔】
   【MicroPython 設備】，將檔案存
   入開發板中。

STEP 3

1. 進入 MicroPython 設備視窗，原
   只有一個 boot.py 檔案。
2. 輸入檔名 tm1637.py。
3. 按下【確認】鍵，將 tm1637.py
   存入 MicroPython 設備中。

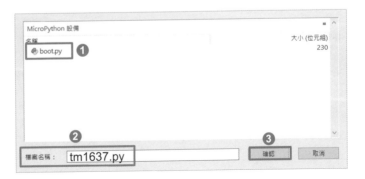

6-4-1 TM1637 函式庫

如表 6-14 所示 TM1637 函式庫的常用方法，由 Mike Causer 開發設計。TM1637 函式庫使用 I²C 二線傳輸協定，**SCL 及 SDA 可以使用任意的 GPIO 接腳**，用來驅動四位七段共陽顯示模組。TM1637 函式庫使用指令格式為**物件.方法**，例如顯示四位數字串 '1234'，其指令格式及範例如下：

格式 tm.show(string)

範例

```
tm=tm1637.TM1637(clk=Pin(5),dio=Pin(4))  #建立一個 tm1637 物件。
tm.show('1234')                            #顯示字串'1234'。
```

表 6-14 tm1637 函式庫的常用方法

方法	功能	參數說明
tm1637.TM1637(clk, dio)	建立 tm1637 物件	預設 clk 連接 GPIO5 腳。 預設 sda 連接 GPIO4 腳。
brightness(n)	亮度調整	n：0 (最暗)～7 (最亮)。
number(num)	顯示數字	num：範圍 -999～9999
write(seg, pos)	從位置 pos 開始顯示段資料 seg	seg：list 型態的段資料。 pos：開始位置，由左而右依序為 0～3。
numbers(num1, num2, colon=True)	冒號左邊顯示 num1 冒號右邊顯示 num2	num1：位置 0、1 的數字 num2：位置 2、3 的數字 colon：冒號 (1) True：顯示 (預設) (2) False：不顯示
show(string, colon=False)	顯示四位數字串	string：四位數字串。 colon：冒號 True：顯示 False：不顯示 (預設)
hex(val)	以 16 進格式顯示 val	val：0~65535。
scroll(string, delay)	顯示由右至左移動的四位數字串	string：四位數字串。 delay：移動速度。
temperature(num)	顯示攝氏溫度	num：溫度範圍-9～99。
encode_digit (digit)	將數值轉成段 seg	digit：數值 0～9、a～f。

方法	功能	參數說明
encode_char(char)	將字元轉成段 seg	char：字元
encode_string(string)	將字串轉成段 seg	string：字串

使用 write(seg, pos)方法在指定位置 pos 寫入段資料 seg，七段顯示器所對應的段資料如表 6-15 所示。A~G 對應如圖 6-1(b)所示七段顯示器 a~g 各段，段資料為邏輯 1 則該段點亮，段資料為邏輯 0 則該段不亮。H 對應小數點或是冒號，當 H=1 則小數點或冒號點亮，當 H=0 則小數點或冒號不亮。**段資料 seg 的 16 進位或 2 進位資料，須定義在串列 list 中括號 "[ ]" 內**，例如顯示四位數 1、2、3、4，其範例如下。

(範例)

```
tm=tm1637.TM1637(clk=Pin(5),dio=Pin(4))  #建立 tm1637 物件。
tm.write([0x06,0x5B,0x4F,0x66])                 #顯示數字 1234。
tm.write([0x06|0x80,0x5B|0x80,0x4F|0x80,0x66|0x80])#顯示 1.2.3.4.
```

表 6-15　七段顯示器數字 0~9 的段資料對應

BCD	顯示	16 進	2 進	H	G	F	E	D	C	B	A
0		0x3F	0b00111111	0	0	1	1	1	1	1	1
1		0x06	0b00000110	0	0	0	0	0	1	1	0
2		0x5B	0b01011011	0	1	0	1	1	0	1	1
3		0x4F	0b01001111	0	1	0	0	1	1	1	1
4		0x66	0b01100110	0	1	1	0	0	1	1	0
5		0x6D	0b01101101	0	1	1	0	1	1	0	1
6		0x7D	0b01111101	0	1	1	1	1	1	0	1
7		0x07	0b01111101	0	0	0	0	0	1	1	1
8		0x7F	0b01111111	0	1	1	1	1	1	1	1
9		0x6F	0b01101111	0	1	1	0	1	1	1	1

6-5 實作練習

6-5-1 MAX7219 模組顯示數字實習

一 功能說明

使用 MAX7219 模組顯示如圖 6-8 所示數字 12345678 時，模組的解碼模式暫存器，設定為 **BCD 解碼模式**。數字先除以 10 取餘數（%）運算，再除以 10 取整數（//）運算，重覆八次依序得到 8、7、6、5、4、3、2、1 等八個 BCD 數值。

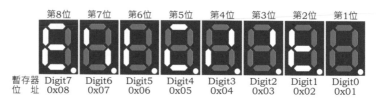

圖 6-8　MAX7219 模組顯示數字 12345678

如圖 6-9 所示電路圖，使用 NodeMCU ESP32-S 開發板控制 MAX7219 顯示模組，顯示如圖 6-8 所示 12345678。依序將數字 8 寫入位址 0x01、數字 7 寫入位址 0x02、數字 6 寫入位址 0x03、…、數字 1 寫入位址 0x08。

二 電路接線圖

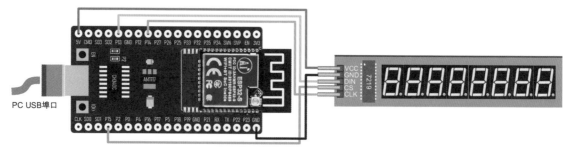

圖 6-9　MAX7219 模組顯示數字實習電路圖

三 程式：ch6_1.py

```
from machine import Pin,SPI      #載入 machine 函式庫中的 Pin 及 SPI 類別。
cs=Pin(15,Pin.OUT)               #設定 GPIO15 為晶片選擇腳 cs。
spi=SPI(1,10000000)              #建立物件 spi 使用 HSPI 硬體，傳輸速率 10Mbps。
DECODEMODE=const(9)              #解碼模式(位址 9)
INTENSITY=const(10)              #亮度控制(位址 10)
```

```
SCANLIMIT=const(11)                        #掃描限制(位址11)
SHUTDOWN=const(12)                         #關閉模式(位址12)
DISPLAYTEST=const(15)                      #顯示測試(位址15)
number = 12345678                          #顯示數字。
def max7219(reg,data):                     #MAX7219 寫入函式。
    cs.value(0)                            #致能 MAX7219 晶片。
    spi.write(bytes([reg,data]))           #將資料 data 寫入 MAX7219 晶片暫存器 reg 中。
    cs.value(1)                            #除能 MAX7219 晶片。
def init():                                #MAX7219 初始化函式。
    max7219(DECODEMODE,0xFF)               #第 1~8 位使用 BCD 解碼模式。
    max7219(INTENSITY,1)                   #亮度值為 1。
    max7219(SCANLIMIT,7)                   #掃描八位數。
    max7219(SHUTDOWN,1)                    #開啟模式。
    max7219(DISPLAYTEST,0)                 #顯示模式。
def clear():                               #MAX7219 清除函式。
    for i in range(8):                     #八位。
        max7219(i+1,0)                     #顯示 0。
def showNum(start,stop,n):                 #MAX7219 顯示數字函式。
    for i in range(start,stop+1):          #顯示(stop-start+1)位數字。
        max7219(i,n%10)                    #除以 10 取餘數運算，取出一位數字。
        n=n//10                            #除以 10 取整數運算。
init()                                     #MAX7219 顯示器初始化。
clear()                                    #清除顯示器。
showNum(1,8,number)                        #顯示數字 12345678。
```

🕊 練習

1. 接續範例，控制 MAX7219 顯示模組，由左至右依序顯示 87654321。
2. 接續範例，控制 MAX7219 顯示模組，每秒上數計數加 1，顯示 00000000 到 99999999。

6-5-2 MAX7219 模組顯示英數字實習

⬤ 功能說明

　　如圖 6-9 所示電路接線圖，使用 NodeMCU ESP32-S 開發板，控制 MAX7219 顯示模組，顯示如圖 6-10 所示英文字母及數字。左邊四位設定**不解碼模式**，顯示英文字母 H、E、L、P。右邊四位設定**解碼模式**，顯示四位計數值 0000 ～ 9999，每秒上數加 1。

圖 6-10　串列八位七段顯示模組顯示實習電路數圖

如表 6-16 所示英文字母 H、E、L、P 字碼，使用位元對映（bit map）方式，當段資料位元為邏輯 1 則該段點亮，當段資料位元為邏輯 0 則該段熄滅。字碼可以使用 16 進表示，例如英文 H 字碼的 16 進表示為 0x37，也可以使用 2 進表示為 0b00110111。

表 6-16　英文字母 H、E、L、P 字碼

位數	英文字母	16 進	p	a	b	c	d	e	f	g
DIG7		0x37	0	0	1	1	0	1	1	1
DIG6		0x4F	0	1	0	0	1	1	1	1
DIG5		0x0E	0	0	0	0	1	1	1	0
DIG4		0x67	0	1	1	0	0	1	1	1

二 電路接線圖

如圖 6-9 所示電路。

三 程式：ch6_2.py

```
from machine import Pin,SPI        #載入 machine 函式庫中的 Pin 及 SPI 類別。
import time                        #載入 time 函式庫。
cs=Pin(15,Pin.OUT)                 #設定 GPIO15 為 MAX7219 晶片選擇接腳 cs。
spi=SPI(1,10000000)                #建立 SPI 物件，使用 HSPI 硬體，傳輸率 10Mbps。
DECODEMODE=const(9)                #解碼模式(位址 9)
INTENSITY=const(10)                #亮度控制(位址 10)
SCANLIMIT=const(11)                #掃描限制(位址 11)
SHUTDOWN=const(12)                 #關閉模式(位址 12)
DISPLAYTEST=const(15)              #顯示測試(位址 15)
count = 0                          #計數值。
symbol=(0x37,0x4F,0x0E,0x67)       #英文字母 H、E、L、P。
def max7219(reg,data):             #MAX7219 寫入函式。
    cs.value(0)                    #致能 MAX7219 晶片。
    spi.write(bytes([reg,data]))   #將資料 data 寫入 MAX7219 晶片的暫存器 reg 中。
    cs.value(1)                    #除能 MAX7219 晶片。
```

程式碼	說明
`def init():`	#MAX7219 初始化函式。
`max7219(DECODEMODE,0x0F)`	#第 1~4 位使用 BCD 解碼模式。
`max7219(INTENSITY,1)`	#亮度值為 1。
`max7219(SCANLIMIT,7)`	#掃描八位數。
`max7219(SHUTDOWN,1)`	#正常開啟模式。
`max7219(DISPLAYTEST,0)`	#正常顯示模式。
`def clear():`	#MAX7219 清除函式。
`for i in range(8):`	#八位。
`max7219(i+1,0)`	#顯示 0。
`def showNum(start,stop,n):`	#MAX7219 數字顯示函式。
`for i in range(start,stop+1):`	#顯示(stop-start+1)位數字。
`max7219(i,n%10)`	#除以 10 取餘數運算，取出一位數。
`n=n//10`	#除以 10 取整數運算。
`def showSym(start,stop,sym):`	#MAX7219 英文字母顯示函式。
`j=stop-start`	#計算 tuple 的索引值。
`for i in range(start,stop+1):`	#顯示((stop-start+1)位英文字母。
`max7219(i,sym[j])`	#顯示一位數。
`j=j-1`	#改變元組 tuple 索引值。
`init()`	#初始化 MAX7219 晶片。
`clear()`	#清除顯示器。
`showSym(5,8,symbol)`	#在 MAX7219 的第 5~8 位顯示元組 symbol 的內容。
`while True:`	#迴圈。
`time.sleep(1)`	#延遲 1 秒。
`count=count+1`	#計數值加 1。
`if(count>9999):`	#超過 9999?
`count=0`	#清除計數值為 0。
`showNum(1,4,count)`	#在 MAX7219 的第 1~4 位顯示計數值。

 練習

1. 接續範例，左邊四位顯示英文字 H、E、L、P，右邊四位顯示四位計數值 9999 ~ 0000，每秒下數減 1。
2. 接續範例，顯示如圖 6-11 所示 60 秒電子碼表，每秒上數加 1 顯示 00 到 59。

圖 6-11　60 秒電子碼表初始畫面

6-5-3 MAX7219 電子碼表實習

一 功能說明

如圖 6-12 所示電路接線圖，使用 NodeMCU ESP32-S 開發板、觸摸感測輸入 TOUCH7、MAX7219 顯示模組，完成 60 秒電子碼表。電源重啟時，顯示如圖 6-11 所示畫面。每觸摸一下 TOUCH7，顯示狀態改變，動作依序為：停止➔計時➔停止。

二 電路接線圖

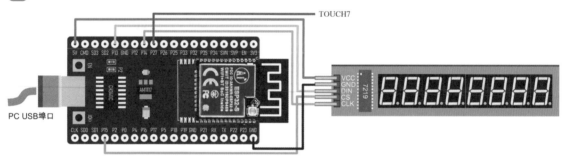

圖 6-12　MAX7219 電子碼表實習電路圖

三 程式：ch6_3.py

from machine import Pin,SPI,TouchPad	#載入 Pin、SPI 及 TouchPad 類別。
import time	#載入 time 函式庫。
cs = Pin(15,Pin.OUT)	#設定 GPIO15 為 MAX7219 晶片選擇腳 CS。
touch = TouchPad(Pin(27))	#使用 GPIO27(TOUCH7)觸摸感測器。
spi = SPI(1,10000000)	#使用 HSPI 硬體，傳輸率 10Mbps。
DECODEMODE=const(9)	#解碼模式(位址 9)
INTENSITY=const(10)	#亮度控制(位址 10)
SCANLIMIT=const(11)	#掃描限制(位址 11)
SHUTDOWN=const(12)	#關閉模式(位址 12)
DISPLAYTEST=const(15)	#顯示測試(位址 15)
sec = 0	#秒數。
ms = 0	#百分秒數。
symbol=(0x5b,0x4f,0x4e)	#英文字母 S、E、C。
key = False	#鍵值。
def max7219(reg,data):	#MAX7219 寫入函式。
cs.value(0)	#致能 MAX7219 晶片。
spi.write(bytes([reg,data]))	#將資料 data 寫入 MAX7219 晶片暫存器 reg 中。
cs.value(1)	#除能 MAX7219 晶片。
def init():	#MAX7219 初始化函式。

```
        max7219(DECODEMODE,0b00110000) #第 5、6 位使用 BCD 解碼。
        max7219(INTENSITY,1)            #亮度值為 1。
        max7219(SCANLIMIT,7)            #掃描八位數。
        max7219(SHUTDOWN,1)             #開啟模式。
        max7219(DISPLAYTEST,0)          #顯示模式。
def clear():                            #MAX7219 清除函式。
    for i in range(8):                  #八位。
        max7219(i+1,0)                  #清除為 0。
def showNum(start,stop,n):              #MAX7219 數字顯示函式。
    for i in range(start,stop+1):       #顯示(stop-start+1)位數字。
        max7219(i,n%10)                 #除以 10 取餘數運算，取出一位數。
        n=n//10                         #除以 10 取整數運算。
def showSym(start,stop,sym):            #MAX7219 英文字母顯示函式。
    j=stop-start                        #計算 tuple 的索引值。
    for i in range(start,stop+1):       #顯示((stop-start+1)位英文字母。
        max7219(i,sym[j])               #顯示一位數。
        j=j-1                           #改變元組 tuple 索引值。
init()                                  #初始化 MAX7219 晶片。
clear()                                 #清除顯示器。
showSym(1,3,symbol)                     #在第 1~3 位顯示英文字母 SEC。
while True:                             #迴圈
    if(touch.read()<=250):              #手指觸摸 TOUCH7？
        time.sleep(1)                   #消除彈跳。
        key=not key                     #改變鍵值狀態。
    if(key == True):                    #鍵值為 True？
        time.sleep_ms(10)               #延遲 10 毫秒(百分秒)。
        ms=ms+1                         #百分秒數值加 1。
        if(ms==100):                    #經過 1 秒？
            ms=0                        #百分秒數值清除為 0。
            sec=sec+1                   #秒數值加 1。
            if(sec>59):                 #經過 60 秒？
                sec=0                   #秒數值清除為 0。
        showNum(5,6,sec)                #顯示秒數。
    else:                               #鍵值為 False 則停止計時。
        Pass                            #不做任何事。
```

 練習

1. 接續範例，每觸摸一下 TOUCH7，動作依序為：歸零➔計時➔停止➔歸零。

2. 接續範例，顯示圖 6-13 所示 60 秒電子碼表，小數點左邊兩位顯示秒數 00~59，小數點右邊兩位顯示百分秒 00~99。手指觸摸 TOUCH7，動作依序為：計時➔停止➔歸零。

圖 6-13　電子碼表初始畫面

6-5-4 TM1637 模組顯示英數字實習

一 功能說明

如圖 6-14 所示電路接線圖，使用 NodeMCU ESP32-S 開發板控制 TM1637 顯示模組，每秒依序變化顯示：1234➔HELP➔1234。

二 電路接線圖

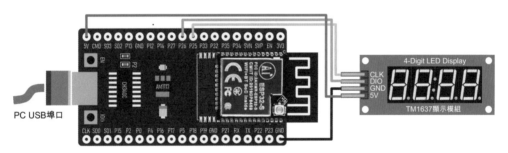

圖 6-14　TM1637 模組顯示英數字實習電路圖

三 程式：ch6_4.py

```
from machine import Pin                        #載入 machine 函式庫中的 Pin 類別。
import time                                     #載入 time 函式庫。
import tm1637                                   #載入 tm1637 函式庫。
tm = tm1637.TM1637(clk=Pin(25),dio=Pin(26))  #建立一個 tm1637 物件。
tm.brightness(1)                               #設定 TM1637 模組的亮度。
while True:                                     #迴圈。
tm.write([0x06,0x5B|0x80,0x4F,0x66])  #顯示 12.34 或 12:34。
    time.sleep(1)                              #延遲 1 秒。
    tm.show('HELP')                            #顯示 HELP。
    time.sleep(1)                              #延遲 1 秒。
```

1. 接續範例,控制 TM1637 顯示模組,每秒變化依序顯示 25°C➔12:59➔25°C。
2. 接續範例,控制 TM1637 顯示模組,顯示 0~9999,每秒上數加 1。

6-5-5 專題實作:TM1637 電子時鐘

⬤ 功能說明

如圖 6-15 所示電路接線圖,使用 NodeMCU ESP32-S 開發板、觸摸開關及 TM1637 顯示模組,完成電子時鐘專題。電源重啟時,TM1637 顯示模組顯示 **12:00** 或 **12.00**,前兩位顯示時 **00~23**、後兩位顯示分 **00~59**。

⬤ 電路接線圖

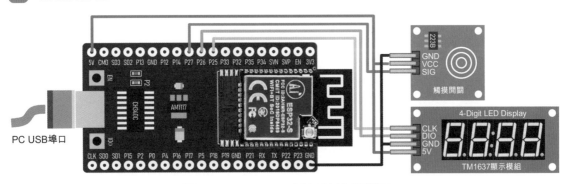

圖 6-15　TM1637 電子時鐘電路圖

觸摸開關用來調整時間,當手指長按開關 2 秒,「時」閃爍一下後即放開手指,開始進行時調整,之後每按一下開關則時加 1。當手指再長按開關 2 秒後,「分」閃爍一下後即放開手指,開始進行分調整,之後每按一下開關則分加 1。當手指再長按開關 2 秒,「時」與「分」同時閃爍一下,結束調整時間。

⬤ 程式:ch6_5.py

```
from machine import Pin,RTC              #載入 machine 函式庫中的 Pin 及 RTC 類別。
import time                             #載入 time 函式庫。
import tm1637                           #載入 tm1637 函式庫。
key = False                             #觸摸開關狀態。
sw = Pin(27,Pin.IN,Pin.PULL_UP)         #設定 GPIO27 為輸入模式,使用內建上拉電阻。
tm = tm1637.TM1637(clk=Pin(25), dio=Pin(26))#建立 TM1637 物件。
tm.brightness(1)                        #設定 TM1637 顯示模組亮度。
```

```
rtc = RTC()                                  #建立 RTC 物件。
n = 0                                        #n=0：顯示時間，n=1：調時、n=2：調分。
ms = 0                                       #每 10 毫秒檢測一次觸摸開關狀態。
mode = False                                 #True(調整模式)，False(顯示模式)。
t = (2023,1,15,6,12,0,0,0)                   #RTC 日期及時間的初始值。
hours = 0                                    #時
minutes = 0                                  #分
space = (0,0)                                #空白不顯示。
rtc.datetime(t)                              #設定 RTC 日期時間。
while True:                                   #迴圈。
    t=rtc.datetime()                         #讀取 RTC 日期及時間。
    hours=t[4]                               #更新時的資料。
    minutes=t[5]                             #更新分的資料。
    tm.numbers(hours,minutes)                #TM1637 模組顯示時及分。
    if(sw.value()==1):                       #手指觸摸開關相應位置?
        while(sw.value()==1):                #等待手指放開。
            time.sleep_ms(10)                #每 10ms 檢測一次觸摸開關狀態。
            ms=ms+1                          #每 10ms 加 1。
            if(ms==200):                     #已經過 2 秒?
                ms=0                         #清除。
                n=n+1                        #n 值加 1。
                if(n==3):                    #n 值等於 0、1、2。
                    n=0
                if(n==0):                                 #n=0 顯示模組。
                    tm.numbers(hours,minutes)#顯示「時」及「分」。
                    time.sleep_ms(200)       #顯示 200ms。
                    tm.write(space,pos=0)    #關閉「時」。
                    tm.write(space,pos=2)    #關閉「分」
                    time.sleep_ms(200)       #關閉 200ms。
                elif(n==1):                  #n=1：時調整。
                    mode=True                #調整模式，開始進行時調整。
                    tm.numbers(hours,minutes)#時閃爍一下。
                    time.sleep_ms(200)       #閃爍間隔 0.2 秒。
                    tm.write(space,pos=0)
                    time.sleep_ms(200)
                elif(n==2):                  #n=2：分調整。
                    mode=True                #調整模式，開始進行分調整。
                    tm.numbers(hours,minutes)#分閃爍一下。
                    time.sleep_ms(200)       #閃爍間隔 0.2 秒。
```

```
        tm.write(space,pos=2)
        time.sleep_ms(200)
    if(mode==False):                              #顯示模式?
        key=True                                  #手指觸摸開關一下。
        if(key==True and n==0):                   #目前為顯示時間?
            key=False                             #清除鍵值。
        elif(key==True and n==1):                 #目前為調整時狀態?
            key=False                             #清除鍵值。
            hours=hours+1                         #時加 1。
            if(hours==24):                        #時等於 24?
                hours=0                           #清除時為零。
            rtc.datetime((t[0],t[1],t[2],t[3],\
            hours,minutes,t[6],t[7]))             #重設 RTC 的日期及時間。
        elif(key==True and n==2):                 #目前為調整分狀態?
            key=False                             #清除鍵值。
            minutes=minutes+1                     #分加 1。
            if(minutes==60):                      #分等於 60?
                minutes=0                         #清除分為零。
            rtc.datetime((t[0],t[1],t[2],t[3],\
            hours,minutes,t[6],t[7]))             #重設 RTC 的日期及時間。
    else:                                         #mode=True。
        mode=False                                #設定為顯示模式。
    else:                                         #手指沒有觸摸開關。
        pass                                      #無動作。
```

練習

接續範例，設定每 5 秒交換顯示時間及日期，時間格式 hh:mm，日期格式 MM:DD，hh 為「時」00~23，mm 為「分」00~59，MM 為「月」01~12，DD 為「日」01~31。調整日期的方法與調整時間相同。

CHAPTER

7

聲音元件互動設計

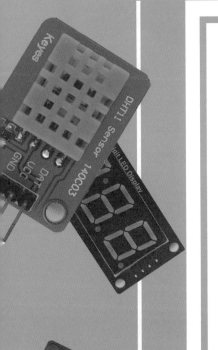

7-1　認識聲音

　　聲音是一種**波動**，聲音的振動會引起空氣分子有節奏的振動，使周圍的空氣產生疏密變化，形成疏密相間的縱波，因而產生了聲波。人耳可以聽到的聲音頻率範圍在**20Hz~20kHz** 之間。如圖 7-1 所示蜂鳴器及喇叭，常用來將電能轉換成聲能，蜂鳴器依**其驅動方式可以分成有源及無源兩種**，如圖 7-1(a) 所示有源蜂鳴器，內含振盪電路且底部被密裝起來，外加直流電壓可以產生固定頻率輸出。如圖 7-1(b) 所示無源蜂鳴器，內部不含振盪電路且底部明顯可以看到電路板，依所加的交流信號頻率不同，所發出的音調也不同，適合用來產生音樂輸出。如圖 7-1(c) 所示喇叭，與無源蜂鳴器比較，喇叭輸出功率大，頻率響應好，適用於較複雜的聲音，如音樂、語音等。而無源蜂鳴器聲音清晰，適用於警報聲、提醒音等。

(a) 有源蜂鳴器　　　　(b) 無源蜂鳴器　　　　(c) 喇叭

圖 7-1　蜂鳴器及喇叭

　　如圖 7-2(a) 所示正弦波是組成聲音的基本波形，音量與波形振幅成正比，而音調與波形週期成反比。利用 machine 函式庫中的 PWM 類別，可以產生如圖 7-2(b)所示方波，來模擬聲音輸出。PWM 類別相關說明，詳見第四章。

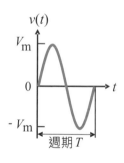　　　　　　　　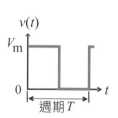

(a) 正弦波　　　　　　　　(b) 方波

圖 7-2　正弦波及方波

7-1-1 音符

如圖 7-3 所示鋼琴鍵盤的排列，共有 88 個鍵，分成 52 個白鍵及 36 個黑鍵，最低音符為 A0（頻率 28Hz），最高音符為 C8（頻率 4186Hz）。**任何一個八音度（octave）都有 12 個音符，由對比強烈的 7 個白鍵及 5 個黑鍵組成。**白鍵依序表示全音 Do、Re、Mi、Fa、So、La、Si，簡符為 C、D、E、F、G、A、B。黑鍵依序表示半音 Do#、Re#、Fa#、So#、La#，簡符為 C#、D#、F#、G#、A#。半音是介於兩個全音之間的音符，以井字升音記號 "#" 依附在全音後面來表示。例如 C#比 C 多半音，而 C#比 D 少半音。

位於鋼琴鍵盤中間位置的中央（middle）C 為 C4，其頻率為 262Hz。在中央 C 之上的 **A4 為標準音高，其頻率為 440Hz，用來調校樂器。**

圖 7-3　鍵鋼琴鍵盤的排列

音樂也是一種語言，使用如圖 7-4 所示五線譜來記錄樂譜中的音符。符號 𝄞 是高音譜記號，用來定義後面音符的音高，由五線譜下方橫線開始，依序為 C4、D4、E4、F4、G4、A4、B4、C5、D5、E5 等音符。

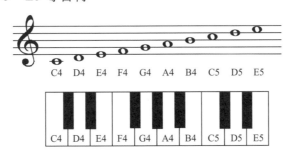

圖 7-4　五線譜

在樂譜中，使用不同種類的音符來表示不同時間長度的發音。如圖 7-5(a) 所示全音符（whole note），使用空心音符表示，是時間最長的音符。如圖 7-5(b)所示二分音符（half note），使用加直線空心音符表示，是全音符時間長度的一半。如圖 7-5(c)所示四分音符（quarter note），使用加直線實心音符表示，是全音符時間長度的四分之一。如圖 7-5(d)所示八分音符（eighth note），使用帶一條尾巴直線實心音符表示，是全音符時間長度的八分之一。如圖 7-5(e)所示十六分音符（sixteenth note），使用帶兩條尾巴直線實心音符表示，是全音符時間長度的十六分之一。

(a) 全音符　　　(b) 二分音符　　　(c) 四分音符　　　(d) 八分音符　　　(e) 十六分音符

圖 7-5　音符種類

7-1-2　音調與節拍

音樂中的每個音符（note）是由音調（tone）與節拍（beat）兩個元素所組成。音調是指頻率的高低，而節拍是指音符的發音時間長度。如表 7-1 所示 C 大調音符表，數字代表該音符的頻率 f，單位赫芝（Hz）。任一個八音度包含 12 個音符，因此，相鄰兩個音符的頻率相差 $2^{1/12}$ 倍，約等於 1.06 倍。每個八音度的相同音符頻率相差一倍，計算公式如下。**ESP8266 的 PWM 信號頻率範圍為 1Hz~1000Hz。因此，可以使用的最大音符是 B5，頻率 988Hz。ESP32 的 PWM 信號頻率範圍為 1Hz~40MHz。**

$$f(n) = 2^{1/12} \times f(n\text{-}1) = 1.06 \times f(n\text{-}1)，2 \leq n \leq 12$$

表 7-1　C 大調音符表

n / 名稱	1	2	3	4	5	6	7	8	9	10	11	12
音符	Do	Do#	Re	Re#	Mi	Fa	Fa#	So	So#	La	La#	Si
簡符	C	C#	D	D#	E	F	F#	G	G#	A	A#	B
0										28	29	31
1	33	35	37	39	41	44	46	49	52	55	58	62
2	65	69	73	78	82	87	93	98	104	110	117	123
3	131	139	147	156	165	175	185	196	208	220	233	247
4	262	277	294	311	330	349	370	392	415	440	466	494
5	523	554	587	622	659	698	740	784	831	880	932	988
6	1046	1109	1175	1245	1319	1397	1480	1568	1661	1760	1865	1976
7	2093	2218	2349	2489	2637	2794	2960	3136	3322	3520	3729	3951
8	4186											

7-1-3 頻率與工作週期

ESP32 開發板有 20 支可用 GPIO 接腳 0、2、4、5、12~19、21~23、25~27、32、33，可以輸出 PWM 信號。ESP8266 開發板只有 8 支可用 GPIO 接腳 0、2、4、5、12、13、14、15，可以輸出 PWM 信號。如圖 7-6 所示不同頻率、相同工作週期的 PWM 信號，三者的工作週期都是 50%，會產生相同振幅，但不同頻率的輸出。

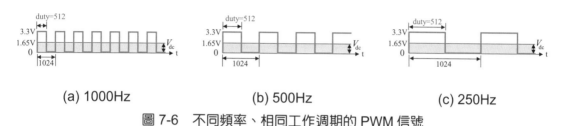

| (a) 1000Hz | (b) 500Hz | (c) 250Hz |

圖 7-6　不同頻率、相同工作週期的 PWM 信號

如圖 7-7 所示相同頻率、不同工作週期的 PWM 信號，工作週期愈大、輸出平均直流電壓愈大，則蜂鳴器的音量愈大。如圖 7-7(a)所示設定 PWM 信號的參數 value=205，可以得到 20%（=100%×205/1024）工作週期及平均直流電壓 0.66V（=3.3×205/1024）的 PWM 信號。同理，可知圖 7-7(b)所示為 50%工作週期，圖 7-7(c)所示為 80%工作週期。

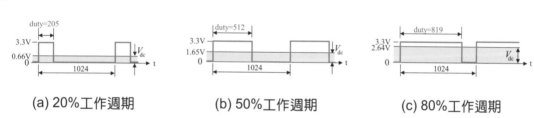

| (a) 20%工作週期 | (b) 50%工作週期 | (c) 80%工作週期 |

圖 7-7　相同頻率、不同工作週期的 PWM 信號

7-2　函式說明

7-2-1 外部中斷 Pin.irq()

ESP8266 的 GPIO0、2、4、5、12、13、14、15，ESP32 的 GPIO0、2、4、5、12~19、21~23、25~27、32、33，都可以設置為硬體外部中斷（interrupt）。**中斷發生時所執行的程式，稱為中斷服務程式（interrupt service routine，簡稱 ISR）或稱為回調（callback）函式。**回調函式可以在主程式的任何時間點，由事件觸發執行。ESP8266 及 ESP32 的外部中斷，使用 machine 函式庫 Pin 類別中的 irq()方法來設定，格式如下：

格式 machine.Pin.irq(trigger, handler=callback)

第 1 個參數 trigger 設定中斷的觸發方式，第 2 個參數 handler 設定中斷觸發時所執行的回調函式（callback function）。**回調函式會在事件發生後才執行，而一般函式隨時可以呼叫執行。**

1. trigger 參數

trigger 參數用來設定中斷的觸發方式，如圖 7-8 所示中斷觸發方式，包含正緣觸發 Pin.IRQ_RISING、負緣觸發 Pin.IRQ_FALLING、高電位觸發 Pin.IRQ_HIGH_LEVEL 及低電位觸發 Pin.IRQ_LOW_LEVEL 四種。如圖 7-8(a)所示正緣觸發，在中斷信號由邏輯 0 變成邏輯 1 的瞬間產生中斷。如圖 7-8(b)所示負緣觸發，在中斷信號由邏輯 1 變成邏輯 0 的瞬間產生中斷。如圖 7-8(c)所示高電位觸發，在中斷信號的邏輯 1 時間內產生中斷。如圖 7-8(d)所示低電位觸發，在中斷信號的邏輯 0 時間內產生中斷。trigger 參數預設在中斷信號的正緣或負緣都可以產生觸發，其預設值為 Pin.IRQ_FALLING | Pin.IRQ_RISING。

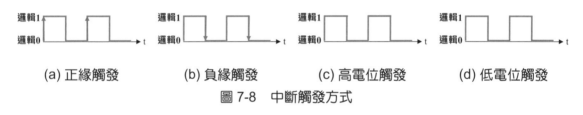

| (a) 正緣觸發 | (b) 負緣觸發 | (c) 高電位觸發 | (d) 低電位觸發 |

圖 7-8　中斷觸發方式

2. handler 參數

handler 參數用來設定 GPIO 接腳中斷觸發時所執行的回調函式，預設值為 None。**回調函式的程式愈短，中斷執行效率愈高。**如下所示範例，以設定 GPIO5 外部中斷負緣觸發 Pin.IRQ_FALLING 為例，每次中斷發生時，val 值加 1。

範例 設定 D1(GPIO5)外部中斷負緣觸發

```
import machine import Pin        #載入 machine 函式庫中的 Pin 類別。
sw=Pin(5,Pin.IN)                 #設定 GPIO5 為輸入模式。
val=0                            #val 初值為零。
def callback(p):                 #定義回調函式。
    global val                   #宣告 val 為全域變數。
    val=val+1                    #GPIO5 接腳每次發生事件中斷，則 val 值加 1。
sw.irq(trigger=Pin.IRQ_FALLING, handler=callback)#設定正緣觸發及回調函式。
```

7-3 實作練習

7-3-1 電話聲實習

一 功能說明

　　如圖 7-9 所示電話聲音波形，由兩種不同頻率的信號組合成一次振鈴（ringer），經過多次振鈴後再靜音一段時間，重複不斷即可產生電話聲音。如圖 7-10 所示電路接線圖，使用 NodeMCU ESP32-S 開發板 GPIO15 控制無源蜂器模組輸出電話聲音。

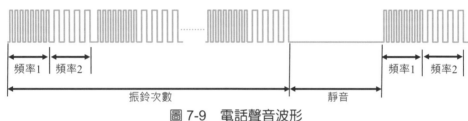

圖 7-9 電話聲音波形

二 電路接線圖

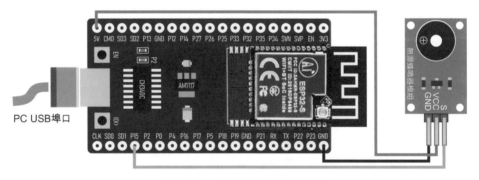

圖 7-10 電話聲實習電路圖

三 程式：ch7_1.py

`from machine import Pin,PWM`	#載入 machine 函式庫中的 Pin 及 PWM 類別。
`import time`	#載入 time 函式庫。
`buzzer=PWM(Pin(15))`	#GPIO15 連接蜂鳴器。
`buzzer.duty(0)`	#關閉蜂鳴器。
`while True:`	#迴圈。
`    buzzer.duty(512)`	#設定 PWM 信號工作週期 50%。
`    for i in range(10):`	#振鈴 10 次。

buzzer.freq(1000)	#頻率 1000Hz。
time.sleep_ms(50)	#發音 50ms。
buzzer.freq(500)	#頻率 500Hz。
time.sleep_ms(50)	#發音 50ms。
buzzer.duty(0)	#靜音。
time.sleep(2)	#2 秒。

練習

1. 接續範例，控制無源蜂鳴器模組，輸出如圖 7-11 所示警車聲音，頻率由低至高，再由高至低。

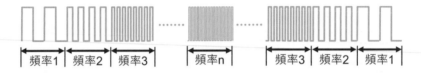

圖 7-11　警車聲音波形

2. 接續範例，控制無源蜂鳴器模組，輸出 500Hz 的嗶！嗶！警報聲。

7-3-2　播放旋律實習

▣ 功能說明

如圖 7-10 所示電路接線圖，使用 NodeMCU ESP32-S 開發板 GPIO15 控制無源蜂鳴器模組，播放圖 7-12 所示超級瑪利歐（super mario）樂譜中的一小段旋律。

圖 7-12　超級瑪利歐樂譜中的一小段旋律

如圖 7-12 所示樂譜，分數 4/4 的分母數字 4 表示以四分音符 ♩ 為一拍，分子數字 4 表示每小節有四拍。 ♩ = 150 表示每分鐘有 150 個二分音符。因此，每分鐘有 300 個四分音符，即一個四分音符佔 60/300=200 毫秒。我們設定每個四分音符發聲 100 毫秒、停頓 100 毫秒，讓每個音符容易分辨，比較有節奏感。

在樂譜中除了使用不同種類的音符來表示不同時間長度的發音，也會使用如圖 7-13 所示不同種類的休止符，來表示不同時間長度的停頓。如圖 7-13(a)所示全休止符（whole pause），是時間最長的休止符。如圖 7-13(b)所示二分休止符（half pause），是全休止符時間長度的一半。如圖 7-13(c)所示四分休止符（quarter pause），是全休止符時間長度的四分之一。如圖 7-13(d)所示八分休止符（eighth puase），是全休止符時間長度的八分之一。如圖 7-13(e)所示十六分休止符（sixteenth puase），是全休止符時間長度的十六分之一。

(a) 全休止符	(b) 二分休止符	(c) 四分休止符	(d) 八分休止符	(e) 十六分休止符

圖 7-13 休止符種類

電路接線圖

如圖 7-10 所示電路。

程式：ch7_2.py

```python
from machine import Pin,PWM          #載入 machine 函式庫中的 Pin 及 PWM 類別。
import time                          #載入 time 函式庫。
buzzer=PWM(Pin(15))                  #GPIO15 連接蜂鳴器模組。
pitch={ 'C':523, 'D':587,           #中音 Do、Re，簡符 C、D，頻率 523Hz、587Hz。
        'E':659, 'F':698,           #中音 Mi、Fa，簡符 E、F，頻率 659Hz、698Hz。
        'G':784, 'A':880,           #中音 So、La，簡符 G、A，頻率 784Hz、880Hz。
        'B':988, 'S':0}             #中音 Si，簡符 B，頻率 988Hz。S 為休止符。
melody=(('E',100),('S',100),('E',100),('S',300),('E',100),('S',300),
        ('C',100),('S',100),('E',100),('S',300),('G',100),('S',700))
for tone,beat in melody:            #取出音符的頻率及節拍。
    if tone=='S':                   #是休止符?
        buzzer.duty(0)              #設定 PWM 工作週期為 0。
        time.sleep_ms(beat)         #靜音 100ms。
    else:                           #是音符。
        buzzer.duty(512)            #設定 PWM 工作週期為 50%。
        buzzer.freq(pitch[tone])    #將音符轉換成頻率。
        time.sleep_ms(beat)         #節拍 beat，單位毫秒。
```

1. 使用 NodeMCU ESP32-S 開發板 GPIO15 控制無源蜂鳴器模組，播放如圖 7-14 所示小蜜蜂樂譜中的一小段旋律。

圖 7-14　小蜜蜂樂譜中一小段旋律

2. 接續上題，增加 GPIO5、4、0、2、14 五支 GPIO 接腳，控制五個 LED D1~D5。播放音符 Do 則點亮 D1 LED、播放音符 Re 則點亮 D2 LED、播放音符 Mi 則點亮 D3 LED、播放音符 Fa 則點亮 D4 LED、播放音符 So 則點亮 D5 LED。

7-3-3　電子琴實習

■ 功能說明

　　如圖 7-15 所示電路接線圖，使用 NodeMCU ESP32-S 開發板、按鍵及無源蜂鳴器模組，模擬電子琴功能。GPIO5、4、0、2、14、12、13 連接按鍵 S1~S7，並且使用內建提升電阻。GPIO15 連接無源鳴蜂器模組。按下按鍵 S1~S7 時，持續發出 C5 大調所對應的 Do (523Hz)、Re、Mi、Fa、So、La、Si 音符，放開按鍵則聲音停止。

■ 電路接線圖

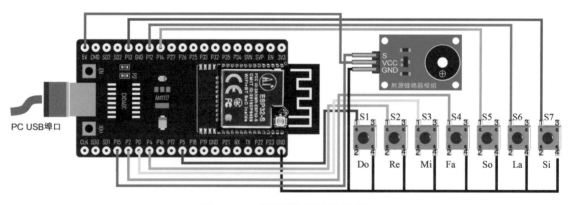

圖 7-15　電子琴實習電路圖

三 程式：ch7_3.py

```python
from machine import Pin,PWM        #載入 machine 函式庫中的 Pin 及 PWM 類別。
import time                        #載入 time 函式庫。
GPIO = (5,4,0,2,14,12,13)          #使用 GPIO5,4,0,2,14,12,13 接腳。
sw=[]                              #list 儲存按鍵狀態。
for i in GPIO:                     #設定 GPIO 接腳為輸入模式，使用上拉電阻。
    sw.append(Pin(i,Pin.IN,Pin.PULL_UP))
buzzer=PWM(Pin(15))                #GPIO15 連接蜂鳴器模組。
pitch={ 'C':523,'D':587,           #Do、Re 音符頻率。
        'E':659,'F':698,           #Mi、Fa 音符頻率。
        'G':784,'A':880,           #So、La 音符頻率。
        'B':988 }                  #Si 音符頻率
push={  0:'C',1:'D',               #按鍵 S0、S1 對應音符 Do、Re。
        2:'E',3:'F',               #按鍵 S2、S3 對應音符 Do、Re。
        4:'G',5:'A',               #按鍵 S4、S5 對應音符 Do、Re。
        6:'B'}                     #按鍵 S6 對應音符 Do、Re。
while True:                        #迴圈。
    for i in range(7):             #檢測按鍵 S0~S6 狀態。
        if(sw[i].value()==0):      #按下任意按鍵？
            buzzer.duty(512)       #設定 PWM 工作週期 50%(發聲)。
            buzzer.freq(pitch[push[i]])  #將鍵值轉換成音符頻率。
            time.sleep_ms(100)     #發聲 100 毫秒。
        else:                      #放開按鍵。
            buzzer.duty(0)         #設定 PWM 工作週期 0%(不發聲)。
```

練習

1. 接續範例，將音符改成 C4 大調，即 Do 音符頻率 262Hz。

2. 使用 NodeMCU ESP32-S 開發板、按鍵及無源蜂鳴器模組，模擬電子琴功能。GPIO16 連接 C 大調切換按鍵 S0，GPIO5、4、0、2、14、12、13 連接音符按鍵 S1~S7，GPIO15 連接無源蜂鳴器模組。當按下按鍵 S1~S7 時，持續發出 C 大調所對應的 Do、Re、Mi、Fa、So、La、Si 等音符，放開按鍵 S1~S7 則聲音停止。按鍵 S0 切換 C4 大調或 C5 大調，按下按鍵 S0 時，S1~S7 對應 C4 大調音符，Do 音符頻率 262Hz。放開按鍵 S0 時，S1~S7 對應 C5 大調音符，Do 音符頻率 523Hz。

7-3-4　專題實作：音樂盒

■ 功能說明

　　觸摸開關模組用來切換不同的音樂旋律，輸出依序為：靜音➜超級瑪利歐➜小蜜蜂➜小星星➜靜音，超級瑪利歐及小蜜蜂旋律如前節所述，小星星樂譜中的一小段旋律如圖 7-16 所示。

圖 7-16　小星星樂譜中的一小段旋律

　　如圖 7-17 所示電路接線圖，使用 NodeMCU ESP32-S 開發板、觸摸開關及無源蜂鳴器模組，完成音樂盒專題。GPIO5、4、0、2、14、12、13 連接七個 LED，依序對應 C4 大調的 Do、Re、Mi、Fa、So、La、Si 七個音符，GPIO15 連接無源蜂鳴器模組。手指每觸摸一下觸摸開關，切換不同的旋律，依序為：靜音➜超級瑪利歐➜小蜜蜂➜小星星➜靜音。

■ 電路接線圖

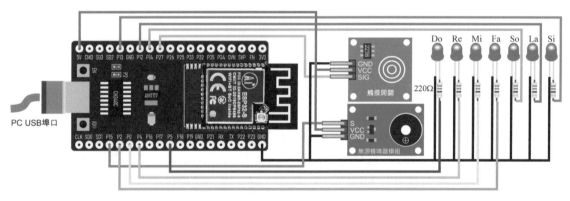

圖 7-17　音樂盒電路圖

■ 程式：ch7_4.py

`from machine import Pin,PWM`	#載入 machine 函式庫中的 Pin 及 PWM 類別。
`import time`	#載入 time 函式庫。
`GPIO = (5,4,0,2,14,12,13)`	#GPIO5、4、0、2、14、12、13 連接七個 LED。
`leds=[]`	#list 儲存 LED 狀態。
`for i in GPIO:`	#設定為輸出模式。
`    leds.append(Pin(i,Pin.OUT,value=0))`	

```
disp={'C':0,'D':1,'E':2,'F':3,'G':4,'A':5,'B':6}  #音符對應的 GPIO 腳。
val=0                                             #曲目。
buzzer=PWM(Pin(15))                               #GPIO15 連接無源蜂鳴器。
pitch={ 'C':262,'D':294,'E':330,'F':349,          #C4 大調音符 Do、Re、Mi、Fa。
        'G':392,'A':440,'B':493,'S':0}            #C4 大調音符 So、La、Si 及靜音。
mario=( ('E',100),('S',100),('E',100),('S',300),('E',100),('S',300),
    ('C',100),('S',100),('E',100),('S',300),('G',100),('S',700))
bee=(('G',100),('S',100),('E',100),('S',100),('E',100),('S',300),
    ('F',100),('S',100),('D',100),('S',100),('D',100),('S',300),
    ('C',100),('S',100),('D',100),('S',100),('E',100),('S',100),
    ('F',100),('S',100),('G',100),('S',100),('G',100),('S',100),
    ('G',100),('S',300))
star=((('C',100),('S',100),('C',100),('S',100),('G',100),('S',100),
    ('G',100),('S',100),('A',100),('S',100),('A',100),('S',100),
    ('G',100),('S',300),('F',100),('S',100),('F',100),('S',100),
    ('E',100),('S',100),('E',100),('S',100),('D',100),('S',100),
    ('D',100),('S',100),('C',100),('S',300))
sw=Pin(27,Pin.IN)                                 #GPIO27 連接觸摸開關。
def callback(p):                                  #D1 接腳中斷觸發所執行的回調函式。
    global val                                    #設定 val 為全域變數。
    val=val+1                                     #曲目 val 加 1。
    if(val==4):                                   #val 介於 0~3。
        val=0
def music(count,melody):                          #播放旋律函式。
    for tone,beat in melody:                      #取出音符 tone 及節拍 beat。
        if tone=='S':                             #休止符 S?
            buzzer.duty(0)                        #設定 PWM 工作週期為 0%。
            for i in range(7):                    #七個 LED。
                leds[i].value(0)                  #關閉。
            time.sleep_ms(beat)                   #靜音。
        else:                                     #音符。
            if(count!=val):                       #按下按鍵 S1(曲目改變)?
                break                             #結束本旋律，播放新旋律。
            buzzer.duty(512)                      #設定 PWM 工作週期為 50%。
            buzzer.freq(pitch[tone])              #將音符轉換成頻率。
            leds[disp[tone]].value(1)             #依音符點亮相對應的 LED。
            time.sleep_ms(beat)                   #音長。
sw.irq(trigger=Pin.IRQ_RISING, handler=callback)  #正緣觸發，觸發後曲目加 1。
while True:                                        #迴圈。
    if(val==1):                                   #曲目 val=1?
```

music(val,mario)	#播放「超級瑪利歐」旋律
elif(val==2):	#曲目 val=2?
music(val,bee)	#播放「小蜜蜂」旋律。
elif(val==3):	#曲目 val=3?播放「小星星」旋律。
music(val,star)	#播放「小星星」旋律。
else:	#曲目 val=0?
buzzer.duty(0)	#結束播放。

1. 接續範例，新增如圖 7-18 所示兩隻老虎樂譜的一小段旋律，觸摸開關切換不同的音樂，播放旋律依序為靜音➔超級瑪利歐➔小蜜蜂➔小星星➔兩隻老虎➔靜音。

圖 7-18　兩隻老虎樂譜的一小段旋律

2. 接續範例，將 C4 大調改成 C5 大調。

8

感測器互動設計

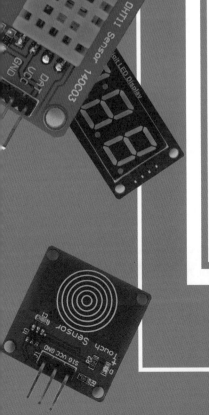

8-1 認識類比/數位（A/D）轉換

在自然界中諸如光、溫度、溼度、壓力、流量、位移等物理量，必須透過**感測器**（sensor）先將其轉換成電壓或電流等電氣信號。感測器的輸出電氣信號通常很小，只有數 μV 或數 μA。必須再經過放大整形、溫度補償等，才能反應物理量的變化。

如圖 8-1 所示數位應用系統，感測器將物理量轉換成微電壓或微電流信號，經放大整形為類比信號。類比信號必須再經類比 / 數位轉換器（Analog to Digital Converter，簡稱 ADC）轉換成數位信號後，才能送到微控制器來運算處理，以達到監控、測量、記錄等目的。數位應用系統已經廣泛應用在日常生活中，諸如數位電錶、數位電子儀器、數位溫度計、數位溼度計、數位電子秤、3C 電子產品等。

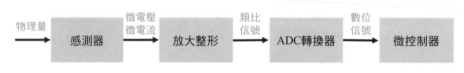

圖 8-1　數位應用系統

8-1-1　感測器

感測器的功用是**將物理量轉換成電氣信號**，注重轉換特性、精確度、線性度與可靠性。隨著不同的環境與應用而有不同的形狀，感測器輸出有**電壓、電流、電阻**三種形式，如果是電流或電阻輸出，必須先使用電子電路轉換成電壓信號。

8-1-2　放大整形

通常由感測器轉換輸出的電壓或電流都很小且容易受到雜訊干擾，必須再將輸出信號放大、整形及溫度補償等，才能得到準位明確的信號。**常使用的放大整形元件為運算放大器**（operational amplifier，簡稱 OPA）。

8-1-3　ADC 轉換器

ADC 轉換器的功用是將類比信號（電壓）轉換成數位信號，注重精確度、解析度與轉換速度。**ESP8266 只有一個專用的類比輸入接腳 A0，內建 10 位元（ 2^{10} ，數位值 0~1023）ADC，最大輸入電壓 1V。**ESP8266 開發板（如 Wemos D1 mini）利用內部分壓電路，提高最大輸入電壓為 3.3V。

ESP32 內建兩個 12 位元（2^{12}，數位值 0~4095）ADC 模組，支援 18 個測量通道，最大輸入電壓為 1V。第一個 ADC 模組有 8 個通道 GPIO32~GPIO39，第二個 ADC 模組有 10 個通道 GPIO0、GPIO2、GPIO4、GPIO12 ~GPIO15、GOIO25~GPIO27。如表 8-1 所示 NodeMCU ESP32-S 開發板上 ADC 與 GPIO 接腳對應，其中第一組 ADC 模組的 ADC1（GPIO37）及 ADC2（GPIO38）未引出接腳，無法使用。

表 8-1　NodeMCU ESP32-S 開發板 ADC 與 GPIO 接腳對應

第一個 ADC 模組	GPIO 接腳	第二個 ADC 模組	GPIO 接腳
ADC0	GPIO36	ADC10	GPIO4
ADC1	GPIO37（未引出）	ADC11	GPIO0
ADC2	GPIO38（未引出）	ADC12	GPIO2
ADC3	GPIO39	ADC13	GPIO15
ADC4	GPIO32	ADC14	GPIO13
ADC5	GPIO33	ADC15	GPIO12
ADC6	GPIO34	ADC16	GPIO14
ADC7	GPIO35	ADC17	GPIO27
		ADC18	GPIO25
		ADC19	GPIO26

8-2　感測器模組

感測器如同人體的神經末梢，可以感測外界物理量的變化，如表 8-2 所示常用感測器分類，依所感測的物理量可分成**溫度**、**溼度**、**氣體**、**水**、**光**、**運動**、**壓力**、**聲音**、**距離**等。依感測器的種類可分成溫度感測器、溼度感測器、瓦斯感測器、水位感測器、光感測器、加速度感測器、電子陀螺儀、壓力感測器、聲音感測器、距離感測器等。

感測器的品質會決定感測的靈敏度及精確度，市售感測器模組是將感測器元件加上電源電路、放大電路、比較電路及固定底板並引出接腳，以方便使用者進行專題實作。

表 8-2　常用感測器分類

物理量	感測器	物理量	感測器	物理量	感測器
溫度	DHT11 溫度感測器	溫度	LM35 溫度感測器	溫度	GY-906 溫度感測器
溼度	DHT11 溼度感測器	水	水位感測器	水	土壤溼度感測器
光	光感測器	壓力	HX711 壓力感測器	壓力	FSR402 壓力感測器
運動	MMA7361 加速度計	運動	L3G4200 陀螺儀	運動	GY271 電子羅盤
氣體	煙霧感測器	距離	超音波感測器	距離	紅外線避障感測器

8-3　函式說明

8-3-1　ADC()類別

　　ESP8266 只有一個類比輸入，最大輸入電壓為 1V，經由內建的 10 位元 ADC 轉換器，將類比輸入電壓 0~1V 轉換為數位值 0 ～ 1023。**Wemos D1 mini 開發板內建 ESP8266，類比輸入腳 A0，與 GPIO 接腳分開，最大輸入電壓 3.3V。** 經由開發板的內建分壓電路，降壓為 1V，再連接至 ESP8266 的 ADC。當 A0 輸入電壓為 0V 時，數位值為 0，當 A0 輸入電壓為 1.65V 時，數位值為 512，當 A0 輸入電壓為 3.3V 時，數位值為 1023，餘依此類推。Wemos D1 mini 開發板的 ADC 設定格式如下：

格式 adc=ADC(0)

範例 Wemos D1 mini 開發板 ADC 設定

`from machine import ADC`	#載入 machine 函式庫中的 ADC 類別。
`adc=ADC(0)`	#建立 ADC 物件,使用 A0 接腳。
`value=adc.read()`	#讀取轉換後的數位值,介於 0~1023 之間。

NodeMCU ESP32-S 開發板的 ADC 由 GPIO 接腳引出,**預設最大輸入電壓範圍 0~1V(可重設),轉換數位值 0~4095(可重設)**。其 ADC 設定格式如下:

格式 adc=ADC(pin)

範例 NodeMCU ESP32-S 開發板 ADC 設定

`from machine import Pin,ADC`	#載入 machine 函式庫中的 ADC 類別。
`adc0=ADC(Pin(36))`	#建立 ADC 物件,使用 ADC0(GPIO36)。
`value=adc0.read()`	#讀取轉換後的數位值,介於 0~4095 之間。

如表 8-3 所示 ESP32 的 ADC 函式常用方法,read()方法用來讀取轉換後的數位值。read_uv()方法用來讀取輸入電壓,單位微伏。atten()方法用來設定輸入電壓範圍,最大輸入電壓可設定為 1V、1.34V、2V 及 3.3V 四種。width()方法用來設定取樣位元,有 9、10、11 及 12 位元四種。不同的輸入電壓範圍和取樣位元決定解析度,以最大電壓 3.3V 及 12 位元取樣率為例,解析度為 $3.3V/2^{12} \cong 0.8mV$。解析度選擇須視實際工作環境及電壓穩定度來決定,才不會受到雜訊的干擾。

表 8-3　ESP32 的 ADC 函式常用方法

方法	功能	參數說明
read()	讀取轉換後的數位值。	無。
read_uv()	讀取輸入電壓,單位微伏。	無。
atten(atten)	設定輸入電壓範圍。	atten(衰減量): ADC.ATTN_0DB:輸入電壓上限 1V ADC.ATTN_2_5DB:輸入電壓上限 1.34V ADC.ATTN_6DB:輸入電壓上限 2V ADC.ATTN_11DB:輸入電壓上限 3.3V
width(bits)	設定取樣位元。	bits(位元值): ADC.WIDTH_9BIT:9 位元(0~511) ADC.WIDTH_10BIT: 10 位元(0~1023) ADC.WIDTH_11BIT:11 位元(0~2047) ADC.WIDTH_12BIT : 12 位元(0~4095)

8-4 實作練習

8-4-1 數位電壓表實習

一 功能說明

如圖 8-2 所示**可變電阻**（variable resistance，簡稱 VR）或稱為**電位器**（potentiometer），可以用來調整輸入直流電壓。將第 1 腳連接 3.3V 電源、第 2 腳連接 ADC 輸入接腳、第 3 腳連接 GND 接腳。當可變電阻旋轉向右時，電壓值增加，最大值為 3.3V，當可變電阻旋轉向左時，電壓值減少，最小值為 0V。

(a) 元件　　　　　　　　(b) 符號　　　　　　　　(c) 接線

圖 8-2　電位器

如圖 8-3 所示電路接線圖，使用 NodeMCU ESP32-S 開發板 ADC0（GPIO36），讀取直流電壓 0~3.3V，轉換並顯示含兩位小數的電壓值於 TM1637 顯示模組。例如輸入電壓值為 1.65V，經 ADC 轉換後的數位值為 2048，再將數位值乘上 330/4096 得 165，致能 TM1637 顯示器的百位數小數點，即可以顯示 **1.65**。

二 電路接線圖

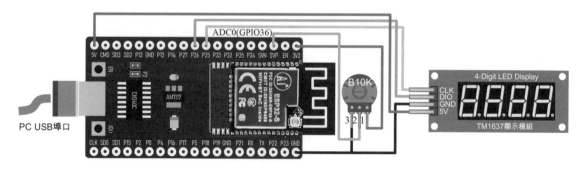

圖 8-3　數位電壓表實習電路圖

程式：ch8_1.py

```
from machine import Pin,ADC      #載入 machine 函式庫中的 Pin 及 ADC 類別。
import time                       #載入 time 函式庫。
import tm1637                     #載入 tm1637 函式庫。
tm = tm1637.TM1637(clk=Pin(25), dio=Pin(26))#建立 TM1637 物件。
tm.brightness(1)                  #設定 TM1637 顯示亮度。
adc=ADC(Pin(36))                  #建立 ADC 物件，使用 ADC0(GPIO36)。
adc.atten(ADC.ATTN_11DB)          #設定 ADC 最大輸入電壓為 3.3V。
while True:                        #迴圈。
    value=adc.read()              #讀取輸入電壓並轉換為數位值。
    value=value*(330/4096)        #將數位值轉成電壓值。
    tm.numbers(int(value/100),int(value%100))#顯示電壓值。
    time.sleep(1)                 #每秒轉換一次，避免顯示數值跳動。
```

練習

1. 接續範例，讀取電壓 0~3.3V，轉換並顯示數位值於 TM1637 顯示模組。
2. 接續範例，讀取電壓 0~3.3V，轉換並顯示含三位小數的電壓值於 TM1637 顯示模組。

8-4-2 小夜燈實習

一 功能說明

如圖 8-4(a)所示光敏電阻（light dependent resistor，簡稱 LDR 或 CdS），又稱為光電阻或光導管。CdS 標準尺寸有 5mm、12mm 及 20mm，常用製作材料為**硫化鎘（CdS）**。光敏電阻是最簡單的光線偵測元件，當有光線照射時，在半導體材料中原本穩定的電子受到激發而成為自由電子，其**電阻值隨著入射光強度增加而減少**。

型號	最大電壓 (VDC)	最大功率 (mW)	環境溫度 (°C)	光譜峰值 (nm)	亮電阻 (10Lx)(KΩ)	暗電阻 (MΩ)min	γ min	響應時間(ms)	
								上升	下降
PGM5506	100	90	-30 ~ +70	540	2 ~ 6	0.15	0.6	30	40
PGM5516	100	90	-30 ~ +70	540	5 ~ 10	0.2	0.6	30	40
PGM5526	150	100	-30 ~ +70	540	8 ~ 20	1.0	0.6	20	30
PGM5537	150	100	-30 ~ +70	540	16 ~ 50	2.0	0.7	20	30
PGM5539	150	100	-30 ~ +70	540	30 ~ 90	5.0	0.8	20	30
PGM5549	150	100	-30 ~ +70	540	45 ~ 140	10.0	0.8	20	30
PGM5616D	150	100	-30 ~ +70	560	5 ~ 10	1.0	0.6	20	30
PGM5626D	150	100	-30 ~ +70	560	8 ~ 20	2.0	0.6	20	30
PGM5637D	150	100	-30 ~ +70	560	16 ~ 50	5.0	0.7	20	30
PGM5639D	150	100	-30 ~ +70	560	30 ~ 90	10.0	0.8	20	30
PGM5649D	150	100	-30 ~ +70	560	50 ~ 160	20.0	0.8	20	30
PGM5659D	150	100	-30 ~ +70	560	150 ~ 300	20.0	0.8	20	30

(a) 元件　　(b) 符號　　　　　　　　(c) 規格表

圖 8-4　光敏電阻

　　如圖 8-4(b)所示光敏電阻規格表，**光敏電阻值的改變範圍在 2kΩ ~ 20MΩ之間**，其中亮電阻是指在標準照度下所測量到的電阻值，暗電阻是指黑暗中測量到的電阻值。不同規格的光敏電阻會有不同的改變範圍。

　　如圖 8-5 所示電路接線圖，使用 NodeMCU ESP32-S 開發板及光敏電阻模組，控制串列全彩 LED 模組的亮度。當光度弱（夜晚），則 LED 點亮，反之當光度強（白天），則 LED 熄滅。光線愈強則光敏電阻愈小，經光敏電阻模組分壓後的 AO 輸出電壓愈大，可依此來判斷光線的強弱。

■ 電路接線圖

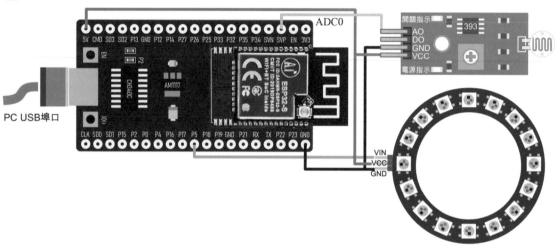

圖 8-5　小夜燈實習電路圖

■ 程式：ch8_2.py

`from machine import Pin,ADC`	#載入 machine 函式庫中的 Pin 及 ADC 類別。
`from neopixel import NeoPixel`	#載入 NeoPixel 類別。
`adc=ADC(Pin(36))`	#建立 ADC 物件，使用 ADC0(GPIO36)。
`adc.atten(ADC.ATTN_11DB)`	#設定 ADC 最大輸入電壓為 3.3V。
`np=NeoPixel(Pin(5),16)`	#建立 NeoPixel 物件，使用 GPIO5 控制。
`while True:`	#迴圈。
`    value=adc.read()`	#讀取輸入電壓並轉換為數位值。
`    brightness=int(100-value*100/4096)`	#將數位值轉換成百分比 0~100。
`    if(brightness<50):`	#小於 50(光線弱)?
`        for i in range(16):`	#點亮 LED。
`            np[i]=(255,255,255)`	#白光。
`    else:`	#大於等於 50(光線強)。
`        for i in range(16):`	#關閉 LED。
`            np[i]=(0,0,0)`	#不亮。
`    np.write()`	#更新顯示。

練習

1. 設計四段自動調光小夜燈,光線強度 λ 愈小,LED 愈亮。當λ≥60,LED 關閉; 40≤λ<60,設定低亮度;20≤λ<40,設定中亮度;λ<20,設定高亮度。

2. 設計四段自動調色小夜燈,LED 顏色隨光線強度改變。當λ≥60,點亮紅光;40≤λ<60, 點亮綠光;20≤λ<40,點亮藍光;λ<20,點亮白光。

8-4-3 HC-SR04 測量距離實習

一 功能說明

　　如圖 8-6 所示 HC-SR04 超音波模組,工作電壓+5V,工作電流 15mA,工作頻率 40kHz。HC-SR04 超音波模組的上、下、左、右的測量角度在 15°的範圍內,可以測量 的範圍在 2cm ~ 400cm。

(a) 元件　　　　　　　　　　　　　　(b) 符號

圖 8-6　HC-SR04 超音波感測器

　　如圖 8-7 所示 HC-SR04 超音波模組時序圖,首先微控制器必須先產生至少 10 微秒 **高電位啟動脈波**至超音波模組的 Trig 腳,以啟動超音波模組。

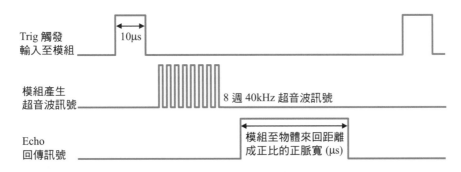

圖 8-7　HC-SR04 超音波模組時序圖

　　當超音波模組接收到啟動脈波後，會自動發射 8 個週期、頻率 40kHz 的超音波信號至物體端。超音波信號經由物體反射，並且回傳與物體來回距離成正比的高電位脈寬（單位微秒）信號至 Echo 腳。聲波速度每秒 340 公尺，約為 29μs／cm，超音波模組至物體的**距離=脈寬時間/29/2**（單位公分 cm）。

　　如圖 8-8 所示三種超音波模組無法定位物體距離的情形，主要**受限於待測物體的位置及大小**，因而影響測量的正確性。如圖 8-8(a) 所示為待測物體距離超過 3.3 公尺（視模組不同而有不同的距離），已超過超音波模組可以測量的範圍。圖 8-8(b) 所示為超音波進入物體的角度小於 45 度，超音波模組無法檢測到物體的反射波。如圖 8-8(c) 所示為物體太小，超音波模組接收不到反射信號。

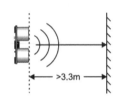　　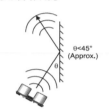　　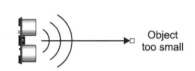

　(a) 物體距離超過 3.3 公尺　　　(b) 發射角度 θ 小於 45 度　　　　(c) 物體太小

圖 8-8　三種超音波模組無法定位物體距離的情形 (圖片來源：www.parallax.com)

　　在使用 HC-SR04 超音波模組之前，必須先**下載 hcsr04.py 函式庫**，下載網址 https://github.com/rsc1975/micropython-hcsr04。下載完成後，直接使用 Thonny IDE 將 hcsr04.py 檔案上傳到 MicroPython 設備中。

　　如表 8-4 所示 hcsr04.py 函式庫的常用方法，使用指令格式為**物件.方法**，例如使用 HC-SR04 超音波模組讀取物體的距離，其指令格式如下：

格式 sensor.distance_cm( )

範例

```
from hcsr04 import HCSR04                      #載入 HCSR04 類別。
sensor = HCSR04(trigger_pin=5, echo_pin=4)     #建立 HCSR04 物件。
distance = sensor.distance_cm()                #讀取物體的距離，單位 cm。
```

表 8-4　hcsr04.py 函式庫的常用方法

方法	功能	參數說明
HCSR04(trigger_pin, echo_pin)	初始化 HC-SR04	trigger_pin：設定 Trig 的 GPIO 腳。echo_pin：設定 Echo 的 GPIO 腳。
distance_cm()	回傳物體的距離，單位 cm。	無。回傳值為浮點數。
distance_mm()	回傳物體的距離，單位 mm。	無。回傳值為整數。

如圖 8-9 所示電路接線圖，使用 NodeMCU ESP32-S 開發板及 HC-SR04 超音波感測模組，測量物體距離（單位：cm）並且顯示在 TM1637 顯示模組上。

電路接線圖

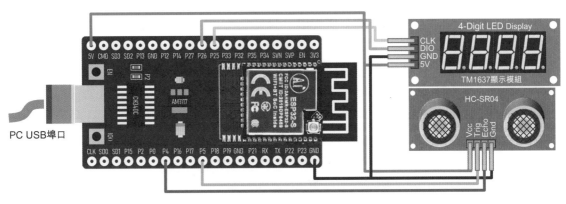

圖 8-9　HC-SR04 測量距離實習電路圖

程式：ch8_3.py

```
from machine import Pin            #載入 machine 函式庫中的 Pin 類別。
import time                        #載入 time 函式庫。
import tm1637                      #載入 tm1637 函式庫。
from hcsr04 import HCSR04          #載入 HCRS04 類別。
tm = tm1637.TM1637(clk=Pin(25), dio=Pin(26))#建立 TM1637 物件。
tm.brightness(5)                   #設定 TM1637 顯示亮度。
sensor = HCSR04(trigger_pin=5, echo_pin=4)#建立 HCSR04 物件。
while True:                        #迴圈。
    distance = sensor.distance_cm()#讀取物體的距離(單位：公分)。
    print('Distance:', distance, 'cm')#shell 顯示物體的距離。
    tm.number(int(distance))       #TM1637 顯示物體的距離。
    time.sleep(1)                  #每秒測量一次。
```

練習

1. 接續範例，設計倒車警示器。當車子與物體距離小於 20cm 時，蜂鳴器產生嗶聲，同時 TM1637 模組顯示車子尾端與物體的距離。

2. 接續範例，新增一個 LED 燈（GPIO2），LED 的閃爍速度與蜂鳴器的嗶聲同步。

8-4-4　DHT11 溫溼度計實習

一　功能說明

如表 8-5 所示常用溫度感測器，包含 LM35、DS18B20、DHT11、DHT22 四種，依其通信協定、電源電壓、溫度範圍及精確度進行比較。LM35 及 DS18B20 只能測量溫度，精確度相同，但是通信協定不同。LM35 可以直接連接於 MicroPython 開發板的 ADC 輸入。與 DHT11 相較，DHT22 具有較高的解析度、寬廣的溫度及溼度測量範圍。DHT22 價格較昂貴，每 2 秒（取樣率 0.5Hz）讀取一次數據，而 DHT11 價格較便宜，每秒（取樣率 1Hz）讀數 1 次數據。

表 8-5　常用溫度感測器

特性	LM35	DS18B20	DHT11	DHT22
功用	溫度	溫度	溫度 / 溼度	溫度 / 溼度
通信協定	analog	OneWire	OneWire	OneWire
電壓範圍	4V~30V DC	3V~5.5V DC	3V~5.5V DC	3V~6V DC
溫度範圍	-55°C~150°C	-55°C~125°C	0°C~50°C	-40°C~80°C
溼度範圍	–	–	20~80%±5%RH	0~100%±2~5%RH
精確度	±0.5°C	±0.5°C	±2°C	±0.5°C

如圖 8-10 所示 DHT11 / DHT22 溫溼度感測器，兩者接腳完全相同，採用 3.3V 或 5V 供電。內部電路由溼度感測器、負溫度係數（negative temperature coefficient，簡稱 NTC）熱敏電阻及 IC 所組成。

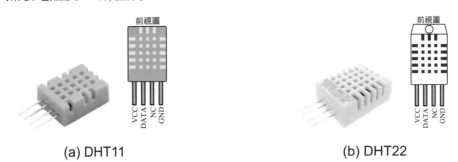

(a) DHT11　　　　　　　　　　　(b) DHT22

圖 8-10　DHT11 / DHT22 溫溼度感測器

DHT11 / DHT22 使用 NTC 熱敏電阻來測量環境溫度。利用兩個電極基板間的溼度隨著環境中水分含量變化的特性，使基板電導率或電極間的電阻產生變化，來測得環境的相對溼度。

如圖 8-11(a)所示 DHT11 感測器連接方式，**DATA 腳必須串聯一個 4.7kΩ上拉（pull-up）電阻，連接至+5V 電源，才能得到正確的數據輸出**。如圖 8-11(b)所示 DHT11 模組，模組底板通常都會連接上拉電阻。

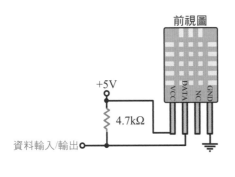

(a) 連接方式

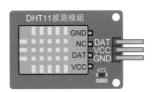

(b) DHT11 模組

圖 8-11　DHT11 感測器

如表 8-6 所示 MicroPython **內建 dht 函式庫**的方法說明，DHT11 及 DHT22 使用相同的方法，但是必須建立不同的物件。measure()方法用來啟動 DHT 開始測量，temperature()方法可以讀取攝氏溫度值，humidity()方法可以讀取相對溼度值。

表 8-6　dht 函式庫的方法說明

函式名稱	功能	參數說明
measure()	啟動 DHT 開始測量。	無。
temperature()	讀取環境攝氏溫度。	無。
humidity()	讀取環境相對溼度。	無。

因為 DHT22 精確度可至小數第一位，而 DHT11 精確度為整數，兩者運算複雜度不同。設定範例如下所示。

範例 設定 DHT11 物件使用 GPIO5 接腳

```
from machine import Pin          #載入 machine 函式庫中的 Pin 類別。
import dht                       #載入 dht 函式庫。
d = dht.DHT11(Pin(5))            #GPIO5 連接 DHT11 輸出。
```

範例 設定 DHT22 物件使用 GPIO5 接腳

```
from machine import Pin          #載入 machine 函式庫中的 Pin 類別。
import dht                       #載入 dht 函式庫。
d = dht.DHT22(Pin(5))            #GPIO5 連接 DHT22 輸出。
```

動手玩 Python / MicroPython - ESP32 物聯網互動設計

如圖 8-12 所示電路接線圖，使用 NodeMCU ESP32-S 開發板及 DHT11 溫溼度感測器，測量環境溫度及相對溼度，並且顯示於 TM1637 顯示模組中。TM1637 顯示模組左邊兩位數顯示攝氏溫度，右邊兩位數顯示相對溼度百分比。

電路接線圖

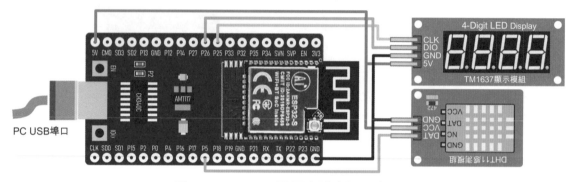

圖 8-12　DHT11 溫溼度計實習電路圖

程式：ch8_4.py

程式	說明
`from machine import Pin`	#載入 machine 函式庫中的 Pin 類別。
`import dht`	#載入 dht 函式庫。
`import time`	#載入 time 函式庫。
`import tm1637`	#載入 tm1637 函式庫。
`dht11=dht.DHT11(Pin(5))`	#建立 DHT11 物件，使用 GPIO5。
`tm = tm1637.TM1637(clk=Pin(25), dio=Pin(26))`	#建立 TM1637 物件。
`tm.brightness(1)`	#設定 TM1637 顯示亮度。
`def readDHT():`	#溫溼度讀取函式。
`    dht11.measure()`	#啟動 DHT11 開始測量。
`    t=dht11.temperature()`	#讀取溫度值。
`    h=dht11.humidity()`	#讀取溼度值。
`    return(t,h)`	#傳回溫度及溼度值。
`while True:`	#迴圈。
`    (temp,hum)=readDHT()`	#讀取溫度及相對溼度。
`    tm.numbers(temp,hum)`	#顯示溫度及相對溼度。
`    time.sleep(2)`	#每 2 秒讀取一次。

練習

1. 接續範例，使用 DHT11 測量華氏溫度及相對溼度，並顯示於 TM1637 模組中。
2. 接續範例，使用 DHT11 測量攝氏溫度，以溫度 25°C 為例，四位顯示格式為 25°C。

8-4-5 MMA7361 地震儀實習

一 功能說明

　　加速度計（accelerometer，簡稱 g-sensor），是一種運動感測器，用於計算物體在三**維空間中的加速度**，單位為公尺/秒^2（m/sec^2）。物體在靜止狀態下 Z 軸受到向下的重力加速度（gravitational acceleration，簡稱 g）為 **1g=9.8m/sec^2**。

　　如圖 8-13 所示 NXP/Freescale 公司生產的 MMA7361 加速度計模組，可讀出 X、Y、Z 三軸低量級傾斜、移動、撞擊和震動誤差。MMA7361 加速度計工作電壓在 2.2V~3.6V 之間，工作電流 400μA。設定 SL=0 時，MMA7361 將進入休眠（sleep）模式，休眠模式工作電流只有 3μA。設定 SL=1 時，MMA7361 在正常工作模式。

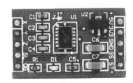

(a) 外觀　　　　　　　　　　　(b) 接腳圖

圖 8-13　MMA7361 加速度計模組

　　如圖 8-14 所示 MMA7361 加速度計的動作情形，**不同傾斜角度的重力加速度等於 g×sinθ**。如圖 8-14(b)所示，當 MMA7361 加速度計 X 軸傾斜角 30°時，所產生的重力加速度 g×sinθ=g×sin30°=0.5g。

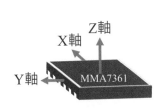
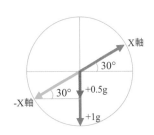

(a) 各軸動作情形　　　　　　(b) X 軸傾斜 30°所產生的 g 值

圖 8-14　MMA7361 加速度計各軸動作情形

　　如表 8-7 所示 MMA7361 加速度計的 g 值靈敏度（sensitivity），加速度計 GS 接腳可以設定 1.5g 及 6g 兩種 g 值範圍。GS 腳內含下拉電阻，**當 GS 腳空接或接地時的最大 g 值範圍為 1.5g，最大靈敏度為 800mV/g**。當 GS 腳等於 V$_{DD}$時的最大 g 值範圍為 6g，最大靈敏度為 206mV/g。

表 8-7　MMA7260 加速度計的 g 值靈敏度

GS 腳	G 值範圍	靈敏度
0	1.5g	800mV/g
1	6g	206mV/g

如表 8-8 所示 MMA7361 加速度計傾斜角與三軸輸出電壓的關係，加速度計水平放置時，X 軸及 Y 軸的 g 值等於 0，輸出電壓在 1.485~1.815V 之間，典型值 1.65V。**不同傾斜角度的輸出電壓等於 1.65+0.8×sinθ。**

表 8-8　MMA7361 加速度計傾斜角與 X、Y、Z 三軸輸出電壓的關係

角度θ	-90°	-60°	-45°	-30°	0°	+30°	+45°	+60°	+90°
g 值	-1	-0.866	-0.707	-0.5	0	+0.5	+0.707	+0.866	+1
電壓值	0.85V	0.96V	1.08V	1.25V	1.65V	2.05V	2.22V	2.34V	2.45V

如圖 8-15 所示 MMA7361 加速度計三軸最大傾斜角與三軸輸出電壓的關係，圖 8-15(a) 為 X 軸傾斜+90°時，X 輸出電壓為 2.45V，g 值為+1g。圖 8-15(b)所示為 X 軸傾斜-90°時，X 輸出電壓為 0.85V，g 值為-1g。**三軸輸出電壓值會因電源電壓的穩定性及各軸差異而有誤差，必須自己反覆測試調校，才能得到正確的輸出。**

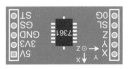

(a) X 軸傾斜+90°、g 值為+1g、電壓 2.45V　　(b) X 軸傾斜-90°、g 值為-1g、電壓 0.85V

(c) Y 軸傾斜+90°、g 值為+1g、電壓 2.45V　　(d) Y 軸傾斜-90°、g 值為-1g、電壓 0.85V

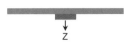

(e) Z 軸傾斜+90°、g 值為+1g、電壓 2.45V　　(f) Z 軸傾斜-90°、g 值為-1g、電壓 0.85V

圖 8-15　MMA7361 加速度計三軸最大傾斜角與三軸輸出電壓的關係

同理，圖 8-15(c)所示為 Y 軸傾斜 +90°時，Y 輸出電壓為 2.45V，g 值為 +1g。圖 8-15(d)所示為 Y 軸傾斜 -90°時，Y 輸出電壓為 0.85V，g 值為 -1g。圖 8-15(e)所示為 Z 軸傾斜 +90°時，Z 輸出電壓為 2.45V，g 值為 +1g；圖 8-15(f)所示為 Z 軸傾斜 -90°時，Z 輸出電壓為 0.85V，g 值為 -1g。

將 NodeMCU ESP32-S 開發板的 ADC 設定最大輸入電壓為 3.3V，取樣位元為 12 位元，解析度約為 0.8mV（3.3V/4096≅0.8mV）。以物體 X 軸傾斜角 30°為例，g 值等於 g×sin30°=0.5g，輸出電壓等於 1.65+0.8×sin30°=1.65+0.8×0.5=2.05V，數位值等於 2.05V/0.8mV≅2562，其他傾斜角與數位值的關係如表 8-9 所示。

表 8-9　MMA7361 加速度計傾斜角與數位值的關係

角度θ	-90°	-60°	-45°	-30°	0°	+30°	+45°	+60°	+90°
g 值	-1	-0.866	-0.707	-0.5	0	+0.5	+0.707	+0.866	+1
電壓值	0.85V	0.96V	1.08V	1.25V	1.65V	2.05V	2.22V	2.34V	2.45V
數位值	1062	1200	1350	1562	2062	2562	2775	2925	3062

如圖 8-16 所示電路接線圖，使用 NodeMCU ESP32-S 開發板、MMA7361 加速度計及串列全彩 LED 模組，設計地震儀。當 MMA7361 的 X 軸傾斜角度小於 -45° 則 L4 亮，X 軸傾斜角度大於 +45° 則 L12 亮。當 Y 軸傾斜角小於 -45° 則 L0 亮，Y 軸傾斜角大於 +45° 則 L8 亮。本例使用三個 ADC，ADC0（GPIO36）、ADC3（GPIO39）及 ADC6（GPIO34）分別連接 MMA7361 的 X、Y 及 Z 軸輸入。

二 電路接線圖

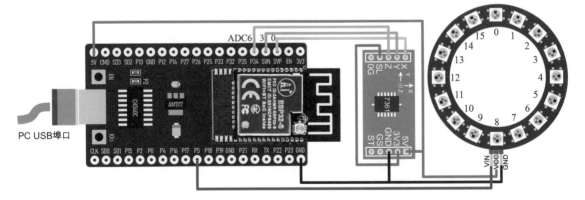

圖 8-16　MMA7361 地震儀實習電路圖

三 程式：ch8_5.py

程式	說明
`from machine import Pin,ADC`	#載入 machine 函式庫中的 Pin 及 ADC 類別。
`import time`	#載入 time 函式庫。
`from neopixel import NeoPixel`	#載入 neopixel 函式庫中的 NeoPixel 類別。
`np=NeoPixel(Pin(5),16)`	#建立物件 NeoPixel，使用 GPIO5。
`adc0=ADC(Pin(36))`	#建立 ADC 物件，使用 ADC0(GPIO36)。
`adc3=ADC(Pin(39))`	#建立 ADC 物件，使用 ADC3(GPIO39)。
`adc6=ADC(Pin(34))`	#建立 ADC 物件，使用 ADC6(GPIO34)。
`adc0.atten(ADC.ATTN_11DB)`	#設定 ADC0 最大輸入電壓為 3.3V。
`adc3.atten(ADC.ATTN_11DB)`	#設定 ADC3 最大輸入電壓為 3.3V。
`adc6.atten(ADC.ATTN_11DB)`	#設定 ADC6 最大輸入電壓為 3.3V。
`while True:`	#迴圈。
`    x=adc0.read()`	#讀取 X 軸數位值。
`    y=adc3.read()`	#讀取 Y 軸數位值。
`    z=adc6.read()`	#讀取 Z 軸數位值。
`    print(x,y,z)`	#顯示 X、Y、Z 軸數位值。
`    if(x<=1350):`	#X 軸傾斜小於等於-45°？
`        np[4]=(255,255,255)`	#點亮 L4 白燈。
`    elif(x>=2775):`	#X 軸傾斜大於等於 45°？
`        np[12]=(255,255,255)`	#點亮 L12 白燈。
`    elif(y<=1350):`	#Y 軸傾斜小於等於-45°？
`        np[0]=(255,255,255)`	#點亮 L0 白燈。
`    elif(y>=2775):`	#Y 軸傾斜大於等於 45°？
`        np[8]=(255,255,255)`	#點亮 L8 白燈。
`    else:`	#X 及 Y 軸的斜傾角都在-45°~45°之間。
`        for i in range(16):`	#關閉所有白燈。
`            np[i]=(0,0,0)`	#不亮。
`    np.write()`	#設定全彩 LED 模組燈光顏色。
`    time.sleep(1)`	#每秒檢測一次。

練習

1. 接續範例，當 MMA7361 的 X 軸傾斜角小於 -30° 則 L4 亮，X 軸傾斜角大於 +30° 則 L12 亮。當 Y 軸傾斜角小於 -30° 則 L0 亮，Y 軸傾斜角大於 +30° 則 L8 亮。

2. 接續上題，只要 L0、L4、L8 或 L12 任一個 LED 燈亮，蜂鳴器就會發出嗶~嗶~聲。

8-4-6　專題製作：停車場車位計數器

一　功能說明

　　如圖 8-17 所示紅外線反射型光感測模組，由紅外線發射二極體、紅外線接收二極體及 LM393 比較器組成，工作電壓範圍 3.3V~5V，可以調整電位器來改變 2～30cm 有效距離範圍（經實測最遠距離約 7~8cm）。**在正常況狀下，開關指示燈不亮，同時 OUT 腳輸出高電位信號**。當紅外線發射二極體所發射的紅外線信號遇到障礙物（反射面）時，反射回來的紅外線信號被紅外線接收二極體接收，經由比較電路處理後，指示燈點亮，同時 OUT 腳輸出低電位信號。反射型光感測模組可以應用在自走車的循跡或避障、生產線自動計數器、人員進出計數器及車位計數器等用途。

　　　　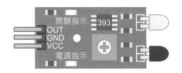

(a) 模組外觀　　　　　　　　　　(b) 接腳圖

圖 8-17　紅外線反射型光感測模組

　　如圖 8-18 所示電路接線圖，使用 NodeMCU ESP32-S 開發板、紅外線模組 IR1、紅外線模組 IR2 及 TM1637 顯示模組，完成停車場車位計數器。IR1 偵測進入停車場的車輛，車輛進入則計數值減 1，最小車位數 0。IR2 偵測離開停車場的車輛，車輛離開則計數值加 1，最大車位數 100。

二　電路接線圖

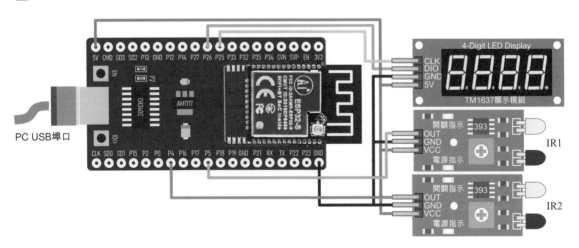

圖 8-18　停車場車位計數器電路圖

📋 程式：ch8_6.py

`from machine import Pin`	#載入 machine 函式庫中的 Pin 類別。
`import tm1637`	#載入 tm1637 函式庫。
`num = 100`	#停車場車位數。
`ir1 = Pin(5,Pin.IN,Pin.PULL_UP)`	#GPIO5 連接 IR1 紅外線模組。
`ir2 = Pin(4,Pin.IN,Pin.PULL_UP)`	#GPIO4 連接 IR2 紅外線模組。
`tm = tm1637.TM1637(clk=Pin(25), dio=Pin(26))`	#建立 TM1637 物件。
`tm.brightness(1)`	#設定 TM1637 顯示器的亮度。
`while True:`	#迴圈。
`    if(ir1.value()==0):`	#車輛進入停車場？
`        time.sleep_ms(200)`	#消除彈跳。
`        if(num>0):`	#車位數大於 0？
`            num=num-1`	#車位數減 1。
`    if(ir2.value()==0):`	#車輛離開停車場？
`        time.sleep_ms(200)`	#消除彈跳。
`        if(num<100):`	#車位數小於 100？
`            num=num+1`	#車位數加 1。
`    tm.number(num)`	#顯示車位數。

🌱 練習

1. 接續範例，當停車位為 0 時，顯示器每秒閃爍顯示 0。

2. 接續範例，新增兩個按鍵開關 S1、S2，分別連接 GPIO0 及 GPIO2，進行人工停車位數調整。按一下 S1 按鍵則車位數減 1，最小值為 0；按一下 S2 按鍵則車位數加 1，最大值為 100。

CHAPTER

9

矩陣型 LED 互動設計

9-1 認識矩陣型 LED 顯示器

9-2 實作練習

9-1 認識矩陣型 LED 顯示器

如圖 9-1 所示 8×8 矩陣型 LED 顯示器,可以用來顯示英文字、數字及符號等,使用 15×16 或 24×24 矩陣型 LED 顯示器才能完整顯示一個中文字。一個 15×16 中文字,須使用 **4 片** 8×8 矩陣型 LED 顯示器組合,一個 24×24 中文字,須使用 **9 片** 8×8 矩陣型 LED 顯示器組合。

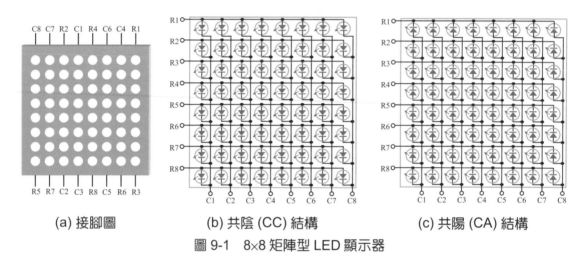

(a) 接腳圖　　　　　(b) 共陰 (CC) 結構　　　　　(c) 共陽 (CA) 結構

圖 9-1　8×8 矩陣型 LED 顯示器

9-1-1 內部結構

如圖 9-1(a)所示 8×8 矩陣型 LED 顯示器接腳圖,內部結構可以分成兩種,如圖 9-1(b) 所示共陰(Common Cathode,簡稱 CC)結構,每一行 LED 的陰極連接在一起,形成 C1~C8,每一列 LED 的陽極連接在一起,形成 R1~R8。如圖 9-1(c) 所示共陽(Common Anode,簡稱 CA)結構,每一行 LED 的陽極連接在一起,形成 C1~C8,每一列 LED 的陰極連接在一起,形成 R1~R8。**CC 結構轉置 90°就會變成 CA 結構。**

9-1-2 多工掃描原理

驅動 8×8 矩陣型 LED 顯示器有兩種方法,第一種方法是使用**行掃描**方式,並且將位元組資料送至列 R1~R8。第二種方法是使用**列掃描**方式,並且將位元組資料送至行 C1~C8。無論使用那一種掃描方法,都必須要有足夠的驅動電流,才能使每一個 LED 顯示亮度均勻。**單顆 LED 所需的驅動電流在 10mA~30mA 之間**,以 10mA 計算,8 顆 LED 共需 80mA,因此每行或每列掃描的驅動電流至少需要 80mA 以上。

如圖 9-2 所示 8×8 矩陣型 LED 顯示器的多工掃描原理，每次只會掃描並顯示一行資料，然後依序掃描第二行、第三行…等，直到掃描至最後一行後，再重新掃描第一行。因為人類眼睛會有視覺暫留現象，每個影像會存留在視網膜一段時間，只要掃描速度夠快，微控制器由第一行開始依序掃描到最後一行所需的總時間，遠小於視覺暫留時間，各行畫面在視網膜重疊組合，即可看到完整的顯示畫面。

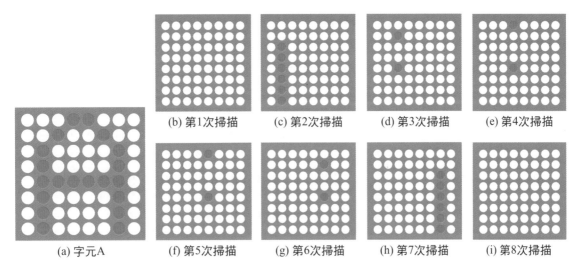

圖 9-2　多工掃描原理

　　人類視覺暫留最短時間為 **1/24 秒**，平均時間為 **1/16 秒**，所以掃描一個完整畫面的時間不得大於 1/16 秒，才不會有部分畫面遺失的感覺，而使畫面產生閃爍的現象。掃描頻率愈高，比較不會有閃爍的現象，但是掃描頻率太高時，每行所分配到的顯示時間變短，將會造成 LED 亮度不足的問題。

9-1-3　串列式 8×8 矩陣型 LED 顯示模組

　　如圖 9-3 所示串列式 8×8 矩陣型 LED 顯示模組，使用 MAX7219 串列介面驅動 IC，可以驅動一個共陰結構的 8×8 矩陣型 LED 顯示器。MAX7219 介面 IC 在 6-3 節有詳細說明，此處不再贅述。MAX7219 的 DIG0~DIG7 腳位，依序分別連接在 8×8 矩陣型 LED 顯示器的行 C1~C8，提供行掃描所需電流。

　　如圖 9-3(c) 所示模組內部接線圖，MAX7219 的 SEG P、SEG A、SEG B、SEG C、SEG D、SEG E、SEG F、SEG G 腳位，依序分別連接 8×8 矩陣型 LED 顯示器的列 R8~R1。MAX7219 的 DIG0~DIG7，依序分別連接 8×8 矩陣型 LED 顯示器的行 C1~C8。MAX7219 顯示模組為共陰極結構，**DIG 必須驅動在低電位。當 SEG 為高電位時，對應的 LED 點亮；當 SEG 為低電位時，對應的 LED 不亮。**

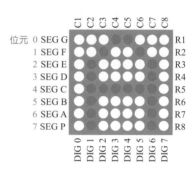

(a) 外觀 　　　　　　(b) 接腳圖 　　　　(c) 內部接線與資料位元對映

圖 9-3　串列式 8×8 矩陣型 LED 顯示模組

　　如圖 9-3(c)所示內部接線與資料位元對映，位元值為邏輯 1 則該行對映的 LED 點亮，位元值為邏輯 0 則該行對映的 LED 不亮。因此，字形 A 各行對應的位元資料如表 9-1 所示，C1 與 C8 相同、C2 與 C7 相同、C3 與 C6 相同、C4 與 C5 相同。

表 9-1　字形 A 各行對應的位元資料

行號	2 進資料	16 進資料	行號	2 進資料	16 進資料
C1	0b00000000	0x00	C5	0b00010001	0x11
C2	0b11111100	0xFC	C6	0b00010010	0x12
C3	0b00010010	0x12	C7	0b11111100	0xFC
C4	0b00010001	0x11	C8	0b00000000	0x00

9-2　實作練習

9-2-1　MAX7219 顯示器顯示靜態字元實習

🔵 功能說明

　　如圖 9-4 所示電路接線圖，使用 NodeMCU ESP32-S 開發板，控制 8×8 矩陣型 LED 顯示模組，顯示如圖 9-3(c)所示靜態字元 A。

電路接線圖

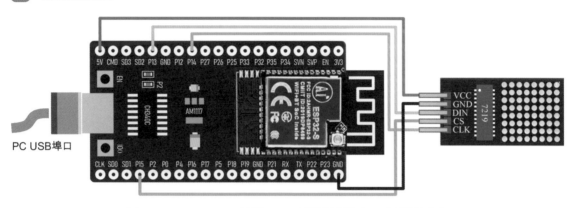

PC USB埠口

圖 9-4　MAX7219 矩陣 LED 顯示靜態字元實習電路圖

程式：ch9_1.py

`from machine import Pin,SPI`	#載入 machine 函式庫中的 Pin 及 SPI 類別。
`cs=Pin(15,Pin.OUT)`	#GPIO15 連接 MAX7219 的 CS 腳。
`spi=SPI(1,10000000)`	#建立 SPI 物件使用硬體 HSPI，傳輸率 10Mbps。
`DECODEMODE=const(9)`	#解碼模式(位址 9)。
`INTENSITY=const(10)`	#亮度控制(位址 10)。
`SCANLIMIT=const(11)`	#掃描限制(位址 11)。
`SHUTDOWN=const(12)`	#關閉模式(位址 12)。
`DISPLAYTEST=const(15)`	#顯示測試(位址 15)。
`font=(0x00,0xFC,0x12,0x11,0x11,0x12,0xFC,0x00)` #字形 A 資料。	
`def max7219(reg,data):`	#MAX7219 資料寫入函式。
`    cs.value(0)`	#致能 MAX7219 晶片。
`    spi.write(bytes([reg,data]))`	#將資料 data 寫入 MAX7219 暫存器 reg 中。
`    cs.value(1)`	#除能 MAX7219 晶片。
`def init():`	#MAX7219 初始化函式。
`    max7219(DECODEMODE,0xFF)`	#第 1~8 位使用 BCD 解碼模式。
`    max7219(INTENSITY,1)`	#亮度值為 1。
`    max7219(SCANLIMIT,7)`	#掃描八位數。
`    max7219(SHUTDOWN,1)`	#正常開啟模式。
`    max7219(DISPLAYTEST,0)`	#正常顯示模式。
`def show():`	#字元顯示函式。
`    for i in range(8):`	#寫入 8 位元組字形資料。
`        max7219(i+1,font[i])`	#字形資料寫入 max7219 暫存器 1~8。
`init()`	#初始化 MAX7219 顯示模組。
`show()`	#顯示字元 A。

1. 使用 NodeMCU ESP32-S 開發板，控制 8×8 矩陣型 LED 顯示如圖 9-5 所示小紅人。

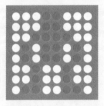

圖 9-5　小紅人

2. 接續上題，控制 8×8 矩陣型 LED 顯示小紅人，每秒閃爍一次。

9-2-2　MAX7219 顯示器顯示 0~9 實習

功能說明

　　如圖 9-6 所示數字 0~9 字形，使用位元對映方式定義字形資料，當位元值為邏輯 1 則 LED 點亮，位元值為邏輯 0 則 LED 不亮。以數字 2 為例，由左至右資料依序為 0x00、0x00、0x79、0x49、0x49、0x4F、0x00、0x00。

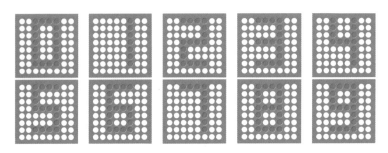

圖 9-6　數字 0~9 字形

　　如圖 9-7 所示電路接線圖，使用 NodeMCU ESP32-S 開發板、觸摸感測輸入 TOUCH7（GPIO27）及 8×8 矩陣型 LED 顯示器，完成計數器功能。手指每觸摸一下 TOUCH7，數字上數加 1，依序顯示如圖 9-6 所示數字 0~9。

電路接線圖

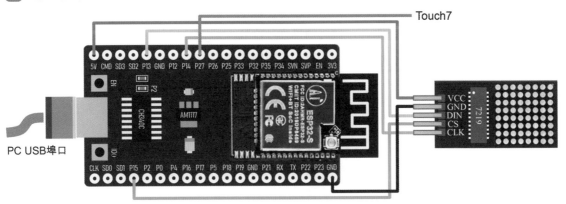

圖 9-7　MAX7219 矩陣 LED 顯示 0~9 實習電路圖

程式： ch9_2.py

```
from machine import Pin,SPI,TouchPad    #載入 Pin、SPI、TouchPad 類別。
import time                             #載入 time 函式庫。
sw=TouchPad(Pin(27))                    #使用觸摸感測輸入 TOUCH7。
cs=Pin(15,Pin.OUT)                      #GPIO15 連接 MAX7219 顯示器的 CS 腳。
spi=SPI(1,10000000)                     #建立 SPI 物件使用硬體 HSPI，傳輸率 10Mbps。
DECODEMODE=const(9)                     #解碼模式(位址 9)。
INTENSITY=const(10)                     #亮度控制(位址 10)。
SCANLIMIT=const(11)                     #掃描限制(位址 11)。
SHUTDOWN=const(12)                      #關閉模式(位址 12)。
DISPLAYTEST=const(15)                   #顯示測試(位址 15)。
val=0                                   #計數值。
num=((0x00,0x00,0x7F,0x41,0x41,0x7F,0x00,0x00),  #數字 0。
     (0x00,0x00,0x00,0x00,0x00,0x7F,0x00,0x00),  #數字 1。
     (0x00,0x00,0x79,0x49,0x49,0x4F,0x00,0x00),  #數字 2。
     (0x00,0x00,0x49,0x49,0x49,0x7F,0x00,0x00),  #數字 3。
     (0x00,0x00,0x0F,0x08,0x08,0x7F,0x00,0x00),  #數字 4。
     (0x00,0x00,0x4F,0x49,0x49,0x79,0x00,0x00),  #數字 5。
     (0x00,0x00,0x7F,0x49,0x49,0x79,0x00,0x00),  #數字 6。
     (0x00,0x00,0x01,0x01,0x01,0x7F,0x00,0x00),  #數字 7。
     (0x00,0x00,0x7F,0x49,0x49,0x7F,0x00,0x00),  #數字 8。
     (0x00,0x00,0x4F,0x49,0x49,0x7F,0x00,0x00))  #數字 9。
def max7219(reg,data):                  #MAX7219 資料寫入函式。
    cs.value(0)                         #致能 MAX7219 晶片。
    spi.write(bytes([reg,data]))        #將資料 data 寫入 MAX7219 暫存器 reg 中。
    cs.value(1)                         #除能 MAX7219 晶片。
```

`def init():`	#MAX7219 初始化函式。
`    max7219(DECODEMODE,0xFF)`	#第 1~8 位使用 BCD 解碼模式。
`    max7219(INTENSITY,1)`	#亮度值為 1。
`    max7219(SCANLIMIT,7)`	#掃描八位數。
`    max7219(SHUTDOWN,1)`	#正常開啟模式。
`    max7219(DISPLAYTEST,0)`	#正常顯示模式。
`def show(n):`	#字元顯示函式。
`    symbol=num[n]`	#取出計數值的字形資料。
`    for i in range(8):`	#寫入 8 位元組字形資料。
`        max7219(i+1,font[i])`	#將字形資料寫入 max7219 暫存器 1~8。
`init()`	#初始化 MAX7219 顯示模組。
`while True:`	#迴圈。
`    if(sw.read()<250):`	#手指觸摸 TOUCH7？
`        time.sleep_ms(200)`	#消除彈跳。
`        while(sw.read()<250):`	#等待手指放開。
`            time.sleep_ms(200)`	
`        val=val+1`	#數字加 1。
`        if(val>9):`	#超過 9？
`            val=0`	#重設計數值為 0。
`        show(val)`	#顯示數字。

練習

1. 接續範例，設計下數計數器。每觸摸一下 TOUCH7，計數值減 1，計數依序為：
   0➔9➔8➔7➔6➔5➔4➔3➔2➔1➔0。

2. 接續範例，設計一計時器。每觸摸一下 TOUCH7，動作依序：上數➔下數➔停止。

9-2-3 MAX7219 顯示器顯示動態字元實習

一 功能說明

　　常見的 8×8 矩陣型 LED 顯示器動態字元移位變化有左移、右移、上移、下移四種，無論是列移位或行移位，移動八次即會重覆，其工作原理如下說明。

1. 字元左移

　　如圖 9-8 所示字元左移變化，小括號內的數字標示移動順序，先將 font[0]的內容移入 temp 變數，再依次將 font[1]內容移入 font[0]，font[2]內容移入 font[1]，…，font[7] 內容移入 font[6]等，最後將 temp 內容移入 font[7]，畫面即會左移一行。

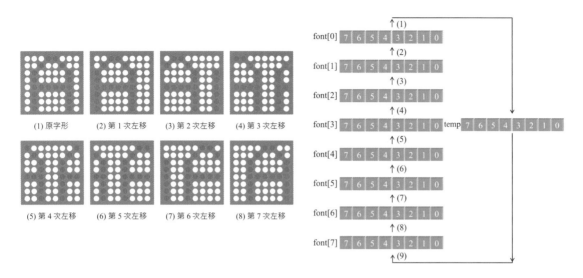

(a) 畫面變化　　　　　　　　　　(b) font 資料內容對映

圖 9-8　字元左移變化

2. 字元右移

　　如圖 9-9 所示字元右移變化，小括號內的數字標示移動順序，先將 font[7] 的內容移入 temp 變數，再依次將 font[6] 的內容移入 font[7]，font[5] 的內容移入 font[6]，……，font[0] 的內容移入 font[1] 等，最後將 temp 內容移入 font[0]，畫面即會右移一行。

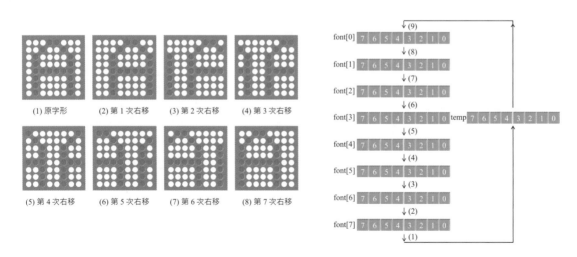

(a) 畫面變化　　　　　　　　　　(b) font 資料內容對映

圖 9-9　字元右移變化

3. 字元上移

　　如圖 9-10 所示字元上移變化，將 font[0] ~ font[7] 各行的內容右移一位元，畫面即會上移一列。因為微控制器執行速度快，各行內容的移位順序對人眼而言沒有時間差，幾乎是同步。

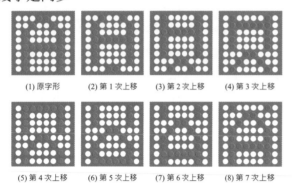

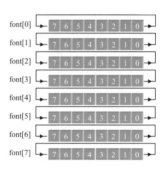

(a) 畫面變化　　　　　　　　　　(b) font 資料內容對映

圖 9-10　字元上移變化

4. 字元下移

　　如圖 9-11 所示字元下移變化，將 font[0] ~ font[7] 各行的內容左移一位元，畫面即會下移一列。因為微控制器執行速度快，各行的內容移位順序對人眼而言沒有時間差，幾乎是同步。

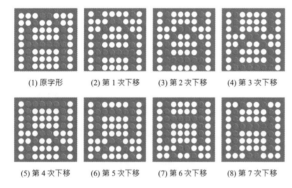

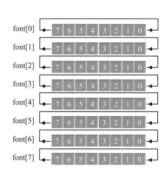

(a) 畫面變化　　　　　　　　　　(b) font 資料內容對映

圖 9-11　字元下移變化

　　如圖 9-7 所示電路接線圖，使用 TOUCH7 控制 8×8 矩陣型 LED 顯示器，顯示動態移位字元 A。每觸摸一下 TOUCH7，字元 A 移位狀態改變，動作依序為：左移➜右移➜停止。

二 電路接線圖

如圖 9-7 所示電路。

三 程式：ch9_3.py

```python
from machine import Pin,SPI,TouchPad    #載入 Pin、SPI 類別。
import time                              #載入 time 函式庫。
sw=TouchPad(Pin(27))                     #使用觸摸感測輸入 TOUCH7(GPIO27)。
cs=Pin(D8,Pin.OUT)                       #設定 GPIO15 為輸出模式，連接顯示器 CS 接腳。
spi=SPI(1,10000000)                      #建立 SPI 物件使用硬體 HSPI，傳輸率 10Mbps。
DECODEMODE=const(9)                      #解碼模式(位址 9)。
INTENSITY=const(10)                      #亮度控制(位址 10)。
SCANLIMIT=const(11)                      #掃描限制(位址 11)。
SHUTDOWN=const(12)                       #關閉模式(位址 12)。
DISPLAYTEST=const(15)                    #顯示測試(位址 15)。
fun=0                                    #按鍵值。
font=[0x00,0xFC,0x12,0x11,0x11,0x12,0xFC,0x00]    #字元 A 資料。
def max7219(reg,data):                   #MAX7219 資料寫入函式。
    cs.value(0)                          #致能 MAX7219 晶片。
    spi.write(bytes([reg,data]))         #將資料 data 寫入 MAX7219 暫存器 reg 中。
    cs.value(1)                          #除能 MAX7219 晶片。
def init():                              #MAX7219 初始化函式。
    max7219(DECODEMODE,0xFF)             #第 1~8 位使用 BCD 解碼模式。
    max7219(INTENSITY,1)                 #亮度值為 1。
    max7219(SCANLIMIT,7)                 #掃描八位數。
    max7219(SHUTDOWN,1)                  #正常開啟模式。
    max7219(DISPLAYTEST,0)               #正常顯示模式。
def show():                              #字元顯示函式。
    for i in range(8):                   #寫入 8 位元組字元 A 資料。
        max7219(i+1,font[i])             #字形資料寫入 max7219 暫存器 1~8。
def shiftLeft():                         #字元左移函式。
    temp=font[0]                         #詳見圖 9-9 說明。
    for i in range(7):                   #0~6。
        font[i]=font[i+1]                #左移一行。
    font[7]=temp                         #將第一行旋捲至最後一行。
def shiftRight():                        #字元右移函式。
    temp=font[7]                         #詳見圖 9-10 說明。
    for i in range(6,-1,-1):             #6~0。
        font[i+1]=font[i]                #右移一行。
    font[0]=temp                         #將最後一行旋捲至第一行。
```

init()	#LED 顯示模組初始化。
show()	#顯示字元 A。
while True:	#迴圈。
if(sw.read()<250):	#手指觸摸感測輸入 TOUCH7？
time.sleep_ms(200)	#消除彈跳。
while(sw.read()<250):	#等待放開手指。
time.sleep_ms(200)	#消除彈跳。
fun=fun+1	#按鍵序加 1。
if(fun>2):	#按鍵值大於 2。
fun=0	#清除按鍵值為 0。
if(fun==0):	#按鍵值為 0？
pass	#字元停止移位。
elif(fun==1):	#按鍵值為 1？
shiftLeft()	#字元左移。
show()	#更新顯示器。
time.sleep(1)	#每秒左移 1 行。
elif(fun==2):	#按鍵值為 2？
shiftRight()	#字元右移。
show()	#更新顯示器。
time.sleep(1)	#每秒右移 1 行。

練習

1. 接續範例，手指每觸摸一下 TOUCH7，顯示器動作依序：上移➜下移➜停止。
2. 接續範例，手指每觸摸一下 TOUCH7，顯示器動作依序：左移➜右移➜上移➜下移
➜停止。

9-2-4 MAX7219 顯示器顯示靜態字串實習

功能說明

當有多個 MAX7219 顯示器串接使用時，可以如圖 9-12 所示電路，將所有矩陣 LED
顯示器的 CLK、CS、VCC、GND 連接在一起，再將相鄰的 DO 及 DIN 連接在一起。微
控制器將字元資料由第 1 個 MAX7219 顯示器的信號輸入端 DIN 輸入，依序右移至第 2~4
個 MAX7219 顯示器。

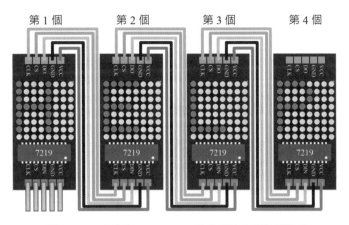

圖 9-12　四個 MAX7219 顯示器串接電路圖

　　以顯示 H、E、L、P 四個字元為例。傳送字元資料 H 至第 1 個顯示器時，第 1~3 次分別傳送 0 至 NOP 暫存器，第 4 次傳送字元 H 的第 1 行資料至 Digital 0 資料暫存器。此時只有第 1 個 MAX7219 顯示器可以收到資料，第 1~3 個顯示器不會工作。重複上述動作八次，依序將字元 H 第 1~8 行資料存入 MAX7219 的 Digital 0~7 資料暫存器中。

　　傳送字元資料 E 至第 2 個顯示器時，第 1~2 次分別傳送 0 至 NOP 暫存器，第 3 次傳送字元 E 的第 1 行資料至 Digital 0 資料暫存器，第 4 次傳送 0 至 NOP 暫存器。此時只有第 2 個 MAX7219 顯示器可以收到資料，第 1、3、4 個顯示器不會工作。重複上述動作八次，依序將字元 E 第 1~8 行資料存入 MAX7219 的 Digital 0~7 資料暫存器中。

　　傳送字元資料 L 至第 3 個顯示器時，第 1 次傳送 0 至 NOP 暫存器，第 2 次傳送字元 L 的第 1 行資料至 Digital 0 資料暫存器，第 3~4 次傳送 0 至 NOP 暫存器。此時只有第 3 個 MAX7219 顯示器可以收到資料，第 1、2、4 個顯示器不會工作。重複上述動作八次，依序將字元 L 第 1~8 行資料存入 MAX7219 的 Digital 0~7 資料暫存器中。

　　傳送字元資料 P 至第 4 個顯示器時，第 1 次傳送字元 P 的第 1 行資料至 Digital0 資料暫存器，第 2~4 次依序傳送 0 至 NOP 暫存器。此時只有第 4 個 MAX7219 顯示器可以收到資料，第 1~3 個顯示器不會工作。重複上述動作八次，依序將字元 P 第 1~8 行資料存入 MAX7219 的 Digital 0~7 資料暫存器中。

　　如圖 9-13 所示電路接線圖，使用四個 MAX7219 顯示器，分別顯示 H、E、L、P 四個字元。完整 ASCII 0x20~0x7F 的字元資料碼，儲存在 / ch9 / font5x8.py 中。**必須先上傳到 MicroPython 設備中，再使用指令「from font5x8 import ＊」，將其載入到程式 ch9_4.py 中，才能正常工作**。在 ch9 / ch9_4.py 程式中的函式 max7219（index, reg, data）有三個參數，index 參數表示第 1~4 個 MAX7219 顯示器、reg 參數表示 MAX7219 的暫存器、data 參數表示要寫入 reg 暫存器的資料。

二 電路接線圖

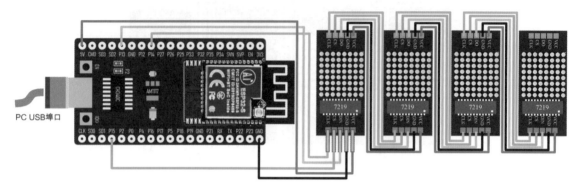

圖 9-13　MAX7219 矩陣 LED 顯示靜態字串實習電路圖

三 程式：ch9_4.py

`from machine import Pin,SPI`	#載入 machine 函式庫中的 Pin 及 SPI 類別。
`from font5x8 import *`	#載入 ASCII 字形檔 font5x8.py。
`cs=Pin(D8,Pin.OUT)`	#設定 GPIO15 為輸出模式，連接顯示器 CS 腳。
`spi=SPI(1,10000000)`	#建立 SPI 物件使用硬體 HSPI，傳輸率 10Mbps。
`NOP=const(0)`	#不工作（位址 0）。
`DECODEMODE=const(9)`	#解碼模式（位址 9）。
`INTENSITY=const(10)`	#亮度控制（位址 10）。
`SCANLIMIT=const(11)`	#掃描限制（位址 11）。
`SHUTDOWN=const(12)`	#關閉模式（位址 12）。
`DISPLAYTEST=const(15)`	#顯示測試（位址 15）。
`msg="HELP"`	#顯示字串。
`def max7219(index,reg,data):`	#MAX7219 資料寫入函式。
`    cs.value(0)`	#致能 MAX7219。
`    for i in range(3,index,-1):`	#index<i≤3。
`        spi.write(bytes([NOP,0]))`	#傳送 0 至 NOP 暫存器。
`    spi.write(bytes([reg,data]))`	#傳送字元資料至 Digital0~7 暫存器。
`    for i in range(index,0,-1):`	#0<i≤index。
`        spi.write(bytes([NOP,0]))`	#傳送 0 至 NOP 暫存器。
`    cs.value(1)`	#除能 MAX7219。
`def init():`	#MAX7219 顯示器初始化函式。
`    for i in range(4):`	#4 個字元。
`        max7219(i,DECODEMODE,0xFF)`	#第 1~8 位使用 BCD 解碼模式。
`        max7219(i,INTENSITY,1)`	#亮度值為 1。
`        max7219(i,SCANLIMIT,7)`	#掃描八位數。
`        max7219(i,SHUTDOWN,1)`	#正常開啟模式。
`        max7219(i,DISPLAYTEST,0)`	#正常顯示模式。

```
def clear():                            #MAX7219 顯示器清除函式。
    for i in range(4):                  #4 個字元。
        for j in range(8):              #每個字元 8 行。
            max7219(i,j+1,0)            #清除。
def show():                             #MAX7219 顯示器顯示函式。
    for i in range(4):                  #4 個顯示器
        symbol=font[ord(msg[i])-0x20]  #將字元轉換成 ASCII 後，取出 5×8 字形資料。
        for j in range(5):              #每個顯示有 5 行有資料。
            max7219(i,j+1,symbol[j])   #將行資料寫入第 i 個顯示器。
init()                                  #MAX7219 顯示器初始化。
clear()                                 #清除 MAX7219 顯示器
```

練習

1. 使用 NodeMCU ESP32-S 開發板控制四個 MAX7219 顯示器，閃爍顯示 H、E、L、P。
2. 使用 NodeMCU ESP32-S 開發板控制四個 MAX7219 顯示器，閃爍顯示 h、e、l、p。

9-2-5 專題製作：MAX7219 字幕機

一 功能說明

　　字串移動與字元移動的基本原理相同，不同之處是**字元移動是一個字元重複移動變化**，對於 8×8 字元而言，list 物件有 8 個字元資料。**字串移動是多個字元移動變化，且每個字元不同**，對於 8×8 字元而言，同時顯示四個字元，list 物件有 4×8 個字元資料。因為 font5×8.py 所定義的字形資料是 5×8 字元，所以必須在每個字形資料後面補 3 個 0，變成 8×8 字元。

　　如圖 9-13 所示電路接線圖，使用四個 MAX7219 顯示器，動態左移顯示字串 "MicroPython"，每 0.1 秒左移一行。

二 電路接線圖

　　如圖 9-13 所示電路。

🗒 程式：ch9_5.py

`from machine import Pin,SPI`	#載入 machine 函式庫中的 Pin 及 SPI 類別。
`import time`	#載入 time 函式庫。
`from font5x8 import *`	#載入 font5x8.py 字形檔。
`cs=Pin(15,Pin.OUT)`	#GPIO15 連接顯示器的 CS 接腳。
`spi=SPI(1,10000000)`	#建立 SPI 物件使用硬體 HSPI，傳輸率 10Mbps。
`NOP=const(0)`	#不工作 (位址 0)。
`DECODEMODE=const(9)`	#解碼模式 (位址 9)。
`INTENSITY=const(10)`	#亮度控制 (位址 10)。
`SCANLIMIT=const(11)`	#掃描限制 (位址 11)。
`SHUTDOWN=const(12)`	#關閉模式 (位址 12)。
`DISPLAYTEST=const(15)`	#顯示測試 (位址 15)。
`msg="HELP"`	#顯示字串。
`buf=[]`	#顯示緩衝區。
`def max7219(index,reg,data):`	#MAX7219 資料寫入函式。
`    cs.value(0)`	#致能 MAX7219。
`    for i in range(3,index,-1):`	#index<i≤3。
`        spi.write(bytes([NOP,0]))`	#傳送 0 至 NOP 暫存器。
`    spi.write(bytes([reg,data]))`	#傳送字元資料至 Digital0~7 暫存器。
`    for i in range(index,0,-1):`	#0<i≤index。
`        spi.write(bytes([NOP,0]))`	#傳送 0 至 NOP 暫存器。
`    cs.value(1)`	#除能 MAX7219。
`def init():`	#MAX7219 顯示器初始化函式。
`    for i in range(4):`	#4 個字元。
`        max7219(i,DECODEMODE,0xFF)`	#第 1~8 位使用 BCD 解碼模式。
`        max7219(i,INTENSITY,1)`	#亮度值為 1。
`        max7219(i,SCANLIMIT,7)`	#掃描八位數。
`        max7219(i,SHUTDOWN,1)`	#正常開啟模式。
`        max7219(i,DISPLAYTEST,0)`	#正常顯示模式。
`def clear():`	#MAX7219 顯示器清除函式。
`    for i in range(4):`	#4 個字元。
`        for j in range(8):`	#每個字元 8 行。
`            max7219(i,j+1,0)`	#清除。
`def show():`	#MAX7219 顯示器顯示函式。
`    for i in range(4):`	#4 個顯示器
`        symbol=font[ord(msg[i])-0x20]`	#將字元轉換成 ASCII 後，取出 5x8 字形資料。
`        for j in range(5):`	#每個顯示有 5 行有資料。
`            max7219(i,j+1,symbol[j])`	#將行資料寫入第 i 個顯示器。
`def shiftLeft():`	#字串移位函式。
`    temp=buf[0]`	

`    for i in range(n):`	#字串有 n 個字元。
`        for j in range(8):`	#每個字元 8 行。
`            buf[i*8+j-1]=buf[i*8+j]`	#由右向左移位。
`    buf[n*8-1]=temp`	#字串移動至最後字元後，再接第一個字元。
`def mov2buf():`	#
`    for i in range(n):`	#字串有 n 個字元。
`        a=font[ord(msg[i])-0x20]`	#查表取出字元的字形資料。
`        buf.extend(a)`	#存入顯示緩衝區 buf 中。
`        for j in range(3):`	#每個字元的字形資料為 5x8，補成 8x8 字形。
`            buf.append(0)`	#補 3 行空白。
`n=len(msg)`	#計算字串的字元長度。
`mov2buf()`	#取出字串中每個字元的字形資料並存入 buf。
`init()`	#MAX7219 顯示器初始化。
`clear()`	#清除 MAX7219 顯示器
`while True:`	#迴圈。
`    show()`	#顯示字串的四個字元。
`    shiftLeft()`	#字串左移。
`    time.sleep(0.1)`	#每 0.1 秒左移一次。

 練習

1. 使用 NodeMCU ESP32-S 開發板控制四個 MAX7219 顯示器，動態左移顯示字串 "MicroPython"，每 0.1 秒左移一行。

2. 使用 NodeMCU ESP32-S 開發板控制四個 MAX7219 顯示器，動態左移反白顯示字串 "MicroPython"，每 0.1 秒左移一行。

CHAPTER

10

液晶顯示器互動設計

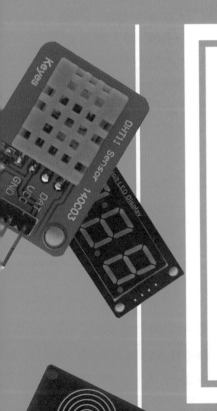

10-1 認識液晶顯示器

液晶顯示器（Liquid Crystal Display，簡稱 LCD）是目前使用最廣泛的顯示裝置之一，應用範圍如計算機、電子儀器、事務機器、電器產品、筆記型電腦等。LCD 本身不會發光，必須藉由外界光線的反射才能看見圖像。所以在夜間使用時，需要在 LCD 背面加裝光源，稱為**背光（back light）**，一般常使用較省電的 LED 作為背光元件。LCD 以低電壓驅動，消耗功率小，非常省電。如果要使用 LCD 顯示大小寫英文字、數字及特殊符號等字形，必須將 LCD 以點陣方式排列，再以掃描驅動電路來驅動 LCD 工作。因此，許多 LCD 製造商都會將 LCD 與掃描驅動電路組裝成 LCD 模組（LCD module，簡稱 LCM）出售。

10-1-1 LCD 模組接腳說明

LCD 模組依其功能可以分為文字形（character type）與繪圖型（graphic type）兩種，文字形 LCD 模組可以讓使用者自行定義字元，但是沒有繪圖能力。如圖 10-1 所示文字形 LCD 模組，有 1602（16 字×2 列），2002（20 字×2 列），4002（40 字×2 列）等三種型號，均為 16 腳包裝，其中第 15 腳為背光 LED 的正極，第 16 腳為背光 LED 的負極。因為文字形 LCD 模組使用 8 位元匯流排 DB0~DB7，因此又稱為**並列式 LCD 模組**。

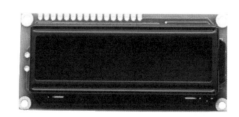

圖 10-1　文字形（並列式）LCD 模組

1. LCD 模組內部結構

如圖 10-2 所示 1602 LCD 模組內部結構，包含 3 支電源接腳、3 支控制接腳及 8 支資料匯流排及 2 支背光 LED 接腳。LCD 模組使用 HD44780 控制晶片，每個字元大小為 5×8 點陣，所以兩列顯示需要使用 16 條（8 點×2 列）掃描線，而每列 16 字，需要有 80 條（5 點×16 字）節（segment）控制線。

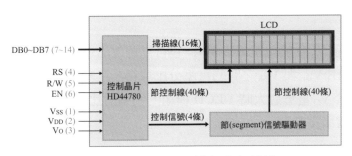

圖 10-2　1602 LCD 模組內部結構

2. LCD 模組接腳說明

如表 10-1 所示 LCD 模組接腳說明，包含**電源** V_{DD}、V_{SS} 及明暗對比控制 V_O 接腳，**控制信號** RS、 R/$\overline{W}$、EN，**資料匯流排**（data bus，簡稱 DB）DB0~DB7 及**背光 LED** 接腳 A、K 等四個部分。

表 10-1　LCD 模組接腳說明

接腳	符號	輸入/輸出(I/O)	功能說明
1	V_{SS}	I	接地腳。
2	V_{DD}	I	+5V 電源。
3	V_O	I	顯示明暗對比控制。
4	RS	I	RS=0：選擇指令暫存器，RS=1：選擇資料暫存器。
5	R/$\overline{W}$	I	R/$\overline{W}$=0：將資料寫入 LCD 模組中。 R/$\overline{W}$=1：自 LCD 模組讀取資料。
6	EN	I	致能（enable）LCD 模組動作。
7	DB0	I / O	資料匯流排（LSB）
8	DB1	I / O	資料匯流排
9	DB2	I / O	資料匯流排
10	DB3	I / O	資料匯流排
11	DB4	I / O	資料匯流排（四線控制使用）
12	DB5	I / O	資料匯流排（四線控制使用）
13	DB6	I / O	資料匯流排（四線控制使用）
14	DB7	I / O	資料匯流排（四線控制使用）（MSB）
15	A	I	背光 LED 正極（Anode）
16	K	I	背光 LED 負極（Cathode）

(1) 電源接腳

如圖 10-3 所示 LCD 模組電源接線圖，包含電源 V_{DD}、接地 V_{SS} 及明暗對比（contrast）控制腳 V_O。V_O 經由 V_{DD} 與 V_{SS} 之間的電壓分壓取得，當 V_O 電壓愈小，LCD 模組的明暗對比愈強，反之當 V_O 電壓愈大時，LCD 模組的明暗對比愈弱。我們也可以**使用微控制器輸出 PWM 信號來控制 V_O**。

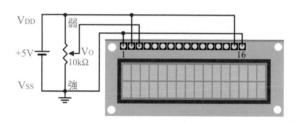

圖 10-3　LCD 模組電源接線圖

(2) 控制接腳

如表 10-2 所示 LCD 模組控制腳設定，LCD 模組有 RS、 R/$\overline{W}$ 及 EN 三支控制腳。EN 為致能腳，EN=0 時 LCD 模組不工作，EN=1 時 LCD 模組工作。R/$\overline{W}$ 為讀寫控制腳，R/$\overline{W}$=0 時可將指令或資料寫入 LCD 模組中，R/$\overline{W}$=1 時可自 LCD 模組讀取資料。RS 為暫存器選擇，RS=0 時選擇指令暫存器，RS=1 時選擇資料暫存器。

表 10-2　LCD 模組控制腳設定

EN	RS	R/$\overline{W}$	功用
1	0	0	將指令碼寫入 LCD 模組的指令暫存器 IR 並執行。
1	0	1	讀取忙碌旗標 BF 及位址計數器 AC 的內容。
1	1	0	將資料寫入 LCD 模組的資料暫存器 DR 中。
1	1	1	從 LCD 模組的資料暫存器 DR 讀取資料。

(3) 匯流排接腳

LCD 模組使用 8 位元匯流排 DB7~DB0 來傳送指令或資料。當微控制器的 I/O 接腳不夠時，可以使用 4 位元匯流排 DB7~DB4 來傳送，**先傳送位元組資料的高四位元資料，再傳送低四位元資料**。

10-1-2　LCD 模組內部記憶體

1. 顯示資料記憶體

在 HD44780 晶片中只有 80 個位元組的顯示資料記憶體（display data RAM，簡稱 DD RAM），因此最多只能顯示 80 個字元。如表 10-3 所示 LCD 模組 DD RAM 與顯示位置對映，第 0 列起始位址是 0x00，第 1 列起始位址是 0x40，**第 0 列與第 1 列位址並不連續**。DD RAM 位址設定指令碼 DB7=1，DB6~DB0 為位址。因此設定第 0 列、第 0 行的位址指令碼等於 0x80，而第 1 列、第 0 行的位址指令碼等於 0xC0。

表 10-3　LCD 模組 DD RAM 與顯示位置對映

行	0	1	2	3	...	12	13	14	15
第 0 列	0x00	0x01	0x02	0x03	...	0x0C	0x0D	0x0E	0x0F
第 1 列	0x40	0x41	0x42	0x43	...	0x4C	0x4D	0x4E	0x4F

(a) 1602 (16 字×2 列)

行	0	1	2	3	...	16	17	18	19
第 0 列	0x00	0x01	0x02	0x03	...	0x10	0x11	0x12	0x13
第 1 列	0x40	0x41	0x42	0x43	...	0x50	0x51	0x52	0x53

(b) 2002 (20 字×2 列)

行	0	1	2	3	...	36	37	38	39
第 0 列	0x00	0x01	0x02	0x03	...	0x24	0x25	0x26	0x27
第 1 列	0x40	0x41	0x42	0x43	...	0x64	0x65	0x66	0x67

(c) 4002 (40 字×2 列)

2. 字元產生器

如表 10-4 所示 LCD 模組字形碼，包含**內建字形碼**及**自建字形碼**兩個部。內建字形包含大小寫英文字、數字、符號、日文字等共 192 個 5×7 字形，內建字形資料儲存在字形產生器唯讀記憶體（character generator ROM，簡稱 CG ROM）。自建字形最多可以自建 8 個 5×7 字形，位址 0~7 與位址 8~15 的內容相同。自建字形資料儲存在字形產生器隨機存取記憶體（character generator RAM，簡稱 CG RAM）。

表 10-4　LCD 模組字形碼

高四位元

低四位元

10-2　串列式 LCD 模組

　　如圖 10-4 所示 I2C 串列式 LCD 模組，是將圖 10-4(a) 所示的 I2C 轉並列介面模組與圖 10-1 所示並列式 LCD 模組結合而成。只須使用 SCL 及 SDA 兩支控制腳，相較於並列式 LCD 模組，串列式 LCD 模組接線更簡單。

(a) I2C 轉並列介面模組

(b) I2C 串列式 LCD 模組背面

圖 10-4　I2C 串列式 LCD 模組

如圖 10-4(a)所示 I2C 轉並列介面模組，使用 Philips 公司生產的 PCF8574 晶片，可以將 I2C 介面轉換成 8 位元並列介面，工作電壓範圍 2.5V~6V，待機電流 10μA。PCF8574 晶片的 I2C 介面相容多數的微控制器，輸出電流可以直接驅動 LCD。在 I2C 轉並列介面模組的左側短路夾是用來控制 LCD 模組的背光源，短路時開啟（ON）背光源、開路時關閉（OFF）背光源。右側電位器可調整 LCD 模組的顯示明暗對比。

I2C 轉並列模組介面使用 SCL 及 SDA 二線來傳輸資料，為開汲極（Open Drain）結構，輸出必須分別**串接 4.7kΩ 上拉電阻至電源 5V**，才能正常工作，市售多數 I2C 介面模組已內建上拉電阻。如下所示範例程式 ch10 / ch10_0.py 可用來測試 I2C 設備。

範例 ch10/ch10_0.py

```
from machine import Pin,I2C                        #載入 Pin 及 I2C 類別。
i2c = I2C(scl=Pin(5), sda=Pin(4), freq=100000)    #建立 I2C 物件。
devices = i2c.scan()                               #掃描 I2C 設備。
if len(devices) == 0:                              #未掃描到任何 I2C 設備？
        print("No i2c device !")                   #顯示提示字串。
else:                                              #檢測到 1 個以上的 I2C 設備。
        print('i2c devices :',len(devices))        #顯示 I2C 設備數量。
for device in devices:                             #顯示所有 I2C 設備位址。
        print("i2c address :",hex(device))         #顯示 I2C 設備位址。
```

結果

```
i2c devices : 1
i2c address : 0x27
```

10-3 函式說明

在使用 ESP8266 或 ESP32 開發板控制 I2C 串列式 LCD 模組之前，必須先**下載 i2c_lcd.py 及 lcd_api.py 兩個函式庫**，是由 Dave Hylands 所開發及維護。下載完成後，再利用 Thonny IDE 將兩個函式庫加入 MicroPython 設備中，LCD 模組才能正確工作。i2c_lcd.py 函式庫主要功用是設定 I2C 接腳、LCD 初始化、寫入指令或資料至 LCD。而 lcd_api.py 函式庫主要功用是 LCD 的基本功能操作，如設定游標、顯示字元等。

在使用函式庫中的函式功能前，必須先建立一個 lcd 物件，參數內容包含 SCL 及 SDA 所使用的 GPIO 接腳、I2C 工作頻率 freq、I2C 的位址 I2C_ADDR、LCD 總列數 Rows、及 LCD 總行數 Columns。**I2C 串列式 LCD 模組的位址在出廠前已預設為 0x27，不可更改。**

格式 lcd = I2cLcd(i2c, I2C_ADDR, Rows, Columns)

範例

`from i2c_lcd import I2cLcd`	#載入 I2cLcd 類別。
`I2C_ADDR = 0x27`	#串列式 LCD 模組的 I2C 位址。
`Rows = 2`	#2 行。
`Columns = 16`	#16 列。
`i2c = I2C(scl=Pin(5), sda=Pin(4), freq=100000)`	#設定 LCD 所使用的 I2C 接腳。
`lcd = I2cLcd(i2c, I2C_ADDR, Rows, Columns)`	#建立物件 lcd。

如表 10-5 所示為 lcd_api.py 函式庫的方法說明，包含清除 LCD、游標顯示開關、游標閃爍開關、顯示器開關、設定游標位置、顯示字元、顯示字串、建立自建字形等。其中顯示字元函式 putchar(char) 的 char 參數，可以直接使用字元或是以 chr() 函式將字形碼先轉成字元再顯示。例如顯示字元 'A'，指令如下：

`lcd.putchar(chr(0x41))`	#顯示字元'A'。
或　`lcd.putchar('A')`	#顯示字元'A'。

表 10-5　lcd_api.py 函式庫的方法說明

方法	功用	參數
clear()	清除 LCD、游標歸位左上角。	無。
show_cursor()	顯示游標。	無。
hide_cursor()	隱藏游標（預設）。	無。
blink_cursor_on()	開啟游標閃爍功能。	無。

方法	功用	參數
blink_cursor_off()	關閉游標閃爍功能（預設）。	無。
display_on()	開啟顯示器（預設）。	無。
display_off()	關閉顯示器。	無。
move_to(x, y)	設定游標位置。	x：行號 0 ~ 39，y：列號 0 ~ 3
putchar(char)	顯示字元。	char：字元。
putstr(string)	顯示字串。	string：字串。
custom_char(location, charmap)	建立自建字形。	location：字形碼 0 ~ 7。 charmap：8Bytes 字形資料。

10-4 實作練習

10-4-1 顯示內建字元實習

▉ 功能說明

如圖 10-5 所示電路接線圖，使用 NodeMCU ESP32-S 開發板，控制 I2C 串列式 LCD 模組，在第 0 列中間位置顯示字串 "hello, Python"。

▉ 電路接線圖

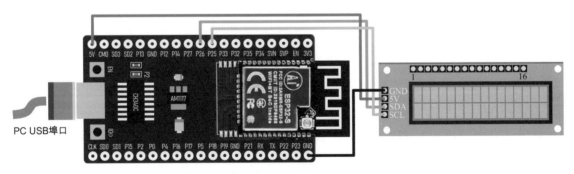

圖 10-5　顯示內建字元實習電路圖

▉ 程式：ch10_1.py

```
from machine import Pin,I2C          #載入 machine 函式庫中的 Pin 及 I2C 類別。
from lcd_api import LcdApi           #載入 LcdApi 函式。
from i2c_lcd import I2cLcd           #載入 I2cLcd 函式。
I2C_ADDR = 0x27                      #串列式 LCD 模組的 I2C 位址。
```

`Rows = 2`	#2 列。
`Columns = 16`	#每列 16 個字元。
`msg = "hello,Python"`	#定義字串。
`i2c = I2C(1,freq=400000)`	#使用 id=1 的硬體 I2C。
`lcd = I2cLcd(i2c,I2C_ADDR,Rows,Columns)`	#建立 I2C 物件 lcd。
`lcd.clear()`	#清除 LCD 顯示器。
`xPos = int((Columns-len(msg))/2)`	#計算 X 座標。
`lcd.move_to(xPos,0)`	#設定座標位置。
`lcd.putstr(msg)`	#在第 0 列中間位置顯示字串。

練習

1. 使用 NodeMCU ESP32-S 開發板，控制 i2c 串列式 LCD 模組，依序在第 0 列顯示大寫英文字母 A~Z，在第 1 列顯示對應的 10 進制 ASCII 碼。
2. 使用 NodeMCU ESP32-S 開發板，控制 i2c 串列式 LCD 模組，依序在第 0 列顯示大寫英文字母 A~Z，在第 1 列顯示對應的 16 進制 ASCII 碼。

10-4-2 字串移位實習

一 功能說明

如圖 10-5 所示電路接線圖，使用 NodeMCU ESP32-S 開發板，控制 I2C 串列式 LCD 模組。在第 0 列的中間位置顯示自己的學號「1234567890」，在第 1 列、第 0 行位置顯示字串 "Python"，每 0.1 秒向左移位 1 個字元。

二 電路接線圖

如圖 10-5 所示電路。

三 程式：ch10_2.py

`from machine import Pin,I2C`	#載入 machine 函式庫中的 Pin 及 I2C 類別。
`from lcd_api import LcdApi`	#載入 LcdApi 函式。
`from i2c_lcd import I2cLcd`	#載入 I2cLcd 函式。
`import time`	#載入 time 函式庫。
`I2C_ADDR = 0x27`	#串列式 LCD 模組的 I2C 位址。
`Rows = 2`	#共 2 列。
`Columns = 16`	#每列 16 個字元。
`msg1 = "1234567890"`	#第 0 列顯示字串。
`msg2 = "Python"`	#第 1 列顯示字串。

```
buf = []                                    #移位緩衝區。
i2c = I2C(1,freq=400000)                     #使用 id=1 的硬體 I2C。
lcd = I2cLcd(i2c, I2C_ADDR, Rows, Columns)   #建立 I2C 物件 lcd。
def mov2buf():                               #字串複製函式。
    n = len(msg2)                            #計算字串 msg2 的長度。
    for i in range(n):                       #n 個字元。
        a = list(msg2[i])                    #將字串 msg2 轉換成 list。
        buf.extend(a)                        #複製到 buf 中。
    for i in range(n,16):                    #(16-n)個字元。
        buf.append(chr(32))                  #補 (16-n)個空白字元。
def shiftLeft():                             #字串左移函式。
    temp = buf[0]                            #保存
    for i in range(15):                      #由左而右依序左移。
        buf[i] = buf[i+1]                    #字元左移。
    buf[15] = temp                           #將第一個字元左旋捲至最後一個字元位置。
mov2buf()                                    #複製字串 msg2 到 buf 中。
lcd.clear()                                  #清除 LCD 顯示器。
xPos = int((Columns-len(msg1))/2)            #計算顯示字串 msg1 的 X 座標。
lcd.move_to(xPos,0)                          #設定座標。
lcd.putstr(msg1)                             #顯示字串 msg1。
while True:                                  #迴圈。
    lcd.move_to(0,1)                         #設定座標在第 0 行、第 1 列。
    for i in range(16):                      #16 個字元。
        lcd.putchar(buf[i])                  #顯示 buf 內容。
    shiftLeft()                              #左移 1 個字元。
    time.sleep(0.1)                          #延遲 0.1 秒。
```

練習

1. 接續範例，第 0 列不變，第 1 列顯示字串「Python」，且每 0.1 秒右移 1 個字元。
2. 接續範例，第 1 列顯示字串「Python」，右移至最右、再左移至最左來回移動。

10-4-3 0~9 計時器實習

一 功能說明

如圖 10-5 所示電路接線圖，使用 NodeMCU ESP32-S 開發板，控制 I2C 串列式 LCD 模組。第 0 列、第 0 行顯示字串 "Count"，第 1 列、第 0 行顯示一位計數值 0~9，計數值每秒上數加 1。

二 電路接線圖

如圖 10-5 所示電路。

三 程式：ch10_3.py

```
from machine import Pin,I2C              #載入 machine 函式庫中的 Pin 及 I2C 類別。
from lcd_api import LcdApi               #載入 LcdApi 函式。
from i2c_lcd import I2cLcd               #載入 I2cLcd 函式。
import time                             #載入 time 函式庫。
I2C_ADDR = 0x27                         #串列式 LCD 模組的 I2C 位址。
Rows = 2                                #2 列。
Columns = 16                            #每列 16 個字元。
msg = "Count"                           #字串 msg 賦值。
n = 0                                   #計數值。
i2c = I2C(scl=Pin(5), sda=Pin(4), freq=400000)    #使用 id=1 的硬體 I2C。
lcd = I2cLcd(i2c, I2C_ADDR, Rows, Columns)    #建立 I2C 物件 lcd。
lcd.clear()                            #清除 LCD 顯示器。
lcd.putstr(msg)                        #顯示字串 msg。
while True:                            #迴圈。
    lcd.move_to(0,1)                   #設定座標在第 0 行、第 1 列。
    lcd.putchar(chr(n+0x30))           #顯示計數值。
    n = n + 1                          #計數值加 1。
    if(n > 9):                         #計數值大於 9？
        n = 0                          #清除計數值為 0。
    time.sleep(1)                      #計數值每秒上數加 1。
```

練習

1. 接續範例，第 0 列不變，第 1 列顯示兩位計數值 00~99，每秒上數加 1。
2. 接續範例，第 0 列不變，第 1 列顯示 00:00~59:59，每秒上數加 1。

10-4-4 顯示自建字形實習

一 功能說明

文字形 LCD 模組提供使用者可以自建 8 個 5×7 字形，如圖 10-6 所示中文字年、月、日的字形定義，字形資料如圖右所示。每個字形需要使用 8 個位元組，每個位元組只使用位元 0~4，位元 5~7 不使用。當位元值為 1 時點亮，位元值為 0 時不亮。

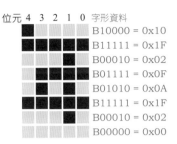
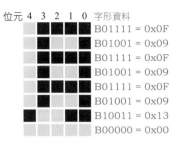
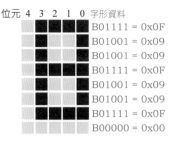

圖 10-6　中文字年、月、日字形定義

　　如圖 10-5 所示電路接線圖，使用 NodeMCU ESP32-S 開發板，控制 I2C 串列式 LCD 模組，顯示系統日期，例如 2023 年 03 月 04 日。本例使用 time 函式庫的 localtime()方法來讀取系統日期及時間，資料型態為 tuple，共有 8 個元素如下所示。year 為西元年，mon 為月份 1~12，day 為日 1~31。hour 為時 0~23，min 為分 0~59，sec 為為秒 0~59。wday 為星期 0~6，其中 0 代表星期一、1 代表星期二，餘依此類推。yday 為從每年的 1 月 1 日開始的天數，1 代表 1 月 1 日，2 代表 1 月 2 日，餘依此類推。

格式 (year, mon, day, hour, min, sec, wday, yday)

範例

`import time`	#載入 time 函式庫。
`now = time.localtime()`	#讀取現在時間。
`print(now)`	#顯示現在時間。

結果

```
(2023, 3, 4, 20, 58, 30, 5, 63)
```

二 電路接線圖

　　如圖 10-5 所示電路。

三 程式：ch10_4.py

`from machine import Pin,I2C`	#載入 machine 函式庫中的 Pin 及 I2C 類別。
`from lcd_api import LcdApi`	#載入 LcdApi 函式。
`from i2c_lcd import I2cLcd`	#載入 I2cLcd 函式。
`import time`	#載入 time 函式庫。
`I2C_ADDR = 0x27`	#串列式 LCD 模組的 I2C 位址。
`Rows = 2`	#2 列。
`Columns = 16`	#每列 16 個字元。
`year = [0x10,0x1F,0x02,0x0F,0x0A,0x1F,0x02,0x00]`	#年。
`month = [0x0F,0x09,0x0F,0x09,0x0F,0x09,0x13,0x00]`	#月。
`day = [0x0F,0x09,0x09,0x0F,0x09,0x09,0x0F,0x00]`	#日。

`i2c = I2C(s1, freq=400000)`	#使用 id=1 的硬體 I2C。
`lcd = I2cLcd(i2c, I2C_ADDR, Rows, Columns)`	#建立 lcd 物件。
`lcd.custom_char(0,year)`	#自建字形「年」。
`lcd.custom_char(1,month)`	#自建字形「月」。
`lcd.custom_char(2,day)`	#自建字形「日」。
`def disp_date(now):`	#日期顯示函式。
`    lcd.putstr("20")`	#顯示「年」的千位及百位數值。
`    lcd.putchar(chr(now[0]%100//10+0x30))`	#顯示「年」的十位數值。
`    lcd.putchar(chr(now[0]%100%10+0x30))`	#顯示「年」的個位數值。
`    lcd.putchar(chr(0))`	#顯示「年」的中文字。
`    lcd.putchar(chr(now[1]//10+0x30))`	#顯示「月」的十位數值。
`    lcd.putchar(chr(now[1]%10+0x30))`	#顯示「月」的個位數值。
`    lcd.putchar(chr(1))`	#顯示「月」的中文字。
`    lcd.putchar(chr(now[2]//10+0x30))`	#顯示「日」的十位數值。
`    lcd.putchar(chr(now[2]%10+0x30))`	#顯示「日」的個位數值。
`    lcd.putchar(chr(2))`	#顯示「日」的中文字。
`lcd.clear()`	#清除 LCD 顯示器。
`now=time.localtime()`	#讀取系統日期及時間。
`disp_date(now)`	#顯示系統日期。

1. 使用 NodeMCU ESP32-S 開發板，控制 I2C 串列式 LCD 模組，在第 0 行、第 0 列顯示系統日期，在第 0 行第 1 列顯示 "I ♥ Python"，請自建如圖 10-7 所示愛心符號 "♥"。

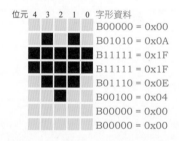

圖 10-7　愛心符號自建字形

2. 接續上題，第 0 列、第 1 行顯示字串 "I ♥ Python"，每 0.1 秒左移一個字元。

10-4-5 專題製作：數字時鐘

一 功能說明

在 ESP8266 及 ESP32 晶片內部有一個實時時鐘（real time clock，簡稱 RTC），可以使用 machine 函式庫中的 RTC 類別，來設定或讀取 RTC 的日期及時間。設定 RTC 的日期時間格式如下所示，datetime() 函式內的參數使用 tuple 資料型態的 8 個元素（年、月、日、星期、時、分、秒、毫秒）。「星期」使用數字 0 到 6 來表示星期一到星期日，例如數字 0 表示星期一、數字 1 表示星期二。讀取 RTC 日期時間時，datetime() 函式不需要參數，將會傳回 tuple 資料型態的 8 個元素（年、月、日、星期、時、分、秒、毫秒）。

格式 rtc.datetime((year,month,day,week,hours,minutes,seconds, subseconds))

範例 設定 RTC 的日期時間

```
from machine import RTC                        #載入 RTC 函式。
rtc = machine.RTC()                            #建立 RTC 物件。
rtc.datetime((2023, 3, 8, 2, 20, 50, 0, 0))   #設定 RTC 的日期時間。
t=rtc.datetime()                               #讀取 RTC 的日期時間。
print(t)                                       #顯示 RTC 的日期時間。
```

結果

```
(2023, 3, 8, 2, 20, 50, 0, 0)
```

如圖 10-9 所示電路接線圖，使用 NodeMCU ESP32-S 開發板、三個內建觸摸感測器 TOUCH5~TOUCH7 及 I2C 串列式 LCD 顯示器，完成數字時鐘專題。

觸摸鍵 TOUCH5（SW1）為功能鍵，每觸摸一下 TOUCH5 鍵，切換時間模式（TIME）及設定模式（SET）。如圖 10-8(a) 所示時間模式（TIME），LCD 第 0 列顯示格式為「年-月-日」，第 1 列顯示格式為「時：分：秒」，正常顯示。如圖 10-8(b) 所示設定模式（SET），停止動作，同時在個位年下面顯示游標。

(a) 時間模式 TIME

(b) 設定模式 SET

圖 10-8　觸摸鍵 TOUCH5 (SW1) 功能鍵

觸摸鍵 TOUCH6（SW2）為選擇鍵（SELECT），在設定模式（SET）下，每觸摸一下 TOUCH6（SW2）鍵，游標依序移位：年➜月➜日➜時➜分➜秒➜年，並且停留在個位數位置。

觸摸鍵 TOUCH7（SW3）為遞增鍵（INC），在設定模式（SET）下，每觸摸一下按鍵 TOUCH7（SW3）鍵，游標目前停留位置的數值會遞增加 1。年的設定範圍為 2000~2050，月的設定範圍為 1~12，日的設定範圍為 1~31，時的設定範圍為 00~23，分的設定範圍為 00~59，秒的設定範圍為 00~59。

二 電路接線圖

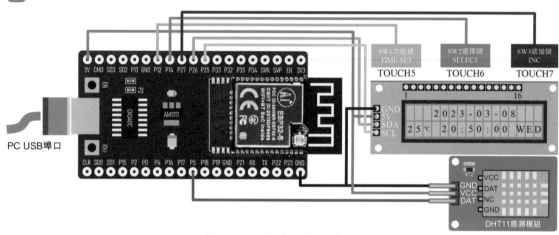

圖 10-9　數字時鐘電路圖

三 程式：ch10_5.py

```
from machine import Pin,I2C,RTC,TouchPad   #載入 Pin、I2C、RTC 及 TouchPad 類別。
from lcd_api import LcdApi                 #載入 LcdApi 函式。
from i2c_lcd import I2cLcd                 #載入 I2cLcd 函式。
import time                               #載入 time 函式庫。
sw1 = TouchPad(Pin(12))                   #TOUCH5 功能鍵。
sw2 = TouchPad(Pin(14))                   #TOUCH6 選擇鍵。
sw3 = TouchPad(Pin(27))                   #TOUCH7 遞增鍵。
I2C_ADDR = 0x27                           #串列 LCD 顯示模組的 I2C 位址。
Rows = 2                                  #2 列。
Columns = 16                              #16 行。
xPos = 6                                  #SW2 選擇鍵的初始游標 X 位置。
yPos = 0                                  #SW2 選擇鍵的初始游標 Y 位置。
func = False                              #SW1 功能鍵的預設值為顯示模式(TIME)。
t1 = (2023,3,8,0,20,50,0,0)               #預設日期及時間。
t2 = [0,0,0,0,0,0,0,0]                    #設定日期及時間。
```

```
rtc = RTC()                                      #建立 RTC 物件。
i2c = I2C(scl=Pin(5), sda=Pin(4), freq=400000)   #設定 I2C 的 SCL 及 SDA 腳。
lcd = I2cLcd(i2c, I2C_ADDR, Rows, Columns)       #LCD 初始化。
def disp_date_time(now):                         #日期及時間顯示函式。
    lcd.move_to(3,0)                             #從第 3 行、第 0 列開始顯示日期「年-月-日」。
    lcd.putstr("20")                             #顯示年的千位、百位。
    for i in range(3):                           #顯示「年-月-日」三種資料。
        lcd.putchar(chr(now[i]%100//10+0x30))    #顯示日期的十位數值。
        lcd.putchar(chr(now[i]%100%10+0x30))     #顯示日期的個位數值。
        if(i < 2):                               #日後面不顯示符號「-」。
            lcd.putchar('-')                     #在年及月的後面顯示符號「-」。
    lcd.move_to(4,1)                             #從第 4 行、第 1 列開始顯示時間「時:分:秒」。
    for i in range(4,7):                         #顯示「時:分:秒」三種資料。
        lcd.putchar(chr(now[i]//10+0x30))        #顯示時間的十位數值。
        lcd.putchar(chr(now[i]%10+0x30))         #顯示時間的個位數值。
        if(i < 6):                               #秒後面不顯示符號「:」。
            lcd.putchar(':')                     #在時及分的後面顯示符號「:」。
def save_date_time(now):                         #RTC 日期及時間儲存函式。
    for i in range(8):                           #儲存日期及時間。
        t2[i]=now[i]
rtc.datetime(t1)                                 #設定 RTC 日期及時間。
lcd.clear()                                      #清除 LCD 顯示器。
while True:
    if(sw1.read()<250):                          #觸摸 TOUCH5(功能鍵)?
        time.sleep_ms(200)                       #消除彈跳。
        func = not func                          #切換功能 TIME/SET。
        if(func==True):                          #設定模式(SET)?
            xPos=6                               #重設游標位置在「年」個位數下面。
            yPos=0
            lcd.move_to(xPos,yPos)               #設定游標位置。
            lcd.show_cursor()                    #顯示游標。
        else:                                    #顯示模式(TIME)。
            lcd.hide_cursor()                    #隱藏游標,日期及時間正常動作。
    elif(sw2.read()<250):                        #觸摸 TOUCH6(選擇鍵)?
        Time.sleep_ms(200)                       #消除彈跳。
        if(func==True):                          #目前為設定模式 SET?
            xPos = xPos + 3                      #X 座標加 3。
            if(yPos==0 and xPos==15):            #游標在第 0 列、第 15 行?
                xPos = 5                         #重設游標至「時」個位數下面。
                yPos = 1
            elif(yPos==1 and xPos==14):          #游標在第 1 列、第 14 行?
```

程式碼	註解
`            xPos = 6`	#重設游標至「年」個位數下面。
`            yPos = 0`	
`            lcd.move_to(xPos,yPos)`	#設定游標位置。
`    elif(sw3.read()<250):`	#觸摸 TOUCH7 (遞增鍵)？
`        time.sleep_ms(200)`	#消除彈跳。
`        if(yPos==0 and xPos==6):`	#游標目前位置在「年」個位數下面？
`            t2[0] = t2[0] + 1`	#年遞增加 1。
`            if(t2[0]>2050):`	#年最大值 2050。
`                t2[0] = 2000`	#年最小值 2000。
`        elif(yPos==0 and xPos==9):`	#游標目前位在「月」個位數下面？
`            t2[1] = t2[1] + 1`	#「月」遞增加 1。
`            if(t2[1]>12):`	#「月」最大值 12。
`                t2[1] = 1`	#「月」最小值 1。
`        elif(yPos==0 and xPos==12):`	#游標目前位在「日」個位數下面？
`            t2[2] = t2[2] + 1`	#「日」遞增加 1。
`            if(t2[2]>31):`	#「日」最大值 31。
`                t2[2] = 1`	#「日」最小值 1。
`        elif(yPos==1 and xPos==5):`	#游標目前位在「時」個位數下面？
`            t2[4] = t2[4] + 1`	#「時」遞增加 1。
`            if(t2[4]>23):`	#「時」最大值 23。
`                t2[4] = 0`	#「時」最小值 0。
`        elif(yPos==1 and xPos==8):`	#游標目前位在「分」個位數下面？
`            t2[5] = t2[5] + 1`	#「分」遞增加 1。
`            if(t2[5]>59):`	#「分」最大值 59。
`                t2[5] = 0`	#「分」最小值 0。
`        elif(yPos==1 and xPos==11):`	#游標目前位在「秒」個位數下面？
`            t2[6] = t2[6] + 1`	#「秒」遞增加 1。
`            if(t2[6]>59):`	#「秒」最大值 59。
`                t2[6]=0`	#「秒」最小值 0。
`        rtc.datetime(tuple(t2))`	#設定 RTC 日期及時間。
`        now=rtc.datetime()`	#讀取 RTC 日期及時間。
`        disp_date_time(now)`	#更新 LCD 顯示器的日期及時間。
`        lcd.move_to(xPos,yPos)`	#設定游標位置。
`    if(func==False):`	#顯示模式 (TIME)？
`        now=rtc.datetime()`	#讀取 RTC 日期及時間。
`        save_date_time(now)`	#儲存 RTC 日期及時間。
`        disp_date_time(now)`	#更新 LCD 顯示器的日期及時間。

練習

1. 接續範例，在第 1 列、第 13 行位置，顯示設定日期的「星期」英文縮寫。星期一到星期日英文縮寫依序為 MON、TUE、WED、THU、FRI、SAT、SUN。

2. 接續範例，在 GPIO5 連接如圖 10-9 所示 DHT11 溫溼度感器，並且在第 0 行、第 1 列，顯示環境溫度。單位「°C」使用 LCD 如圖 10-10 所示自建字形。

位元 4 3 2 1 0 字形資料

B10111 = 0x17
B00100 = 0x04
B00100 = 0x04
B00111 = 0x07
B00000 = 0x00
B00000 = 0x00
B00000 = 0x00
B00000 = 0x00

圖 10-10　單位「°C」自建字形

CHAPTER

11

OLED 顯示器實習

11-1 認識 OLED 顯示器

有機發光二極體（Organic Light-Emitting Diode，簡稱 OLED）最早於 1950 年代由法國人所研發，其後由美國柯達及英國劍橋大學加以演進。日本 SONY、韓國三星及 LG 等公司，於 21 世紀開始量產。

OLED 與 LED 的驅動方式相近，但使用的材料完全不同。OLED 是在透明基板上放置銦錫氧化物（ITO）正極及金屬負極，並且在兩極中間夾入非常薄的有機材料塗層。**通電後，正極電洞與負極電子在有機塗層中結合，產生能量並發出光。**如表 11-1 所示 OLED 與 LCD 的特性比較，OLED 具有自發光、高亮度、低功耗、面板厚度薄、可彎曲、視角大、反應速度快等優點。OLED 不需使用背光，可降低成本，但是 OLED 使用的有機材料塗層，光學性質不穩定，壽命較短且產品良率較低。

表 11-1　OLED 與 TFT-LCD 的特性比較

特性	OLED	LCD
發光方式	自發光	LED 或 mini-LED 背光源
消耗功率	較低	較高
面板厚度	1~2mm，可彎曲、較輕	5~10mm，不可彎曲、較重
可視角度	水平 170 度以上	水平 120 度
反應速度	快，μs 級	慢，ms 級
色彩還原	較高	較低
產品壽命	較低	較高

OLED 依顯示顏色可分為單色、區彩及全彩三種，以全彩製造技術最困難。依驅動方式可分為主動式矩陣 OLED（Active Matrix OLED，簡稱 AMOLED）及被動式矩陣 OLED（Passive Matrix OLED，簡稱 PMOLED）兩種，如表 11-2 所示 AMOLED 與 PMOLED 的特性比較。

表 11-2　AMOLED 與 PMOLED 的特性比較

特性	主動式 OLED (AMOLED)	被動式 OLED (PMOLED)
反應速度	較快	較慢
顯示顏色	全彩	單色及區彩
消耗功率	較高	較低
技術成本	技術複雜、成本較高	技術簡單、成本較低

11-2　OLED 顯示模組

11-2-1　128×64 OLED 模組

　　如圖 11-1 所示 128×64 OLED 模組，內部使用晶門科技（SOLOMON SYSTECH）生產製造的 SSD1306 晶片，常用規格為 0.96 吋及 1.3 吋，常見的串列介面為 I2C 介面及 SPI 介面。本章使用 0.96 吋 I2C 介面 OLED 模組，屬單色 PMOLED，最大解析度 128 節（Segment，簡稱 SEG）×64 行（Common，簡稱 COM），內含 128×64 位元 SRAM 記憶體，用來儲存顯示內容。

(a) I2C 介面　　　　　　　　　　(b) SPI 介面

圖 11-1　128×64 OLED 模組

　　SSD1306 需要兩種電源，一為邏輯電路電源 V_{DD}（1.65V~3.3V），一為面板驅動電源 V_{CC}（7V~15V），內部電路將 V_{DD} 升壓至 7.5V 供給面板所需電源。如圖 11-2 所示 SSD1306 圖形顯示資料記憶體（Graphic Display Data RAM，簡稱 GDDRAM），使用位元對映（bitmap），最大驅動 128 節（SEG）×64 行（COM）的 OLED 面板。**SSD1306 使用共陰驅動方式，COM 必須驅動在低電位，當 SEG 為高電位時，對應的點亮，當 SEG 為低電位時，對應的不亮。**SEG 最大輸出電流 100μA，COM 最大輸入電流 15mA，足夠驅動 128 SEG 所須的輸出電流。利用轉向設定函式 rotate()可以改變座標（0,0）的位置在左上角（黑色字體）或是右下角（綠色字體）。

Page 0 (COM00 ~ COM07)	Page 0	Page 7 (COM63 ~ COM56) 列 re-mapping
Page 1 (COM08 ~ COM15)	Page 1	Page 6 (COM55 ~ COM48)
Page 2 (COM16 ~ COM23)	Page 2	Page 5 (COM47 ~ COM40)
Page 3 (COM24 ~ COM31)	Page 3	Page 4 (COM39 ~ COM32)
Page 4 (COM32 ~ COM39)	Page 4	Page 3 (COM31 ~ COM24)
Page 5 (COM40 ~ COM47)	Page 5	Page 2 (COM23 ~ COM16)
Page 6 (COM48 ~ COM55)	Page 6	Page 1 (COM15 ~ COM08)
Page 7 (COM56 ~ COM63)	Page 7	Page 0 (COM07 ~ COM00)

SEG 0 ---------- SEG 127
行 re-mapping　SEG 127 ---------- SEG 0

圖 11-2　SSD1306 圖形顯示資料記憶體 GDDRAM

如圖 11-3 所示 SSD1306 GDDRAM 的頁對映方式，是將 64 行（COM0~COM63）分成 8 頁（Page 0~Page 7），每頁由 8 行組成。以 Page 2 為例，是由行 COM16~COM23 組成。因為每個字元的大小為 8×8 位元，所以每頁最多可以顯示 16 個字元，8 頁最多可以顯示 128 個字元。

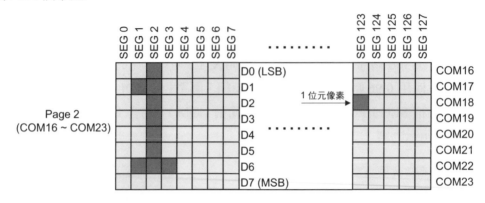

圖 11-3　SSD1306 GDDRAM 的頁對映方式

11-3　函式說明

11-3-1　ssd1306 函式庫

SSD1306 OLED 顯示器可以使用 SPI 或 I2C 介面，有多種尺寸（128x64、128x32、72x40、64x48）及多種顏色（白色、黃色、藍色、黃色＋藍色）可以選擇。硬體 I2C 的設定方法如 6-2-4 節說明，**OLED 模組預設 I2C 位址為 0x3C**。

ESP8266 只有一組硬體 I2C 可以使用，SCL 使用 GPIO5，SDA 使用 GPIO4，最大傳輸率為 400Kbps。

格式 I2C(scl, sda, freq)

範例

```
from machine import Pin, I2C                       #載入 Pin 及 I2C 類別。
from ssd1306 import SSD1306_I2C                     #載入 ssd1306 函式庫。
i2c = I2C(scl=Pin(5),sda=Pin(4),freq=400000)#建立 I2C 物件，使用硬體 I2C。
oled = SSD1306_I2C(128, 64, i2c)                    #建立 SSD1306_I2C 物件。
```

ESP32 有兩組硬體 I2C 可以使用，id=0 時的 SCL 使用 GPIO18、SDA 使用 GPIO19。id=1 時的 SCL 使用 GPIO25、SDA 使用 GPIO26，最大傳輸率為 400Kbps。

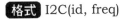

格式 I2C(id, freq)

範例

`from machine import Pin, I2C`	#載入 Pin 及 I2C 函式。
`from ssd1306 import SSD1306_I2C`	#載入 ssd1306 函式庫。
`i2c = I2C(id=1,freq=400000)`	#建立 I2C 物件,使用硬體 I2C。
`oled = SSD1306_I2C(128, 64, i2c)`	#建立 SSD1306_I2C 物件。

　　ESP8266 可以直接使用 MicroPython 的**內建 ssd1306 函式庫**,ESP32 必須至網址 https://github.com/adafruit/micropython-adafruit-ssd1306 下載 ssd1306.py 檔案,並將其上傳到 ESP32 開發板中,才能正常工作。ssd1306 函式庫可以使用的方法如表 11-3 所示,使用指令格式為**物件.方法**。畫圖方法 hline()、vline()、line()、rect()及 fill_rect(),屬於 framebuf 函式庫中的函式,如果無法使用,須在物件及方法中間加上 framebuf。

格式 物件.方法 or 物件.framebuf.方法

表 11-3　ssd1306 函式庫方法說明

方法	功能	參數說明
poweron()	開啟顯示器	無。
poweroff()	關閉顯示器	無。
contrast(n)	對比調整	n:0 (弱) ~ 255 (強)。
invert(inv)	反白設定	inv=0 正常(預設)、inv=1 反白。
rotate(b)	轉向設定	b=0 不轉向(預設)、b=1 轉向。
show()	更新顯示器的內容	無。
fill(c)	填入位元值 c	c=0:全部填 0 (暗),c=1:全部填 1 (亮)。
pixel(x, y, c)	在座標(x,y)填入位元值 c	x:0~127,y:0~63。c=0 (暗)、c=1 (亮)。
hline(x, y, w, c)	自起點(x,y)開始畫水平線	x:0~127,y:0~63,w:線寬 (pixel)。 c=0 (暗)、c=1 (亮)。
vline(x, y, h, c)	自起點(x,y)開始畫垂直線	x:0~127,y:0~63,h:線高 (pixel)。 c=0 (暗)、c=1 (亮)。
line(x1,y1,x2,y2,c)	畫直線	x1,y1:直線起點,x2,y2:直線終點。 c=0 (暗)、c=1 (亮)
rect(x,y,w,h,c)	畫空心矩形	x,y:左上角座標,w:寬度、h:高度。 c=0 (暗)、c=1 (亮)。

方法	功能	參數說明
fill_rect(x,y,w,h,c)	畫實心矩形	x,y：左上角座標，w：寬度，h：高度，c=0 (暗)、c=1 (亮)
scroll(x, y)	捲動行或列	x：向右捲動的行數，x=0~127 y：向下捲動的列數，y=0~63
text(string, x, y, c)	自起點 (x,y) 開始寫入字串	string：所要寫入的字串。 x：0~127，y：0~63，c=0 (暗)、c=1 (亮)

11-3-2　random 函式庫

　　random 函式庫可以用來產生亂數，Python 內建 random 函式庫無法直接在 MicroPython 中使用，須先至網址 https://pypi.org/project/micropython-random/#files，下載壓縮檔 micropython-random-0.2.tar。解壓縮後的檔案 random.py，儲存在資料夾 py/ch11 中。將其上傳到 MicroPython 設備中，再載入到程式 （from random import *），才能正常工作。如表 11-4 所示 random 函式庫的方法說明，以隨機產生整數 1~99 為例，其指令格式如下所示。

格式 random.randrange(1, 100)

表 11-4　random 函式庫的方法說明

方法	功能	參數說明
randrange(stop)	傳回隨機整數 N	$0 \leq N \leq stop$
randrange(start, stop)	傳回隨機整數 N	$start \leq N < stop$
randint(start, stop)	傳回隨機整數 N	$0 \leq N \leq stop$
getrandbits(n)	傳回 n 個隨機位元的整數	$0 \leq n \leq 32$

11-4 實作練習

11-4-1 顯示 ASCII 字元實習

一 功能說明

　　ASCII 碼在 0x00 到 0x1F 之間，共有 32 個字元，一般用在通訊或控制上。有些字元可顯示在螢幕上，有些則不行，但能看到效果（例如換行字元 0x0A）。ASCII 碼在 0x20 到 0x7F 之間，共有 96 個字元，用來表示阿拉伯數字、大小寫英文字母、底線及括號等。

　　如圖 11-4 所示電路接線圖，使用 NodeMCU ESP32-S 開發板 I2C 介面，控制 128×64 OLED 模組。顯示 ASCII 字元 0x20~0x7F 共 96 個字元，每頁顯示 16 個字元。

二 電路接線圖

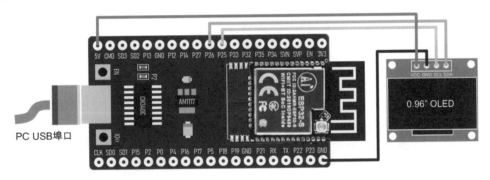

PC USB埠口

圖 11-4　顯示 ASCII 字元實習電路圖

三 程式：ch11_1.py

```
from machine import Pin, I2C          #載入 Pin 及 I2C 類別。
from ssd1306 import SSD1306_I2C       #載入 SSD1306_I2C 函式。
i2c=I2C(1,freq=400000)               #建立 I2C 物件，使用 id=1 硬體 I2C。
oled=SSD1306_I2C(128, 64, i2c)       #建立 SSD1306_I2C 物件。
asc=0x20                             #顯示 ASCII 0x20~0x7F 字元。
for y in range(6):                   #共 6 頁。
    for x in range(16):              #每頁顯示 16 個 ASCII 字元。
        oled.text(chr(asc), x*8, y*8) #將 ASCII 的字形碼寫入 GDDRAM 中。
        asc=asc+1                    #下一個 ASCII 字元。
oled.show()                          #顯示更新。
```

 練習

1. 接續範例，反白顯示 ASCII 字元 0x20~0x7F，每頁顯示 16 個 ASCII 字元。
2. 使用 NodeMCU ESP32-S 開發板 I2C 介面，控制 OLED 模組，顯示如圖 11-5 所示。

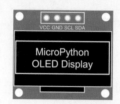

圖 11-5　顯示兩列字串

11-4-2　自動抽號機實習

一　功能說明

　　ssd1306 函式庫使用如圖 11-6(a) 所示 8×8 字形，本例使用如圖 11-6(b) 所示自建 16×16 字形，顯示隨機整數 01~99。16×16 字形是將 8×8 字形的高及寬各放大兩倍，字形檔案在資料夾 py/ch11/font16×16.py 中。**字形列印先由左而右，再由上而下。**

(a) 8×8 字形

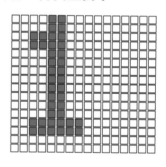

(b) 16×16 字形

圖 11-6　數字字形

　　如圖 11-8 所示電路接線圖，使用 NodeMCU ESP32-S 開發板 I2C 介面及內建觸摸感測器 TOUCH7（GPIO27），控制 128×64 OLED 模組，顯示 01~99 隨機整數。當電源重啟時，顯示如圖 11-7 所示畫面，每觸摸一下 TOUCH7，隨機顯示一個亂數。

圖 11-7　電源重啟畫面

二 電路接線圖

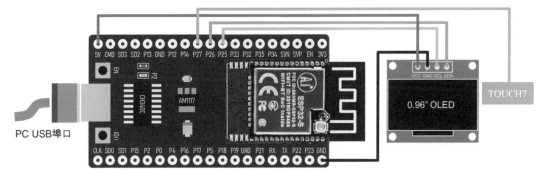

圖 11-8　自動抽號機實習電路圖

三 程式：ch11_2.py

```
from machine import Pin,I2C,TouchPad   #載入 Pin、I2C 及 TouchPad 類別。
from ssd1306 import SSD1306_I2C         #載入 SSD1306_I2C 函式。
from font16x16 import *                 #載入 font16x16.py 字形檔。
import time                             #載入 time 函式庫。
import random                           #載入 random 函式庫。
i2c=I2C(1, freq=400000)                 #建立 I2C 物件，使用 id=1 硬體 I2C。
sw=TouchPad(Pin(27))                    #使用 TOUCH7(GPIO27)觸摸感測器。
oled=SSD1306_I2C(128, 64, i2c)          #建立 OLED 物件。
str1='Number'                          #顯示字串。
str2='01'                              #隨機整數字串。
num=0                                  #隨機整數。
def drawText16x16(str,x,y,n):          #16×16 字形顯示函式。
    for i in range(n):                 #n 位數字。
        x1=x                           #顯示數字的左上角座標(x,y)。
        y1=y                           #顯示數字的左上角座標(x,y)。
        a=font[ord(str[i])-0x30]       #計算數字在 16×16 字形檔的開始位置。
        for j in range(16):            #字形高度，每字 16 列。
            for k in range(2):         #字形寬度，每列 2 個位元組。
                b=a[j*2+k]             #讀取字形碼資料。
                for pixel in range(8):     #8 位元。
```

```
        if(b & 0x80 == 0x80):      #若位元值為 1 則像素點亮。
            oled.pixel(x1,y1,1)    #點亮像素。
        else:                      #若位元值為 0 則像素熄滅。
            oled.pixel(x1,y1,0)    #關閉像素
        b=b<<1                     #位元組資料左移 1 位元。
        x1=x1+1                    #x 位置向右 1 位元(先由左而右,再由上而下)。
    x1=x                           #重設 x1 位置在最左邊。
    y1=y1+1                        #設定 y1 位置,移到下一列。
    x=x+16                         #顯示下一個數字 0~9。
def setPos(str,size):              #設定字串座標函式。
    x=int((128-len(str)*size)/2)   #計算 x 座標。
    y=int((64-size)/2)             #計算 y 座標。
    return(x,y)                    #傳回座標值。
(x,y)=setPos(str1,8)               #設定字串 str1 開始座標。
oled.text(str1,x,y-16)             #顯示字串 str1。
(x,y)=setPos(str2,16)              #設定字串 str2(隨機數字)開始座標。
n=len(str2)                        #計算字串 str2 長度。
drawText16x16(str2,x,y,n)          #顯示 16×16 字形的隨機整數 1~99。
oled.show()                        #更新 OLED 顯示。
while True:                        #迴圈。
    if(sw.read()<250):             #手指觸摸開關一下?
        time.sleep_ms(200)         #消除彈跳。
        num=random.randrange(1,100) #隨機產生一組 1~99 的整數亂數。
        if(num<10):                #亂數為 1~9,則前面補 0。
            str2=str(0)+str(num)   #將整數亂數轉成字串。
        else:                      #亂數大於 9。
            str2=str(num)          #將整數亂數轉成字串。
        drawText16x16(str2,x,y,n)  #顯示亂數。
        oled.show()                #更新 OLED 顯示。
```

練習

1. 使用 NodeMCU ESP32-S 開發板 I2C 介面及內建觸摸感測器 TOUCH7(GPIO27),控制 128×64 OLED 顯示模組,顯示一個範圍在 1~999 的隨機整數亂數。

2. 使用 NodeMCU ESP32-S 開發板 I2C 介面及內建觸摸感測器 TOUCH7(GPIO27),控制 128×64 OLED 顯示模組,顯示兩個範圍在 1~99 的隨機整數亂數。

11-4-3 BMP 圖形顯示實習

一 功能說明

如圖 11-4 所示電路接線圖，使用 NodeMCU ESP32-S 開發板 I2C 介面，控制 128×64 OLED 顯示模組，顯示如圖 11-9 所示解析度 64×64 的米老鼠圖形。

圖 11-9　解析度 64×64 米老鼠 BMP 圖形 (圖片來源：迪士尼公司)

所有圖檔必須先轉成 BMP 圖檔，如果圖檔格式為 JPG、PNG，可以使用 Windows 小畫家等圖形轉檔程式，將其轉成適當大小的 BMP 圖檔。PNG 圖形品質比 JPEG 好，**使用 PNG 圖檔轉 BMP 圖檔，效果較佳**。

轉成 BMP 圖檔後，再使用 **LCD Assistant 程式將 BMP 圖檔轉成 Byte 文字陣列檔**，並更名為 bitmap.py，已儲存在資料夾 py/ch11/bitmap.py 中。bitmap.py 必須先上傳到 MicroPython 設備中，再將其載入到程式 ch11_3.py 中（from bitmap import *），才能正常工作。相關操作步驟如下：

STEP 1

1. 開啟 Windows「小畫家」。

2. 點選【檔案】【開啟舊檔(O)】，點選 PNG 圖檔 mickey1.png。

3. 按【開啟(O)】，載入 mickey1.png 圖檔。

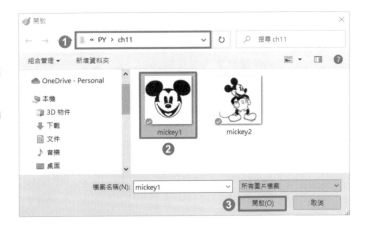

STEP 2

1. 點選【調整大小】，開啟「調整大小及扭曲」視窗。

2. 點選「像素」，並且設定解析度為 64×64 像素。

3. 按【確定】結束設定。

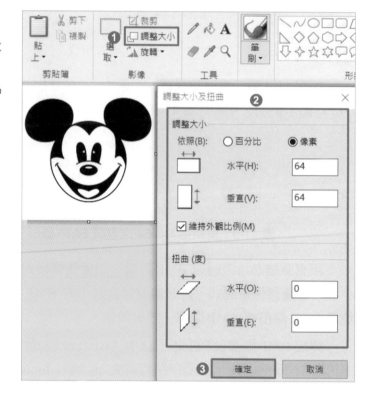

STEP 3

1. 點選【檔案】【內容】，開啟「影像內容」視窗。

2. 因為是使用單色 OLED 顯示器，所以必須將影像色彩改為【黑色 (B)】。

3. 按【確定】結束設定。

STEP 4

1. 點選【檔案】【另存新檔】，開啟
   『另存新檔』視窗。

2. 檔案名稱輸入「mickey1」，存檔
   類型選擇「單色點陣圖」。

3. 按【存檔(S)】結束。

STEP 5

1. 下載並開啟「LCD Assistant」圖
   形轉檔程式，或從目錄
   py/ch11/LCDAsistant 開啟。

2. 點選【File】【Load image】，開啟
   mickey1.bmp 圖檔。

3. 按【開啟(O)】載入圖檔。

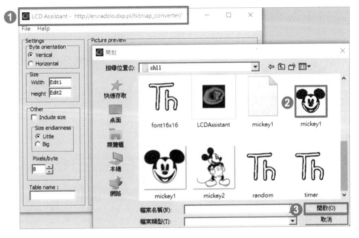

STEP 6

1. 自訂 drawBitmap()函式的顯示方
   式是先由左而右，再由上而下。
   Byte orientation 選擇
   「Horizontal」。其它設定不改。

STEP 7

1. 點選【File】【Save output】，開啟
   『另存新檔』視窗。

2. 在「檔案名稱(N)」欄位中輸入
   mickey1 即可。

3. 按【存檔(S)】，將 BMP 圖檔轉成
   「Byte 文字陣列檔」。

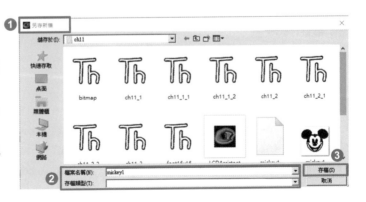

STEP (8)

1. 開啟 Windows 「記事本」。
2. 附檔名選擇「所有檔案」。
3. 點選「mickey1」文字陣列檔。
4. 檔案名稱(N)出現 mickey1。

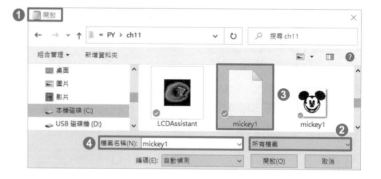

STEP (9)

1. 文字陣列檔預設為 C 語言陣列格式。
2. 複製內容至 bitmap.py 檔，並修改為元組 tuple 型態。
3. 將 bitmap.py 圖檔上傳至 MicroPython 設備中。
4. 使用「from bitmap import *」指令，將 bitmap.py 圖檔載入 ch11_3.py 檔案中。

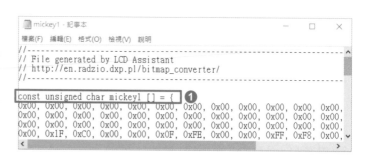

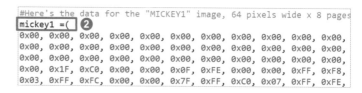

二 電路接線圖

如圖 11-4 所示電路接線圖。

三 程式：ch11_3.py

from machine import Pin, I2C	#載入 machine 函式庫中的 Pin 及 I2C 類別。
from ssd1306 import SSD1306_I2C	#載入 SSD1306_I2C 函式。
from bitmap import *	#載入 bitmap.py 圖檔。

`i2c=I2C(1,freq=400000)`	#建立 I2C 物件，使用 id=1 硬體 I2C。
`oled=SSD1306_I2C(128, 64, i2c)`	#使用 128×64 的 I2C 介面 OLED。
`def drawBitmap(x,y,w,h,p):`	#畫圖函式。
`    x1=x`	#圖形左上角座標(x,y)。
`    y1=y`	#圖形左上角座標(x,y)。
`    w=w//8`	#將圖形寬度像素 w，轉成位元組。
`    for i in range(h):`	#圖形高度像素 h。
`        for j in range(w):`	#圖形位元組寬度。
`            b=p[i*w+j]`	#依序讀取位元組資料。
`            for pixel in range(8):`	#每個位元組有 8 個像素。
`                if(b & 0x80 == 0x80):`	#若位元值為 1 則像素點亮。
`                    oled.pixel(x1,y1,1)`	#點亮像素。
`                else:`	#若位元值為 0 則像素熄滅。
`                    oled.pixel(x1,y1,0)`	#關閉像素。
`                b=b<<1`	#b 值左移一位元。
`                x1=x1+1`	#下一個像素的 x 位置。
`            x1=x`	#圖形下一行的 x 位置。
`            y1=y1+1`	#圖形下一列的 y 位置。
`x=32`	#在座標(32,0)顯示 64×64 圖形。
`y=0`	
`drawBitmap(x,y,64,64,mickey1)`	#顯示 64×64 圖形。
`oled.show()`	#更新 OLED 顯示。

1. 使用 NodeMCU ESP32-S 開發板 I2C 介面，控制 128×64 OLED 顯示模組，顯示如圖 11-10 所示解析度 64×64 史努比圖形。

圖 11-10 解析度 64×64 史努比圖形

2. 使用 NodeMCU ESP32-S 開發板 I2C 介面，控制 128×64 OLED 顯示模組，每 2 秒變換顯示圖 11-9 米老鼠圖形及圖 11-10 所示史努比圖形。

11-4-4 專題實作：觸控調光燈

一 功能說明

　　如圖 11-11 所示電路接線圖，使用 NodeMCU ESP32-S 開發板 I2C 介面及內建觸控感測器 TOUCH7（GPIO27），控制 16 位全彩 LED 模組，完成觸控調光燈。當手指觸摸一下 TOUCH7，OLED 顯示器上的數字變化依序為：0 ➔1➔2➔3➔4➔5，同時調整全彩 LED 的白光亮度，0 不亮、5 最亮。

二 電路接線圖

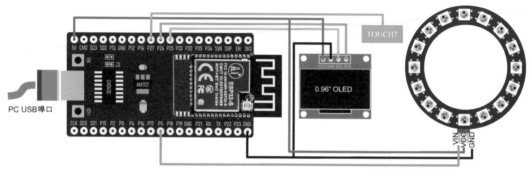

圖 11-11　觸控調光燈實習電路圖

三 程式：ch11_4.py

程式	說明
`from machine import Pin,I2C,TouchPad`	#載入 Pin、I2C 及 TouchPad 類別。
`from font16x16 import *`	#載入 font16x16.py 字形檔。
`from ssd1306 import SSD1306_I2C`	#載入 SSD1306_I2C 函式。
`from neopixel import NeoPixel`	#載入 NeoPixel 函式。
`import time`	#載入 time 函式庫。
`i2c=I2C(1,freq=400000)`	#建立 I2C 物件，使用 id=1 硬體 I2C。
`sw=TouchPad(Pin(27))`	#使用內建觸摸感測器 TOUCH7（GPIO27）。
`oled=SSD1306_I2C(128, 64, i2c)`	#建立 128×64 oled 物件。
`np=NeoPixel(Pin(2),16)`	#建立 np 物件，使用 D4（GPIO2）控制全彩 LED。
`n=0`	#字元數或顏色值。
`str1='Brightness'`	#顯示字串。
`str2='0'`	#顯示字串。
`def drawText16x16(str,x,y,n):`	#16×16 字元顯示函式。
`　for i in range(n):`	#顯示字元數。
`　　x1=x`	#設定 x 座標。
`　　y1=y`	#設定 y 座標。
`　　a=font[ord(str[i])-0x30]`	#計算字元在字形資料區的開始位置。
`　　for j in range(16):`	#16 列。

```
            for k in range(2):              #每列兩個位元組。
                b=a[j*2+k]                   #取出位元組資料。
                for pixel in range(8):          #每個位元組有 8 個位元。
                    if(b & 0x80 == 0x80):       #位元值為邏輯 1?
                        oled.pixel(x1,y1,1)     #點亮像素。
                    else:                       #位元值為邏輯 0。
                        oled.pixel(x1,y1,0)     #關閉像素。
                    b=b<<1                      #左移一位元。
                    x1=x1+1                     #x 座標向右一位。
            x1=x                             #設定 x1 座標。
            y1=y1+1                          #設定 y1 座標。
        x=x+16                           #下一個字元的 x 座標。
def setPos(str,size):                    #計算座標函式。
    x=int((128-len(str)*size)/2)         #計算字串開始的 x 座標。
    y=int((64-size)/2)                   #計算字串開始的 y 座標。
    return(x,y)                          #傳回(x,y)座標。
def setBrightness(n):                    #亮度設定函式。
    for j in range(16):                  #16 個 LED。
        np[j]=(n,n,n)                     #亮度值。
setBrightness(0)                         #設定亮度為 0 (關閉)。
np.write()                               #更新全彩 LED 模組。
(x,y)=setPos(str1,8)                     #設定 8×8 字元開始顯示的位置(置中顯示)。
oled.text(str1,x,y-20)                   #顯示字串 str1。
(x,y)=setPos(str2,16)                    #設定 16×16 字元開始顯示的位置(置中顯示)。
drawText16x16(str2,x,y,1)                #顯示字串 str2。
oled.show()                              #更新 OLED 顯示。
while True:
    if(sw.read()<250):                   #手指觸摸開關?
        time.sleep_ms(200)               #消除彈跳。
        n=n+1                            #n 值加 1。
        if(n>5):                        #n 值在 0~5 之間。
            n=0                         #n>5 則清除 n=0。
        setBrightness(n*50)             #設定亮度。
        np.write()                       #更新 OLED 顯示。
        drawText16x16(str(n),x,y,1)     #將 n 值轉成 16×16 字元並顯示於 OLED。
        oled.show()                      #更新 OLED 顯示。
```

1. 接續範例，手指每觸摸一下開關，OLED 顯示器百分比變化如圖 11-12 所示依序為：
   0%➔20%➔40%➔60%➔80%➔100%，同時調整白光亮度，0%不亮，100%最亮。

圖 11-12　觸控調光燈選單

2. 接續範例，手指短按觸摸一下 TOUCH7（GPIO27），OLED 顯示器上的百分比變化
   如圖 11-12 所示依序為：0%➔20%➔40%➔60%➔80%➔100%➔0%，同時調整全彩
   LED 的白光亮度，0%不亮，100%最亮。手指長按觸摸 TOUCH7（GPIO27）1 秒後
   放開，會變換燈光顏色，依序為白光(W) ➔ 紅光(R)➔ 綠光(R)➔ 藍光(B)➔ 白光(W)。

12-1 認識直流馬達

　　直流馬達（direct current motor，簡稱 DC motor）是由**法拉第**（Faraday）設計並經實驗成功的最早期電動機。外加直流電源在馬達線圈上使其產生電流，在線圈旁的永久磁鐵因電磁作用，會將**電能轉換成機械動能來驅使馬達轉動**。直流馬達普遍應用於日常生活中，如圖 12-1(a)所示小功率型直流馬達，常應用於玩具車、模型汽車、電動刮鬍刀、錄音機、錄影機、CD 唱盤等。如圖 12-1(b)所示大功率型直流馬達，常應用於電動跑步機、電動車、快速電梯、工作母機（車床、銑床）等。

(a) 小功率型　　　　　　　　　　　　　　(b) 大功率型

圖 12-1　直流馬達

12-1-1　直流馬達驅動方式

　　直流馬達第一種驅動方式為**電壓驅動**，馬達轉速與兩極的電壓差愈大，則馬達轉速愈快，反之當兩極的電壓差愈小，則馬達轉速愈慢。第二種驅動方式為**電流驅動**，當通過線圈的電流愈大，則馬達扭力愈大。反之，當通過線圈的電流愈小，則馬達扭力愈小。直流馬達轉速不受電源頻率的限制，因此可以製作出高速馬達。MicroPython 開發板的 GPIO 輸出必須連接達靈頓電路或是驅動 IC，才有足夠電流來驅動直流馬達。**常用的馬達驅動 IC 如 ULN2003、ULN2803、L293、L298 等。**

12-1-2　直流馬達轉速控制

　　數位信號輸出只能驅動直流馬達停止及轉動，無法控制直流馬達轉速，我們可以利用 PWM 信號，來控制直流馬達轉速。直流馬達需要有基本的起動轉矩來抵抗摩擦力，**兩極的電壓差必須大於馬達的最小工作電壓，馬達才會轉動**。直流馬達轉速可以使用如圖 12-2 所示 PWM 信號來控制。藉由調整 PWM 脈波寬度，改變平均直流電壓，來控制直流馬達轉速。平均直流電壓V_{dc}計算如下：

$$V_{dc} = \frac{t_H}{T} V_m$$

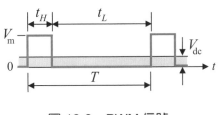

圖 12-2　PWM 信號

12-1-3　直流馬達轉向控制

直流馬達外部有兩個電極 M^+ 及 M^-，**兩極的電壓極性可以控制直流馬達轉向**。當 M^+ 極電壓大於 M^- 極電壓時，直流馬達正轉；反之，當 M^+ 極電壓小於 M^- 極電壓時，直流馬達反轉。

12-1-4　達靈頓電路

驅動直流馬達轉動，需要有足夠的電流。如圖 12-3 所示達靈頓電路，Q_2 可以使用 C1384（最大集極電流 I_C=1A），或是使用 TIP3055（最大集極電流 I_C=15A），視直流馬達所須負載電流而定。D_1 二極體的功用是保護 Q_2 電晶體，以避免直流馬達的反電動勢使 Q_2 電晶體毀損。+VMS 是馬達外接電源，須與直流馬達電源相同。

(a) 電路圖　　　　　　　　　　　　　　　(b) TIP3055 包裝

圖 12-3　達靈頓電路

12-1-5　ULN2003 馬達驅動模組

如圖 12-4 所示 ULN2003 馬達驅動模組，主要是由馬達驅動晶片 ULN2003A 所組成，16 腳 DIP 包裝。ULN2003A 內含七組達靈頓電路，**每組輸出皆含保護二極體**，以保護 ULN2003A 輸出端免於受到負載線圈反電動勢破壞。ULN2003A 每組輸出最大驅動電流 500mA，總輸出最大電流可達 2.5A。ULN2003 馬達驅動模組可以用來驅動直流馬達、步進馬達、線圈、繼電器等高功率元件。

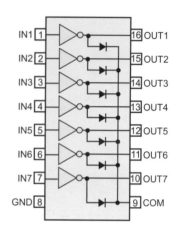

(a) 模組外觀　　　　　　　(b) 模組接腳圖　　　　　(c) ULN2003A 接腳圖

圖 12-4　ULN2003A 馬達驅動模組

　　ULN2003A 所有輸入邏輯準位都與 TTL 相容，MicroPython 開發板的 GPIO 輸出，可以直接連接模組的 IN1、IN2、IN3、IN4 四個輸入。對應的 OUT1、OUT2、OUT3、OUT4 四個輸出連接至直流馬達，就可以控制直流馬達的轉速及轉向。

　　在模組中的短路夾 J1 是馬達電源電壓輸入端，有 5V 及 12V 兩種供電選擇。A、B、C、D 四個 LED 用來指示 ULN2003A 四個輸出狀態。J2 短路時致能四個 LED 動作，當模組輸出為低電位時則對應 LED 點亮，輸出為高電位時則 LED 不亮。

12-1-6　L298 馬達驅動模組

　　如圖 12-5 所示 L298 馬達驅動模組，使用 L298 驅動 IC，用來驅動馬達、線圈、繼電器等高功率元件。L298 內含四組半橋式輸出，每組輸出最大驅動電流 1A，總輸出最大電流 4A。**每兩組半橋（half-bridge）組成一組全橋（full-bridge）或稱為 H 橋，可以控制直流馬達的轉動方向。**

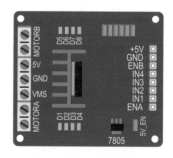

(a) 模組外觀　　　　　　　　　　(b) 模組接腳圖

圖 12-5　L298 馬達驅動模組

L298 馬達電源+VMS 供電範圍 5~35V，利用 5V_EN 短路夾致能 7805 穩壓 IC 工作，產生 5V 直流電源供電給 MicroPython 開發板。模組輸入電壓範圍與 TTL 完全相容，MicroPython 開發板的輸出可以直接連接模組輸入端 IN1~IN4。因為 **L298 內部不含保護二極體，必須在每一組輸出外接兩個保護二極體。**

如表 12-1 所示，改變 IN1、IN2 的極性可以控制 MOTORA 直流馬達的轉向，改變連接於 ENA 腳 PWM 信號的工作週期，可以控制 MOTORA 直流馬達的轉速。改變 IN3、IN4 的極性可以控制 MOTORB 直流馬達的轉向，改變連接於 EN 腳 PWM 信號的工作週期，可以控制 MOTORB 直流馬達的轉速。

表 12-1　L298 馬達驅動模組控制直流馬達轉向的方法

ENA (ENB)	IN1 (IN3)	IN2 (IN4)	MOTORA (MOTORB)
H	H	L	正轉
H	L	H	反轉
H	H	H	馬達停止
H	L	L	馬達停止
L	×	×	馬達停止

12-2　認識伺服馬達

如圖 12-6 所示伺服馬達（servo motor）又稱為伺服機，基本原理與一般直流馬達相同，但兩者的使用場合不同，因此所要求的特性也不同。**一般直流馬達較注重啟動及運行，而伺服馬達則注重輸出位置的精確度及穩定度。**伺服馬達具有體積小、重量輕、輸出功率大、扭力大、效率高等特性，常被廣泛運用在位置及速度的控制應用，例如遙控車、遙控直昇機、遙控船、機器人及無人搬運車等。

(a) PARALLAX 公司　　　(b) 廣營 GWS 公司　　　(c) 輝盛 Tower Pro 公司

圖 12-6　伺服馬達

12-2-1 伺服馬達結構

如圖 12-7 所示伺服馬達結構，由控制電路、編碼電路及馬達本體組成。PWM 信號輸入至控制電路進行運算及信號轉換後，驅動伺服馬達轉動。編碼電路的功用是檢知伺服馬達目前位置，將位置進行編碼，再回授給控制電路進行比較及調整，以保持馬達轉動位置的準確性。馬達本體是由直流馬達、減速齒輪組及可變電阻組成，當馬達轉動時，帶動減速齒輪組產生高扭力的輸出，同時也會改變可變電阻值，並且將可變電阻值回授給控制電路校正，以達到準確控制馬達轉動角度的目的。

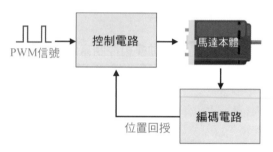

圖 12-7　伺服馬達結構

12-2-2 伺服馬達規格

常見的伺服馬達廠牌有 Futaba、Hi-tec、DELUXE、PARALLAX、廣營 GWS 及輝盛 Tower Pro 等。廠商所提供的伺服馬達規格包含外形尺寸（mm）、重量（g）、速度（秒/60°）、扭力（kg/cm）、測試電壓、齒輪種類，以及是否含有滾珠軸承等。

速度單位為秒/60°，是指伺服馬達轉動 60° 所需的秒數。扭力單位為 kg/cm，是指在擺臂長度 1cm 處能吊起多少 kg 重的物體。齒輪種類有塑膠及金屬兩種，塑膠齒輪價格較便宜，而金屬齒輪不會因為負載過大而產生崩牙現象，因此可以承受較大的扭力及速度。為使馬達轉動平滑穩定、輕快精準，常在轉軸加裝滾珠軸承。

在選用伺服馬達時，可依實際需求及經濟考量來決定使用的規格。如表 12-2 所示廣營 GWS 及輝盛 Tower Pro 伺服馬達規格。標準型 180° 伺服馬達可應用在遙控模型及機器手臂，如遙控飛機的機翼起降、尾翼方向，或是機械手臂的伸、舉、抓等動作。連續型 360° 伺服馬達可應用在機器人及自走車。小型伺服馬達如 Tower Pro / SG90 / MG90，大型伺服馬達如 Tower Pro / MG995 / MG996 及 GWS / S35 / S03T，必須**外接+5V 電源**才有足夠的電流驅動伺服馬達。

表 12-2　廣營 GWS 及輝盛 Tower Pro 伺服馬達規格

廠商	型號	角度	重量 克 g	尺寸 長×寬×高 mm	4.8V 速度 (秒/60°)	4.8V 扭力 (kg/cm)	6.0V 速度 (秒/60°)	6.0V 扭力 (kg/cm)
GWS	S35	360°	41	39.5×20.0×35.6	0.15	2.5	0.13	2.8
GWS	S03T	180°	46	39.5×20.0×35.6	0.33	7.2	0.27	8.0
TowerPro	MG90S	180°/360°	13.4	22.8×12.2×28.5	0.1	1.8	0.08	2.2
TowerPro	SG90	180°/360°	9	23x12.2x29	0.12	1.4	–	1.8
TowerPro	MG995	360°	55	40.7*19.7*42.9	0.17	9.4	0.13	11
TowerPro	MG996	180°	55	40.7×19.7×42.9	0.17	9.4	0.13	11

12-2-3　伺服馬達接線

　　如表 12-3 所示，任何廠牌的伺服馬達都有三條控制線，一條為電源線、一條為接地線、另一條為信號線，雖然顏色不同，但是排列順序大致相同。**電源線通常是紅色，接地線通常是棕色或黑色，信號線通常是橙色、黃色或白色**。伺服馬達電源 Vservo 須使用外接電源，以提供足夠電流驅動伺服馬達。

表 12-3　伺服馬達電氣規格

接腳顏色	名稱	說明	最小值	典型值	最大值
橙、黃、白	Signal	輸入	3.3V	5.0V	Vservo+0.2V
紅	Vservo	電源	4.0V	5.0V	6.0V
棕、黑	V_{SS}	接地	–	0	–

12-2-4　伺服馬達控制原理

　　伺服馬達使用 PWM 信號來控制，依其旋轉角度可以分為兩種：一為標準型（standard），運動角度 0~180°；另一為連續旋轉型（continuous），運動角度 0~360°。**典型伺服馬達的 PWM 信號週期為 10ms~22ms，正脈波寬度安全範圍為 0.75ms~2.25ms，臨界範圍為 0.5ms~2.5ms**。當正脈波寬度超出臨界範圍時，伺服馬達可能會燒毀。

1. 標準型（運動角度 0~180°）

　　如圖 12-8 所示標準型伺服馬達控制信號，PWM 信號的週期為 20ms。以正脈波寬度來決定旋轉角度。當正脈波寬度為 0.7ms 時，伺服馬達轉至 0 度位置；當正脈波寬度為 1.5ms 時，伺服馬達轉至 90 度位置；當正脈波寬度為 2.3ms 時，伺服馬達轉至 180 度

位置。伺服馬達的轉動角度與正脈波寬度沒有一定的精確關係，必須反複測試修正來找出適當關係，角度 θ 與正脈波寬度 t 的關係如下：

$$\theta = 180^\circ \times \left(\frac{t - 0.7\text{ms}}{2.3\text{ms} - 0.7\text{ms}} \right) \text{ 或 } t = \frac{\theta}{180^\circ} \times (2.3\text{ms} - 0.7\text{ms}) + 0.7\text{ms}$$

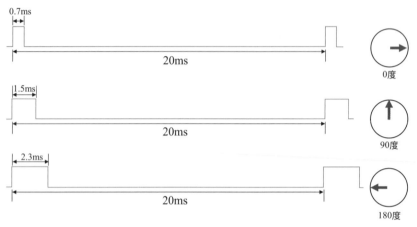

圖 12-8　標準型伺服馬達控制信號

2. 連續旋轉型（運動角度 0~360°）

　　如圖 12-9 所示連續旋轉型伺服馬達控制信號，PWM 信號週期為 20ms，以正脈波寬度來決定旋轉方向。當正脈波寬度等於 1.5ms 時，伺服馬達停止不動，停在中間 90 度位置。當正脈波寬度小於 1.5ms（例如 1.3ms）時，伺服馬達順時針連續正轉，而且正脈波寬度愈小，正轉速度愈快。當正脈波寬度大於 1.5ms（例如 1.7ms）時，伺服馬達逆時針連續反轉，而且正脈波寬度愈大，反轉速度愈快。有些連續旋轉型伺服馬達提供校正旋鈕，在正脈波寬度為 1.5ms 時，調校旋鈕可使其停止轉動。

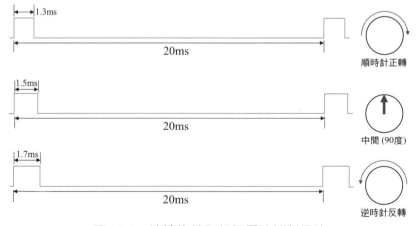

圖 12-9　連續旋轉型伺服馬達控制信號

12-3　認識步進馬達

　　如圖 12-10 所示步進馬達（step motor）常應用於工業控制如機械手臂、工具機等或電腦周邊裝置如印表機、光碟機、磁碟機等。步進馬達與直流馬達比較，具有低轉速、高扭力、反應速度快、控制電路簡單、轉動角誤差小且無慣性等特性。

圖 12-10　步進馬達

12-3-1　步進馬達結構

　　如圖 12-11 所示步進馬達結構，包含控制電路、驅動電路、直流電源及步進馬達本體四個部分，**步進馬達是一種能將輸入脈波轉成機械能量的裝置。**

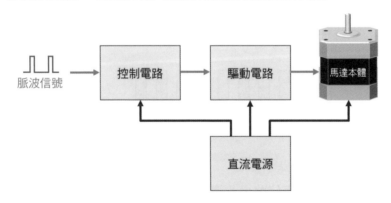

圖 12-11　步進馬達結構

1. 控制電路

　　控制電路主要功用是控制馬達的轉動角度、轉動速度及轉動方向，控制電路可以使用數位邏輯電路組合完成，或是由 MicroPython 開發板直接產生控制信號。

(1) 轉角控制

　　步進馬達的轉動步數與輸入脈波數成正比。 我們只要控制輸入脈波數，即可控制步進馬達的轉動角度。如圖 12-12 所示步進馬達轉角控制，以一圈 200 步的步進馬達為例，每步轉動角度=360°/200 步=1.8°/步，輸入 10 個脈波可轉動 18°。

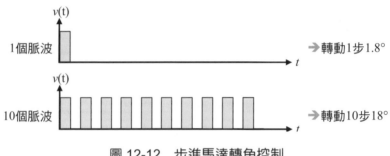

圖 12-12　步進馬達轉角控制

(2) 轉速控制

　　步進馬達轉速與輸入脈波頻率成正比。如果輸入脈波頻率愈高，則馬達轉速愈快，但是當馬達轉速太快時，會產生失速（stall）現象。所謂失速是指步進馬達的轉速無法跟上輸入脈波頻率的快速變化，而導致轉動停止的一種現象。

　　如圖 12-13 所示步進馬達轉速控制，以一圈 200 步的步進馬達為例，輸入 200Hz 脈波信號，每秒鐘轉動 200 步，正好 1 圈。因此每分鐘轉動 60 圈，轉速為 60rpm（revolutions per minute）。同理，輸入 400Hz 脈波信號，轉速為 120rpm。

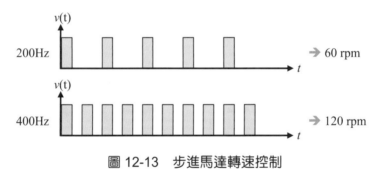

圖 12-13　步進馬達轉速控制

(3) 轉向控制

　　步進馬達轉向由控制相序信號來改變。相序為 A、B、$\overline{A}$、$\overline{B}$，則馬達正轉；相序為 $\overline{B}$、$\overline{A}$、A、B，則馬達反轉。相序不對，步進馬達無法正常轉動。

2. 驅動電路

　　驅動電路主要功用是將控制電路輸出信號的電流放大，以產生足夠的電流來驅動步進馬達轉動。MicroPython 開發板輸出必須使用馬達驅動 IC，來提供足夠電流驅動步進馬達。

3. 直流電源

驅動電路及步進馬達的電源腳必須同時連接到相同的外接直流電源，提供穩定的直流電壓。常用步進馬達的額定工作電壓有 3V、5V、6V、12V 及 24V 等。

4. 步進馬達

如圖 12-14 所示步進馬達結構，內部包含兩組線圈，依線圈接線可以分成四線式、五線式及六線式。四線式含兩組線圈，稱為二相步進馬達。五線式及六線式含中心抽頭接線將線圈分成兩個部分，如同有四組線圈，因此稱為四相步進馬達。

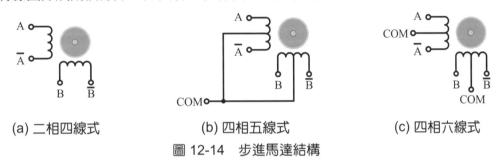

(a) 二相四線式　　　　(b) 四相五線式　　　　(c) 四相六線式

圖 12-14　步進馬達結構

12-3-2　步進馬達激磁方式

步進馬達依其激磁方式可分成 1 相激磁型、2 相激磁型及 1-2 相激磁型等。如圖 12-15 所示 1 相激磁型操作時序，在同一時間內只會有一組線圈激磁導通。1 相激磁型的馬達消耗功率低且扭力小，又稱為低功率型（low power type）步進馬達。

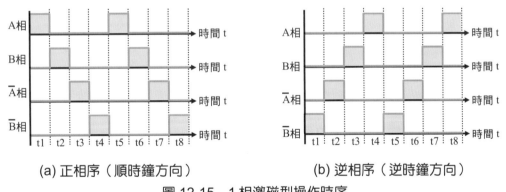

(a) 正相序（順時鐘方向）　　　　(b) 逆相序（逆時鐘方向）

圖 12-15　1 相激磁型操作時序

如圖 12-16 所示 2 相激磁型操作時序，在同一時間內會有兩組線圈同時激磁。2 相激磁型的馬達扭力較大但消耗功率較高，**四相步進馬達常使用 2 相激磁時序驅動**。

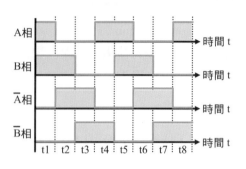

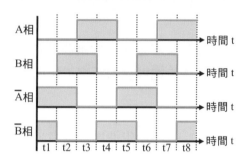

(a) 正相序（順時鐘方向）　　　　　(b) 逆相序（逆時鐘方向）

圖 12-16　2 相激磁型操作時序

如圖 12-17 所示 1-2 相激磁型操作時序，又稱為**半步激磁型**，可以使步進馬達的解析度（resolution）或稱為精密度增加一倍。常用步進馬達轉動一圈為 200 步，每步轉動角度為 1.8 度。半步激磁轉動一圈為 400 步，每步轉動角度為 0.9 度。

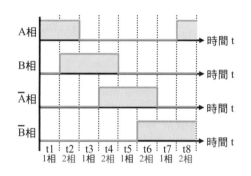

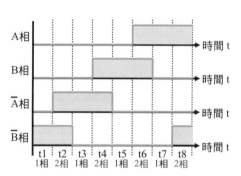

(a) 正相序（順時鐘方向）　　　　　(b) 逆相序（逆時鐘方向）

圖 12-17　1 - 2 相激磁型操作時序

12-3-3　28BYJ-48 四相步進馬達

如圖 12-18 所示 28BYJ-48 四相步進馬達，常搭配圖 12-4 所示 ULN2003A 馬達驅動模組一起出售。所有輸入邏輯準位都與 TTL 相容。

(a) 外觀　　　　　　　　　　　　(b) 接腳

圖 12-18　28BYJ-48 四相步進馬達

28BYJ-48 四相步進馬達有 5V 及 12V 兩種規格，12V 規格的扭力較大，兩者皆可使用圖 12-4 所示 ULN2003A 馬達驅動模組來驅動。MicroPython 開發板的 GPIO 輸出，連接至 ULN2003A 馬達驅動模組 IN1~IN4 四個輸入，對應的 OUT1~OUT4 四個輸出連接至馬達，就可以控制馬達的轉向及轉速。

在 28BYJ-48 四相步進馬達規格表中的步幅角度（stride angle）為 5.625°/64，是以 1-2 相半步激磁時序來定義，表示馬達轉動 64 步的步進角為 5.625°。28BYJ-48 四相步進馬達內含減速齒輪，齒輪減速比為 64:1，所以馬達轉動一圈 360° 需要 64×360°/5.625°=4096 步。

12-4 實作練習

12-4-1 直流馬達轉速控制實習

🔲 功能說明

如圖 12-19 所示電路接線圖，使用 NodeMCU ESP32-S 開發板及內建觸摸感測器 TOUCH7（GPIO27），控制直流馬達的轉速。手指每觸摸一下 TOUCH7，馬達加速依序為：1（低速）➡2（中速）➡3（高速）➡0（停止）

直流馬達及 ULN2003A 驅動模組必須外接相同電源，才能正常工作。為了觀察方便，可以在馬達上加裝小風扇，但是負載電流會增加。因為 ULN2003A 驅動模組每支輸出腳最大電流為 500mA，過載將會燒毀 ULN2003A 晶片。如果要提高馬達轉速，可以改用如圖 12-3 所示達靈頓電路來驅動直流馬達。

🔲 電路接線圖

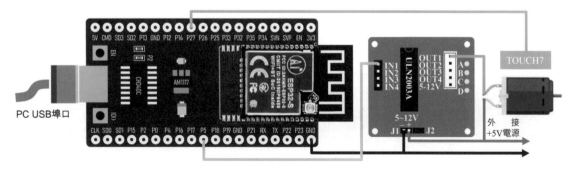

圖 12-19　直流馬達轉速控制實習電路圖

程式：ch12_1.py

```
from machine import Pin,PWM,TouchPad   #載入 Pin、PWM 及 TouchPad 類別。
import time                            #載入 time 函式庫。
motor=Pin(5,Pin.OUT)                   #GPIO5 控制直流馬達轉速。
sw=TouchPad(Pin(27))                   #使用 TOUCH7(GPIO27)觸摸感測器。
pwm=PWM(motor,freq=500,duty=0)         #建立 PWM 物件。
n=0                                    #速級。
speed=(0,400,500,600)                  #轉速。
while True:                            #迴圈。
    if(sw.read()<250):                 #觸摸 TOUCH7？
        time.sleep_ms(200)             #消除彈跳。
        n=n+1                          #速級加 1。
        if(n>3):                       #已至最高速？
            n=0                        #速級歸零。
        pwm.duty(speed[n])             #驅動直流馬達轉動。
```

練習

1. 接續範例，在 GPIO14、GPIO12、GPIO13 新增綠、黃、紅等三個 LED 燈指示馬達轉速，低速綠燈亮、中速黃燈亮、高速紅燈亮。

2. 接續範例，加速級別依序為 0（停止）→1（低速）→2（中速）→3（高速）→4（超高速）→0（停止）。GPIO14、GPIO12、GPIO13、GPIO15 新增綠、黃、紅、藍等四個 LED 燈指示馬達轉速，低速綠燈亮、中速黃燈亮、高速紅燈亮、超高速藍燈亮。

12-4-2 專題實作：微電腦智能風扇

一 功能說明

如圖 12-20 所示 OLED 顯示風速級別及對應條狀數，數字表示風扇轉速，條狀數增加視覺效果。左邊顯示目前環境溫度及溼度。

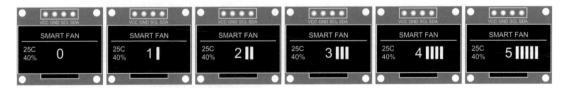

圖 12-20 OLED 顯示風速級別及對應條狀數

如圖 12-21 所示電路接線圖，使用 NodeMCU ESP32-S 開發板、內建觸摸感測器 TOUCH7（GPIO27）及 DHT11 溫溼度感測器，控制風扇轉速。手指每觸摸一下 TOUCH7，風速依序為：1（輕風）➔2（微風）➔3（和風）➔4（強風）➔0（停止）。練習 1 使用 DHT11 感測器檢測並顯示環境溫度及相對溼度，並顯示於 OLED 的左方位置。練習 2 增加自然風功能，風速級別顯示 5。

電路接線圖

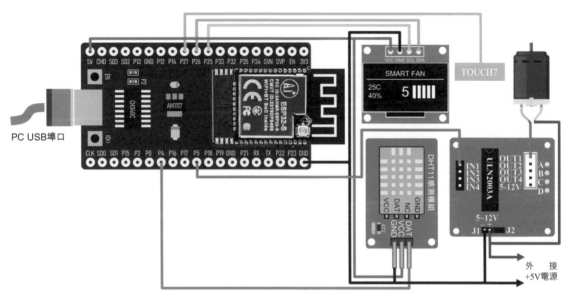

圖 12-21　微電腦智能風扇

程式：ch12_2.py

```
from machine import Pin,PWM,I2C,TouchPad   #載入 Pin、PWM、I2C、TouchPad 類別。
from font16x16 import *                    #載入 16x16 字形檔。
from ssd1306 import SSD1306_I2C            #載入 SSD1306_I2C 類別。
import time                               #載入 time 函式庫。
i2c=I2C(1,freq=400000)                    #建立 I2C 物件。
motor=Pin(5,Pin.OUT)                      #GPIO5 控制直流馬達。
sw=TouchPad(Pin(27))                      #使用內建觸摸感測器 TOUCH7（GPIO27）。
pwm=PWM(motor,freq=500,duty=0)            #建立 PWM 物件。
oled=SSD1306_I2C(128, 64, i2c)            #建立 OLED 物件。
n=0                                       #速級。
speed=(0,200,250,300,350)                 #轉速。
str1='SMART FAN'                          #顯示字串。
str2='0'                                  #顯示速級。
```

`def drawText16x16(str,x,y,n):`	#16x16 字形顯示函式。
`    for i in range(n):`	#n 個字元。
`        x1=x`	#顯示字串的左上角座標(x,y)。
`        y1=y`	#顯示字串的左上角座標(x,y)。
`        a=font[ord(str[i])-0x30]`	#取出字元的字形碼。
`        for j in range(16):`	#每個字元 16 行。
`            for k in range(2):`	#每行 2 個位元組。
`                b=a[j*2+k]`	#取出一個位元組資料。
`                for pixel in range(8)`	#每個位元組有 8 個位元。
`                    if(b & 0x80 == 0x80):`	#位元值等於 1？
`                        oled.pixel(x1,y1,1)`	#點亮。
`                    else:`	#位元組等於 0。
`                        oled.pixel(x1,y1,0)`	#不亮。
`                    b=b<<1`	#取出一個位元值。
`                    x1=x1+1`	#移動 x1 座標向右一位元。
`            x1=x`	#重設(x1,y1)座標在字元的左上角(x,y)。
`            y1=y1+1`	#下一行。
`        x=x+16`	#設定下一個顯示字元的 x 座標
`def setPos(str,size):`	#座標設定函式。
`    x=int((128-len(str)*size)/2)`	#字串顯示在螢幕中間位置的左上角座標(x,y)
`    y=int((64-size)/2)`	#字串顯示在螢幕中間位置的左上角座標(x,y)
`    return(x,y)`	#傳回座標(x,y)。
`def drawBar(n,x,y):`	#條狀畫圖函式。
`    x1=x`	#取得座標(x,y)。
`    y1=y`	#取得座標(x,y)。
`    oled.framebuf.fill_rect(x1,y1,36,16,0)`	#清除舊的條狀圖。
`    for i in range(n):`	#n 個條狀圖。
`        oled.framebuf.fill_rect(x1,y1,4,16,1)`	#畫 4x16 條狀圖。
`        x1=x1+8`	#設定下一條狀圖的座標(x1,y1)。
`        y1=y`	#條狀圖對齊。
`(x,y)=setPos(str1,8)`	#取得 8x8 顯示字串 str1 的左上角座標。
`oled.text(str1,x,4,1)`	#自座標(x,4)開始顯示字串 str1。
`oled.framebuf.line(0,16,127,16,1)`	#畫直線，座標(0,16)到座標(127,16)。
`(x,y)=setPos(str2,16)`	#取得 16x16 顯示字串 str2 的左上角座標。
`drawText16x16(str2,x,y+8,1)`	#在座標(x,y+8)顯示 16x16 字串 str2。
`oled.show()`	#OLED 更新顯示。
`while True:`	#迴圈。
`    if(sw.read()<250):`	#觸摸 TOUCH7？
`        time.sleep_ms(200)`	#消除彈跳。
`        n=n+1`	#馬達速級加 1。
`        if(n>4):`	#馬達速級 0~4。

n=0	
pwm.duty(speed[n])	#依速級設定轉速。
(x,y)=setPos(str2,16)	#取得 16x16 顯示字串的左上角座標。
drawText16x16(str(n),x,y+8,1)	#顯示速級。
drawBar(n,x+20,y+8)	#顯示條狀圖。
oled.show()	#OLED 更新顯示。

練習

1. 接續範例，新增 DHT11 溫溼度感測器（GPIO4），檢測並顯示環境溫度及溼度。
2. 接續範例，新增自然風功能，每觸摸一下 TOUCH7，風速改變依序為：1（輕風）➔2（微風）➔3（和風）➔4（強風）➔5（自然風）➔0（停止）。自然風每 0.5 秒改變轉速依序：1➔2➔3➔4➔3➔2➔1。

12-4-3 伺服馬達轉角控制實習

一 功能說明

如圖 12-22 所示電路接線圖，使用 NodeMCU ESP32-S 開發板及電位器，控制 MG90S 標準型伺服馬達的轉動角度。馬達轉動角度 θ 與 PWM 脈寬 t 的關係式如下式。

$$\theta = 180^\circ \times \left(\frac{t-0.7}{2.3-0.7} \right) \text{或} \ t = \frac{\theta}{180^\circ} \times 1.6 + 0.7 \ \text{[單位：ms]}$$

我們使用 machine 函式庫中的 PWM 類別來控制伺服馬達的轉動角度。PWM 類別有三個參數，參數 pin 設定使用的 GPIO 接腳。參數 freq 設定 PWM 信號的頻率，ESP8266 設定範圍在 1Hz ~ 1000Hz 之間，ESP32 設定範圍在 1Hz ~ 40MHz 之間。因為週期為 20ms，所以參數 freq 設定為 50Hz。

格式 machine.PWM(pin, freq, duty)

參數 duty 設定 PWM 信號的脈寬工作週期，其值介於 0~1023，duty=0 時的工作週期為 0%，duty=1023 時的工作週期為 100%。如表 12-4 所示，當電位器逆時針轉至最左邊位置時，PWM 脈寬為 0.7ms 時，伺服馬達轉至 0°位置，duty = (0.7ms / 20ms) × 1023 = 36。當電位器順時針轉至最右邊位置時，PWM 脈寬為 2.3ms 時，伺服馬達轉至 180°位置，duty = (2.3ms / 20ms) × 1023 = 118。參數 duty 的計算式如下式。

$$\text{duty} = \left(118-36\right)\left(\frac{D}{1024}\right)+36$$

表 12-4　數位值與 PWM 工作週期的關係

參數	最小值	中間值	最大值
數位值 D	0	512	1023
轉動角θ	0°	90°	180°
PWM 脈寬	0.7ms	1.5ms	2.3ms
duty 參數	36	77	118

二 電路接線圖

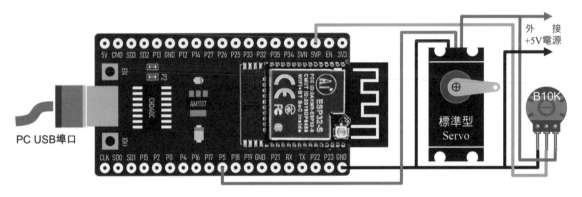

圖 12-22　伺服馬達轉角控制實習電路圖

三 程式：ch12_3.py

`from machine import Pin,PWM,ADC`	#載入 Pin、PWM 及 ADC 類別。
`import time`	#載入 time 函式庫。
`motor=Pin(5,Pin.OUT)`	#GPIO5 連接伺服馬達。
`pwm=PWM(motor,freq=50,duty=0)`	#使用 PWM 信號控制伺服馬達。
`adc0=ADC(Pin(36))`	#ADC0(GPIO36)連接電位器輸出。
`while True:`	#迴圈。
`    value=adc0.read()`	#讀取電位器電位，並轉換為數位值。
`    d=int((118-36)*(value/1024)+36)`	#計算 PWM 信號的工作週期。
`    pwm.duty(d)`	#設定工作週期。
`    time.sleep(0.1)`	#每 0.1 秒讀取一次電位器電位。

練習

1. 使用 NodeMCU ESP32-S 開發板、JoyStick 雙軸按鍵搖桿模組，控制兩個 MG90S 標準型伺服馬達的轉動角度。
2. 接續範例，電位器控制 MG90S 連續旋轉型伺服馬達的轉向。

12-4-4 專題實作：自動窗簾

━ 功能說明

　　如圖 12-23 所示自動窗簾電路接線圖，使用 NodeMCU ESP32-S 開發板、內建觸摸感測器 TOUCH7、電位器、LED 指示燈、光敏電阻模組及 DHT11 溫溼度感測器，控制 MG90S 標準型伺服馬轉角，完成自動窗簾功能。

　　觸摸感測器 TOUCH7 切換工作模式，每觸摸一下 TOUCH7，工作模式依序切換為：手動（LED 暗）➔光控（LED 亮）➔溫控（LED 閃爍）。在手動模式下，GPIO2 上的 LED 不亮，電位器可以改變伺服馬達的轉角，電位器調整方向與伺服馬達轉動方向一致。在光控模式下，GPIO2 上的 LED 亮，光線強則馬達轉動至 0° 位置，窗簾捲至最下方位置遮光。光線弱則馬達轉動至 180° 位置，窗簾捲至最上方位置透光。

　　練習 1 調整光控模式下伺服馬達的轉角，光線強則馬達轉動至 45° 位置，使窗簾捲至最下方位置。光線弱則馬達轉動至 135° 位置。練習 2 增加溫度模式，溫度≥26°C 時，馬達轉至 0° 位置，溫度≤22°C 時，馬達轉至 180° 位置。

━ 電路接線圖

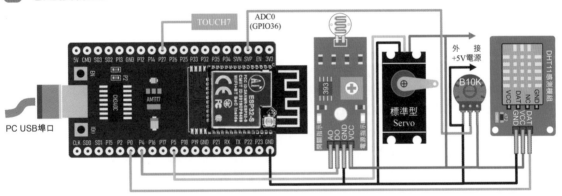

圖 12-23　專題實作：自動窗簾

━ 程式：ch12_4.py

```
from machine import Pin,PWM,ADC,TouchPad    #載入 Pin、PWM、ADC、TouchPad 類別。
import time                                 #載入 time 函式庫。
sw=TouchPad(Pin(27))                        #觸摸感測器 TOUCH7(GPIO27)。
motor=Pin(5,Pin.OUT)                        #GPIO5 控制伺服馬達。
cds=Pin(4,Pin.IN,Pin.PULL_UP)              #GPIO4 連接光敏電阻 DO 輸出。
led=Pin(2,Pin.OUT,value=0)                  #GPIO2 內建 LED。
adc=ADC(Pin(36))                            #建立 ADC 物件，使用 ADC0(GPIO36)。
pwm=PWM(motor,freq=50,duty=0)               #建立 PWM 物件。
```

auto=False	#手動模式(False)，光控模式(True)。
while True:	#迴圈。
if(sw.read()<250):	#手指觸摸 TOUCH7？
time.sleep_ms(200)	#消除彈跳。
auto=not auto	#切換工作模式。
if(auto==True):	#光控模式？
led.value(1)	#點亮 GPIO2 的 LED。
if(cds.value()==1):	#光線變弱？
pwm.duty(118)	#開啟窗簾。
else:	#光線變強。
pwm.duty(36)	#關閉窗簾。
time.sleep(0.1)	#每 0.1 秒檢測一次。
else:	#手動模式。
led.value(0)	#關閉 GPIO2 的 LED。
value=adc.read()	#讀取電位器數位值。
value=4096-value	#轉換數位值，電位器的電位大則數位值小。
d=int((118-36)*(value/4096)+36)	#電位器的電位大則轉動角度小。
pwm.duty(d)	#驅動伺服馬達轉動。
time.sleep(0.1)	#每 0.1 秒檢測一次。

 練習

1. 接續範例，調整光控模式下伺服馬達轉動角度。當光線強則轉動伺服馬達至 45° 位置，捲動窗簾向下，當光線弱則轉動伺服馬達至 135° 位置，捲動窗簾向上。
2. 接續範例，觸摸感測器 TOUCH7 切換手動、光控及溫控三種工作模式。
   (1) 在手動模式下 LED 不亮，電位器控制伺服馬達的轉角，改變窗簾位置。
   (2) 在光控模式下 LED 亮，光線強則馬達轉至 0° 位置，光線弱則馬達轉至 180° 位置。
   (3) 在溫控模式下 LED 閃爍，溫度≥26°C 馬達轉至 0°，溫度≤22°C 馬達轉至 180°。

12-4-5 步進馬達轉向控制實習

功能說明

如圖 12-24 所示電路接線圖，使用 NodeMCU ESP32-S 開發板，控制四相步進馬達連續正轉。馬達驅動模組及步進馬達必須使用外接電源，才有足夠電流驅使馬達正常動作。

電路接線圖

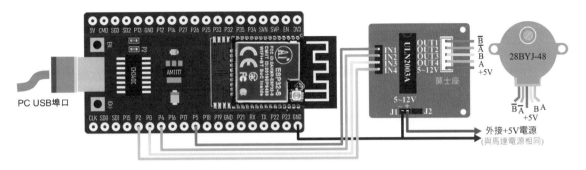

圖 12-24　步進馬達轉向控制實習

程式：ch12_5.py

`from machine import Pin`	#載入 machine 函式庫中的 Pin 類別。
`import time`	#載入 time 函式庫。
`IN1 = Pin(5,Pin.OUT)`	#GPIO5 連接驅動模組 IN1(/B)。
`IN2 = Pin(4,Pin.OUT)`	#GPIO4 連接驅動模組 IN2(/A)。
`IN3 = Pin(0,Pin.OUT)`	#GPIO0 連接驅動模組 IN3(B)。
`IN4 = Pin(2,Pin.OUT)`	#GPIO2 連接驅動模組 IN4(A)。
`pins = (IN1, IN2, IN3, IN4)`	#驅動步進馬達 A、B、/A、/B。
`phase = ((1,0,0,0),(1,1,0,0),(0,1,0,0),(0,1,1,0),`	#1-2 相激磁時序。
`        (0,0,1,0),(0,0,1,1),(0,0,0,1),(1,0,0,1))`	#1-2 相激磁時序。
`while True:`	#迴圈。
`    for step in phase:`	#取出一組激磁時序。
`        for i in range(4):`	#每組驅動 A、B、/A、/B 四相。
`            pins[3-i].value(step[i])`	#激磁。
`            time.sleep_ms(1)`	#脈寬 1ms。

練習

1. 使用 NodeMCU ESP32-S 開發板，控制步進馬達連續反轉。

2. 使用 NodeMCU ESP32-S 開發板及內建觸摸感測器 TOUCH7（GPIO27），控制步進馬達轉動，每觸摸一下 TOUCH7，馬達改變轉動方向，依序為：正轉➔反轉➔正轉。

12-4-6 專題實作：可程式步進馬達控制器

一 功能說明

如圖 12-25 所示 4×4 薄膜鍵盤，共有 8 條連接線，由 16 個常開型按鍵開關組合而成，每個開關有兩個薄膜接點。第一個接點相互連接形成列（row，簡稱 R），共有 R0~R3 四列。第二個接點相互連接形成行（column，簡稱 C），共有 C0~C3 四行。

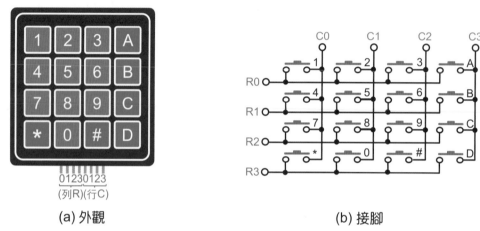

(a) 外觀　　　　　　　　　　　　(b) 接腳

圖 12-25　4×4 薄膜鍵盤

如圖 12-26 所示 4×4 薄膜鍵盤電路，在每列串接一個 10kΩ 上升電阻，或是利用 **MicroPython 開發板內部的上升電阻，將列輸入提升至高電位**。每次掃描驅動 C0~C3 的其中一行為低電位，如同將該行接地，其餘各行保持高電位。讀取目前掃描行的四個按鍵狀態，該行如有按鍵被按下，按鍵所在列會讀取到低電位、邏輯 0 的信號。

以按鍵 5 為例，MicroPython 開發板依序掃描輸出低電位至行位址 C0、C1、C2、C3。當行掃描到 C1 時，在列 R1 可以讀取到邏輯 0 信號，其餘各列讀取到邏輯 1 信號。依按鍵值的行位址及列位址，使用查表方法轉換為正確鍵值。

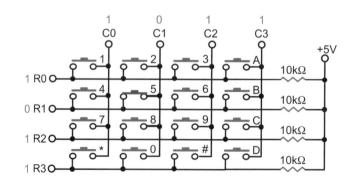

圖 12-26　4×4 薄膜鍵盤電路

如圖 12-27 所示電路接線圖，使用 NodeMCU ESP32-S 開發板、4×4 薄膜鍵盤、TM1637 顯示模組及 28BYJ-48 四相步進馬達，完成可程式步進馬達控制器。

　　4×4 薄膜鍵盤的按鍵 0 到 9 用來輸入步進數，顯示器同步顯示輸入步進數。按鍵 A 啟動馬達正轉，每正轉一步，顯示器上的步進數倒數減 1，至 0 則馬達停止轉動。按鍵 B 啟動馬達反轉，每反轉一步，顯示器上的步進數倒數減 1，至 0 則馬達停止轉動。按鍵 # 用來清除輸入的步進數，顯示器顯示 0。

　　練習 1 完成按鍵 C 及按鍵 D 的功能。按鍵 C 設定馬達加速、按鍵 D 設定馬達減速，馬達轉動初速為每 20ms 轉動一步。每按一下按鍵 C，轉速加倍，最大值為 5ms。每按一下按鍵 D，轉速減半，最小值為 40ms。

　　練習 2 完成按鍵 * 的功能。當馬達轉動時，按鍵 * 可以暫停馬達轉動。重按 A 鍵，馬達繼續正轉至步數為 0 停止，重按 B 鍵，馬達繼續反轉至步數為 0 停止。

二 電路接線圖

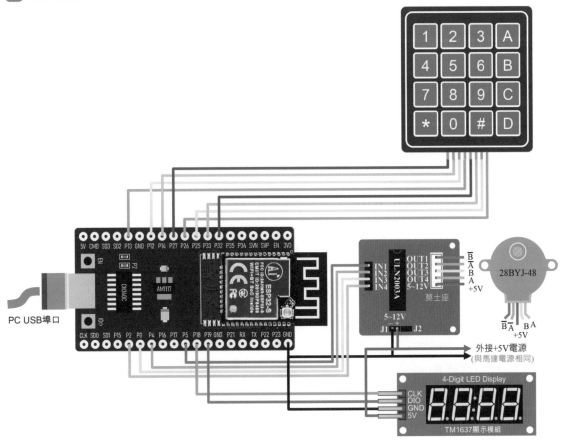

圖 12-27　專題實作：可程式步進馬達控制器

程式：ch12_6.py

```python
from machine import Pin                              #載入 machine 函式庫中的 Pin 類別。
import time                                          #載入 time 函式庫。
import tm1637                                        #載入 tm1637 函式庫。
tm = tm1637.TM1637(clk=Pin(18), dio=Pin(19))         #建立 TM1637 物件。
tm.brightness(1)                                     #設定顯示器亮度。
IN1 = Pin(5,Pin.OUT)                                 #GPIO5 連接步進馬達驅動電路 IN1 輸入。
IN2 = Pin(4,Pin.OUT)                                 #GPIO4 連接步進馬達驅動電路 IN2 輸入。
IN3 = Pin(0,Pin.OUT)                                 #GPIO0 連接步進馬達驅動電路 IN3 輸入。
IN4 = Pin(2,Pin.OUT)                                 #GPIO2 連接步進馬達驅動電路 IN4 輸入。
pins = (IN1, IN2, IN3, IN4)                          #建立 tuple 物件。
phase = ((1,0,0,0),(1,1,0,0),(0,1,0,0),(0,1,1,0),    #1-2 相激磁。
         (0,0,1,0),(0,0,1,1),(0,0,0,1),(1,0,0,1) )
keys=[['1','2','3','A'],                             #4×4 薄膜鍵盤。
     ['4','5','6','B'],                              #4×4 薄膜鍵盤。
     ['7','8','9','C'],                              #4×4 薄膜鍵盤。
     ['*','0','#','D']]                              #4×4 薄膜鍵盤。
rows=[27,14,12,13]                                   #列 R0~R3 使用 GPIO27、14、12、13。
cols=[32,33,25,26]                                   #行 C0~C3 使用 GPIO32、33、25、26。
row_pins=[Pin(pin,Pin.IN,Pin.PULL_UP) for pin in rows]#設定列為輸入模式。
col_pins=[Pin(pin,Pin.OUT,value=1) for pin in cols]  #設定行為輸出模式。
nums=0                                               #步進數。
def scan():                                          #按鍵掃描函式。
    key=None                                         #鍵值初始值。
    for col in range(4):                             #4 行。
        col_pins[col].value(0)                       #設定行掃描信號為低電位。
        for row in range(4):                         #每行有 4 個按鍵。
            if row_pins[row].value()==0:             #有按鍵被按下？
                time.sleep_ms(20)                    #消除按鍵彈跳。
                while(row_pins[row].value()==0):     #等待放開按鍵。
                    pass
                key=keys[row][col]                   #查表轉換鍵值。
        col_pins[col].value(1)                       #設定行掃描信號為高電位。
    return key                                       #傳回鍵值。
while True:                                           #迴圈。
    key=scan()                                       #掃描 4×4 鍵盤。
    if(key==None):                                   #未按下任何鍵？
        pass                                         #無動作。
    elif(key=='A'):                                  #按下 A 鍵 (馬達正轉)？
        m=nums//8                                    #計算相序組數 (每組相序轉動 8 步)。
```

```
        if(m>0):                              #無條件進位。
            m=m+1
        for n in range(m):                    #步進數等於 nums。
            for step in phase:                #1-2 相激磁使用 8 組相序。
                for i in range(4):            #四相步進馬達。
                    pins[3-i].value(step[i])  #輸出單相激磁信號。
                    time.sleep_ms(20)         #每步 20ms。
                nums=nums-1                    #步進數減 1。
                tm.number(nums)               #TM1637 顯示器顯示步進數。
                if(nums==0):                   #步進數為 0?
                    for i in range(4):        #關閉步進馬達四相驅動。
                        pins[3-i].value(0)
                    break                      #結束。
    elif(key=='B'):                            #按下 B 鍵(馬達反轉)?
        m=nums//8                              #計算相序組數(每組相序轉動 8 步)。
        if(m>0):                               #無條件進位。
            m=m+1
        for n in range(m):                     #步進數等於 nums。
            for step in phase:                 #1-2 相激磁使用 8 組相序。
                for i in range(4):             #四相步進馬達。
                    pins[i].value(step[i])     #輸出單相激磁信號。
                    time.sleep_ms(10)          #每步 20ms。
                nums=nums-1                     #步進數減 1。
                tm.number(nums)                #TM1637 顯示器顯示步進數。
                if(nums==0):                    #步進數為 0?
                    for i in range(4):         #關閉步進馬達四相驅動。
                        pins[3-i].value(0)
                    break                       #結束。
    elif(key=='C'):                             #按下 C 鍵(轉速加倍)?
        pass
    elif(key=='D'):                             #按下 D 鍵(轉速減半)?
        pass
    elif(key=='*'):                             #按下*鍵(馬達停止轉動)?
        pass
    elif(key=='#'):                             #按下#鍵(TM1637 顯示器顯示 0)?
        nums=0                                  #清除步進數為 0。
    elif(key>='0' and key<='9'):                #輸入按鍵 0~9?
        nums=(nums*10+int(key))%10000           #輸入數字左移一位。
    tm.number(nums)                             #TM1637 顯示器顯示步進數。
```

1. 接續範例，新增按鍵 C（加速鍵）及按鍵 D（減速鍵）的功能。
2. 接續範例，新增按鍵*（停止鍵）的功能。

13

HTTP 物聯網互動設計

13-1 認識電腦網路

所謂電腦網路（computer network）是指電腦與電腦之間利用纜線連結，以達到資料傳輸及資源共享的目的。依網路連結的方式可以分為有線電腦網路及無線電腦網路。有線電腦網路使用雙絞線、同軸線或光纖等媒介連結，無線電腦網路使用無線電波、紅外線、雷射或衛星等媒介連結。依網路連結的規模大小可以分為區域網路（Local Area Network，簡稱 LAN）及廣域網路（Wide Area Network，簡稱 WAN），現今所使用的網際網路（Internet）即是 WAN 的一種應用。

短距離無線通訊常使用藍牙（Bluetooth）、ZigBee 及 Wi-Fi 等三種無線通訊技術，將幾十公尺範圍內的通訊裝置，透過無線傳輸的方式建立連線，互相傳遞訊息資料。藍牙及 ZigBee 所使用的規範標準不是使用 TCP/IP 協定，所以無法直接連上網際網路。**Wi-Fi 使用 IEEE 802.11 規範的無線區域網路（Wireless Local Area Network，簡稱 WLAN）標準及 TCP/IP 協定**，所以在區域網路的設備或裝置，可以透過 Wi-Fi 連上網際網路。

13-1-1 區域網路

如圖 13-1 所示區域網路，使用寬頻分享器或交換器（Switch Hub）將家庭或公司的內部裝置連結起來，再由寬頻分享器或交換器自動為網內的每部電腦分配一個私用（private）IP 位址。**私用 IP 位址只能在區域網路內互連，無法直接連接外部網際網路。**

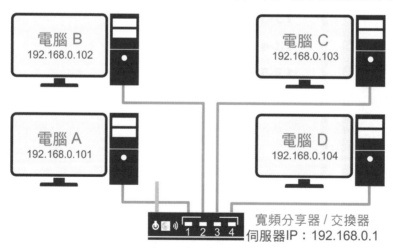

圖 13-1 區域網路

13-1-2 IP 位址

IP 位址可以分成私用（private）IP 位址及公用（public）IP 位址。**公用 IP 位址又稱為全球 IP 位址，是網際網路用來識別主機或網路裝置的識別碼。**公用 IP 位址是由網際網路名稱和編號分配公司（The Internet Corporation for Assigned Names and Numbers，簡稱 ICANN）所負責管理，每一個公用 IP 位址都是獨一無二的，而且不能自行設定。**公用 IP 位址如同家用電話號碼，需要向電信公司申請，每個電話號碼都是唯一不可重覆。私用 IP 位址如同電話分機，是由寬頻分享器分配，不需申請而且隨時可以更改。**

13-1-3 IPv4 位址及 IPv6 位址

如圖 13-2 所示，可以使用 Windows 命令提示字元輸入「ipconfig」命令，就可以看到本機的私用 IP 位址。常見的 IP 位址可以分為 IPv4 及 IPv6 兩大類。**IPv4 位址是以四個位元組（32 位元）來表示，彼此之間再以點符號 "." 做為區隔。**在 IP 位址中每個位元組的數字都是介於 0 到 255 之間，例如 192.168.0.139。這種 IP 位址表示方法稱為網路通訊協定第 4 版（Internet Protocol Version 4，簡稱 IPv4）。

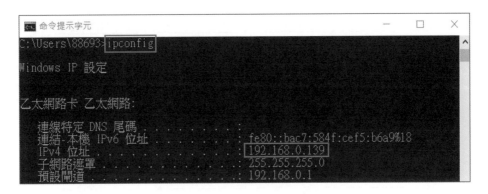

圖 13-2　本機私用 IP 位址

如表 13-1 所示 IPv4 位址的分類及範圍，不同機構對於 IP 位址的需求量不同，可以分為 A、B、C、D、E 五種等級（Class）。其中 Class A 是政府機關、研究機構及大型企業使用，Class B 是中型企業、電信業者及學術單位使用，**Class C 是 ISP 服務商及小型企業使用，**Class D 是多點廣播（multicast）用途，Class E 保留作為研究用途。

表 13-1　IPv4 位址的分類及範圍

網路等級	第一位數	第二位數	第三位數	第四位數	位址範圍
A	0××××××	××××××××	××××××××	××××××××	0.0.0.0 ~ 127.255.255.255
B	10×××××	××××××××	××××××××	××××××××	128.0.0.0 ~ 191.255.255.255
C	110××××	××××××××	××××××××	××××××××	192.0.0.0 ~ 223.255.255.255
D	1110×××	××××××××	××××××××	××××××××	224.0.0.0 ~ 239.255.255.255
E	1111×××	××××××××	××××××××	××××××××	240.0.0.0 ~ 255.255.255.255

IPv4 位址包含網路名稱（Net ID）及主機名稱（Host ID），網路名稱用來識別所屬網路，主機名稱用來識別該網路中的設備。如圖 13-3 所示 Class A、B、C 比較，Class A 的網路數量有 2^7=128 個，主機數量有 $2^{24} - 2 = 16,777,214$ 個。Class B 的網路數量有 2^{14}=16,384 個，主機數量有 $2^{16} - 2 = 65,534$ 個。Class C 的網路數量有 $2^{21} = 2,097,152$ 個，主機數量有 $2^8 - 2 = 254$。當主機名稱全部位元皆為 0 時，是指網路本身識別碼；全部位元皆為 1 時，是指該網路的廣播位址，因此主機數量會減 2。

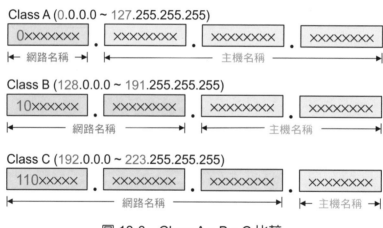

圖 13-3　Class A、B、C 比較

　　IPv4 可以使用的 IP 位址理論上約有 42 億（2^{32}）個，實際上很多區域的編碼是被空出保留或不能使用的。隨著網際網路的普及，已經使用了大量的 IPv4 位址資源。使用最新版本的 IPv6 技術，可以克服 IPv4 位址被用盡的問題。

　　IPv6 是以八個 16 位元（128 位元）來表示，彼此之間再以冒號 ":" 做為區隔，以十六進位表示成 hhhh:hhhh:hhhh:hhhh:hhhh:hhhh:hhhh:hhhh 形式，其中 hhhh 代表介於 0000 ~ FFFF 之間的十六進位數值。IPv6 可以使用的 IP 位址，理論上有 $2^{128} \cong 3.4 \times 10^{38}$ 個，遠大於 IPv4 可以使用的數量範圍。雖然 IPv4 與 IPv6 只是版本上的差異，但實際上**是完全不同的協定，兩者不能互通。**

寬頻分享器預設使用 Class C 的私用 IP 位址 192.168.x.x，其中 192.168.0.1 或 192.168.1.1 是最常使用的伺服器私用 IP 位址。在 IP 位址的四組數字當中，保留最後一個數字為 0 給該網路的主機（host），最後一個數字為 255 則用來作為廣播（broadcast），以發出訊息給網路上的所有電腦。以 192.168.0.x 的網路為例，其中 **192.168.0.0 代表網路本身，192.168.0.255 代表網路上的所有電腦**。這兩個位址無法指定給網路設備使用，所以實際上可以使用的網路主機數量只有 254 個。我們可以在 Microsoft Edge、Google Chrome 等網頁瀏覽器中，輸入伺服器 IP 位址，來開啟網路的設定頁面。設定完成後，區域網路內的電腦就可以互相傳送資料，以達資源共享的目的。

13-1-4 子網路遮罩

網際網路是由大小規模不同的子網路（Subnet）所組成，透過四位元組的 IP 位址來確認傳輸目的地。不同等級的子網路，網路名稱數量也不同，必須使用子網路遮罩（Subnet mask）來管理及解析 IP 位址。如表 13-2 所示 Class A、B、C 的子網路遮罩，Class A 網路名稱使用 1 個位元組，子網路遮罩第 1 個位元組為 255，其餘為 0。Class B 網路名稱使用 2 個位元組，子網路遮罩第 1~2 個位元組為 255，其餘為 0。Class C 網路名稱使用 3 個位元組，子網路遮罩第 1~3 個位元組為 255，其餘為 0。

表 13-2　Class A、B、C 的子網路遮罩

網路等級	IP 位址結構	子網路遮罩
Class A	0xxxxxxx . xxxxxxxx . xxxxxxxx . xxxxxxxx 網路名稱 / 主機名稱	255. 0. 0. 0
Class B	10xxxxxx . xxxxxxxx . xxxxxxxx . xxxxxxxx 網路名稱 / 主機名稱	255.255. 0. 0
Class C	110xxxxx . xxxxxxxx . xxxxxxxx . xxxxxxxx 網路名稱 / 主機名稱	255.255.255. 0

子網路遮罩可以用來判斷多個電腦是否在同一個子網路，使用 **AND** 邏輯來運算。當 IP 位址的位元值與子網路遮罩相對位元值皆為 1 時的結果為 1，否則為 0。如圖 13-4 所示子網路遮罩 AND 運算，第一台電腦的 IP 位址為 192.168.0.10，第二台電腦的 IP 位址為 192.168.1.10，經過 AND 運算的結果不同，並非屬於同一個子網路。同理，192.168.0.12 及 192.168.0.10，經過 AND 運算的結果皆為 192.168.0.0，是屬於同一個子網路。

192 . 168 . 0 . 10		11000000 . 10101000 . 00000000 . 00001010（IP位址）
AND	255 . 255 . 255 . 0	AND 11111111 . 11111111 . 11111111 . 00000000（子網路遮罩）
	192 . 168 . 0 . 0	11000000 . 10101000 . 00000000 . 00000000（結果）
192 . 168 . 1 . 10		11000000 . 10101000 . 00000001 . 00001010（IP位址）
AND	255 . 255 . 255 . 0	AND 11111111 . 11111111 . 11111111 . 00000000（子網路遮罩）
	192 . 168 . 1 . 0	11000000 . 10101000 . 00000001 . 00000000（結果）

圖 13-4　子網路遮罩 AND 運算

13-1-5　預設閘道

　　預設閘道（Default Gateway）是指網路連線時，封包透過路由器（Router）傳送的預設目的地。當 IP 位址與子網路遮罩經過 AND 運算的結果是本機主機，則電腦會在本機子網路上傳送封包。如果 AND 運算的結果是遠端主機，則電腦會將該封包傳送給 TCP/IP 中定義的預設閘道。

13-1-6　廣域網路

　　如圖 13-5 所示 WAN 廣域網路，是由全世界各地的 LAN 區域網路互相連接而成，WAN 網路必須向網際網路服務商（Internet Service Provider，簡稱 ISP）租用長距離纜線，再由 ISP 服務商配置一個固定 IP 位址或浮動 IP 位址給用戶端，使用者才能連上網際網路。**固定 IP 位址或浮動 IP 位址又稱為公用 IP。**

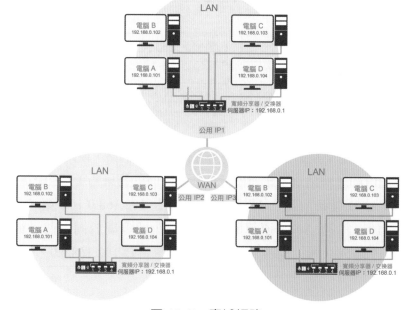

圖 13-5　廣域網路

13-1-7 無線區域網路

所謂無線區域網路（Wireless Local Area Network，簡稱 WLAN）是指由無線基地台（Access Point，簡稱 AP），連結電信服務商的數據機（modem）發射無線電波信號，再由使用者電腦所裝設的無線網卡來接收信號。因應無線區域網路的需求，美國電子電機工程師協會（Institute of Electrical and Electronics Engineers，簡稱 IEEE）制定無線區域網路 Wi-Fi 的通訊標準 IEEE802.11，使用如圖 13-6 所示 Wi-Fi 的標誌及符號。Wi-Fi 只是聯盟製造商的品牌認證商標，不是任何英文字的縮寫。現今 Wi-Fi 已普遍應用於個人電腦、筆記型電腦、智慧型手機、遊戲機及印表機等周邊裝置。

(a) Wi-Fi 標誌　　　　　　　　　　　　　　　(b) Wi-Fi 符號

圖 13-6　Wi-Fi 的標誌及符號

如表 13-3 所示 IEEE802.11 通訊標準分類，第一代 IEEE802.11b 標準使用 2.4GHz 頻段。與無線電話、藍牙等不需使用許可證的無線設備共享相同頻段，最大速率 11Mbps，最大頻寬 20MHz。

表 13-3　IEEE802.11 通訊標準分類

協定	發行年份	頻段	最大速率	最大頻寬	室內/外範圍
802.11b	1999(第一代)	2.4GHz	11Mbps	20MHz	30m / 100m
802.11a	1999(第二代)	5GHz	54Mbps	20MHz	30m / 45m
802.11g	2003(第三代)	2.4GHz	54Mbps	20MHz	30m / 100m
802.11n	2009(第四代)	2.4GHz / 5GHz	600Mbps	40MHz	70m / 250m
802.11ac	2011(第五代)	5GHz	867Mbps	160MHz	35m / 120m

因為 2.4GHz 頻段已經被到處使用，周邊設備之間的通訊很容易互相干擾，因此才會有第二代 IEEE802.11a 標準的出現。IEEE802.11a 標準使用 5GHz 頻段，最大速率提升到 54Mbps，但是傳輸距離遠不及第一代 802.11b 標準。第三代 IEEE802.11g 標準是第一代 IEEE802.11b 標準的改良版，使用相同的 2.4GHz 頻段，但傳輸速率提升到 54Mbps。多數 Wi-Fi 印表機皆支援 IEEE802.11b/g/n。

IEEE 802.11b/a/g 等標準只支援單一收發（Single-input Single-output，SISO）模式，因此只須使用單一天線。第四代 802.11n 標準可以同時支援四組收發模式，使用四支天線，理論上最大傳輸速率可以提升四倍，大大增加了資料的傳輸量。第五代 802.11ac 標準採用更高的 5GHz 頻段，同時支援八組收發模式，理論上最大傳輸速率可以提升八倍，因此提供更快的傳輸速率和更穩定的信號品質。

13-1-8　建立可以連上網際網路的私用 IP

如果要讓網際網路上的任何人都可以連上區域網路的物聯網設備，就必須在寬頻分享器中安排一個通訊埠（Port），**轉遞由網際網路傳來的訊息**，連線送到物聯網設備上的 Ethernet 模組或 Wi-Fi 模組。

以筆者所使用的寬頻分享器 D-Link DIR-853 為例，第一步是在 Microsoft Edge 或 Google Chrome 瀏覽器中輸入網址 192.168.0.1，進入如圖 13-7 所示網路管理頁面，並在該頁面中找到虛擬伺服器 / 編輯規則頁面。設定應用名稱為 HTTP、電腦名稱為 MicroPython 開發板所使用的私用 IP 位址 192.168.0.173（依實際配置的 IP 位址設定），並指定外部（公用）連接埠為 80 及內部（私用）連接埠為 80。

圖 13-7　網路管理頁面

設定完成後，在瀏覽器的網址列中輸入如下所示連線網址，只要是由 Internet 連接到寬頻分享器的公用 IP 位址，就會被轉遞到 Ethernet 模組或 Wi-Fi 模組的私用 IP 位址。

```
http://公用 IP 位址 : 公用服務埠
```

13-1-9 取得公用 IP 位址

多數家庭的寬頻分享器都是使用浮動 IP，我們要如何得知目前所使用的公用 IP 位址呢？只要在瀏覽器中輸入關鍵字 **whatismyip**，並且點選「我的 IP 位址查詢」，即可得知目前所使用的公用 IP 位址。

13-2　TCP / IP 四層模型

國際標準組織（International Organization for Standardization，簡稱 ISO）制定如圖 13-8 所示開放式系統互連通訊標準 OSI（Open System Interconnection）七層模型。透過觀念的描述，協調各種網路功能發展時的標準制定。

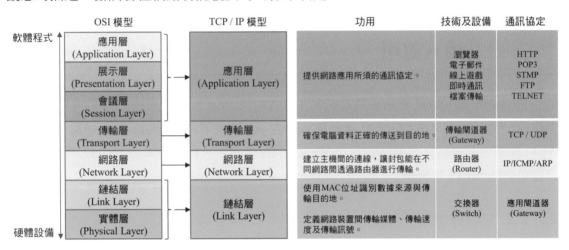

圖 13-8　OSI 七層模型及 TCP / IP 四層模型

如圖 13-8 所示 TCP / IP 四層模型，是 OSI 七層模型的簡化，分別為鏈結層（Link layer）、網路層（Network Layer）、傳輸層（Transport Layer）和應用層（Application Layer）。鏈結層的功用是定義網路裝置間的傳輸媒體（銅線、紅外線、光纖等）、傳輸速度及傳輸訊號等，並且使用裝置的實體 MAC 位址來指定專屬的通訊對象。網路層的功用是建立主機間的連線路徑，讓封包（packet）能在不同網路間透過路由器來進行傳輸。傳輸層的功用是確保資料能正確的傳送到目的地。而應用層的功用是提供網路應用所須的通訊協定。

應用層在接收到使用者的請求（request）資訊時，加上一些資料後再往下給傳輸層，傳輸層加上一些資料後再往下給網路層，網路層加上 IP 位址等資料後再往下給鏈結層，鏈結層加上 MAC 位址等資料後，通過實體傳送到接收方。接收方再由鏈結層開始一層一層往上解析到應用層，並且回應使用者的請求。

13-2-1 MAC 位址

MAC 是媒體存取控制位址（Media Access Control Address）的縮寫，又稱為實體位址（physical address）。如圖 13-9 所示 MAC 位址格式，每一個網路介面卡都有獨一無二的 MAC 位址，由六個位元組的 16 進位數字組成。MAC 位址分成兩個部分，前三組數字是廠商識別碼 ID，後三組數字是網路卡號。**MAC 位址是實體位址不可以更改，而 IP 位址是邏輯位址可以更改**，兩者沒有直接的關係。

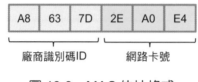

| A8 | 63 | 7D | 2E | A0 | E4 |

廠商識別碼ID　　網路卡號

圖 13-9　MAC 位址格式

13-3　函式說明

ESP8266 及 ESP32 整合網路功能，具有 AP（Access Point，基地台）、STA（Station，工作站）及 AP+STA 三種 Wi-Fi 應用模式。在 AP 模式下，ESP8266 及 ESP32 可以作為 Wi-Fi 基地台，提供其他網路裝置連線。在 STA 模式下，ESP8266 及 ESP32 可以連線至附近可用的 Wi-Fi 基地台。

13-3-1 network 函式庫

MicroPython 使用 **network 函式庫來配置 Wi-Fi 接口**，使用 network.WLAN()方法建立網路的連線對象。network.WLAN() 支援 network.STA_IF 及 network.AP_IF 兩種模式。STA_IF 又名工作站（Station）或用戶端（Client），用來連接到上游 Wi-Fi 基地台，AP_IF 又名接入點（Access Point）或基地台，用來提供給其他 Wi-Fi 用戶端連接。如果在 network.WLAN()方法的括號內未設定任何參數，**預設為 STA_IF**。

配置 Wi-Fi 接口完成後，必須先使用 active() 方法啟動 Wi-Fi 接口，再使用 connect(ssid, pwd) 方法來建立連線，其中 ssid 是所要連入的無線網路名稱，而 pwd 則是連線密碼。ifconfig()方法用來顯示連線的 IP 位址，傳回 IP 位址、子網路遮罩（subnet mask）、閘道（gateway）及 DNS 伺服器（server）等四個 tuple 元素。

範例 ch13_0.py

`import network`	#載入 network 函式庫。
`ssid='Wi-Fi 基地台名稱'`	#你的 Wi-Fi 基地台名稱。
`pwd='Wi-Fi 密碼'`	#你的 Wi-Fi 密碼。
`wifi = network.WLAN(network.STA_IF)`	#建立 STA 模式的無線區域網路物件。
`if not wifi.isconnected():`	#未連線？
`    print('connecting to network...')`	#顯示連線中…
`    wifi.active(True)`	#啟動 Wi-Fi 接口。
`    wifi.connect(ssid, pwd)`	#開始連線。
`    while not wifi.isconnected():`	#連線成功？
`        pass`	#等待連線。
`print(wifi.ifconfig())`	#連線成功，顯示 IP 位址。

結果

```
('192.168.0.144', '255.255.255.0', '192.168.0.1', '192.168.0.1')
```

13-3-2 socket 函式庫

　　MicroPython 內建 **socket 函式庫來處理網路通訊**，如圖 13-10 所示 socket 連線通訊流程圖，利用設定的協定（protocol）、IP 位址及埠口（port）來進行網路連接。

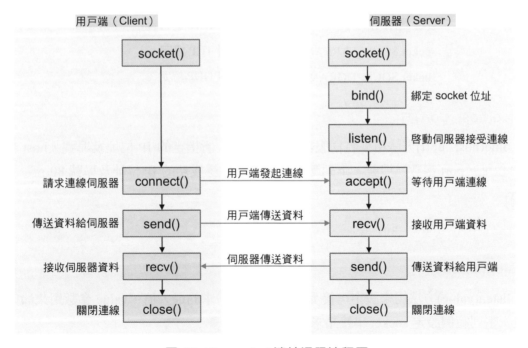

圖 13-10　socket 連線通訊流程圖

1. socket([family], [type])方法

　　如表 13-4 所示 socket 方法說明，用戶端使用 socket([family], [type])方法建立並初始化 socket 物件。family 參數設定連接的類型，包含 IPv4 本機、IPv4 網路及 IPv6 網路三種。type 參數用來設定協定，包含用戶資料包協定（User Datagram，簡稱 UDP）及傳輸控制協定（Transmission Control Protocol，簡稱 TCP），兩者都會將資料分成較小的封包再進行傳輸。TCP 為每個封包分配唯一的識別碼和序號，如果接收順序正確，則回傳確認信號（Acknowledgement，簡稱 ACK）。如果接收不正確，不會回傳 ACK 信號，而且發送端會再重傳一次，傳輸較為可靠。UDP 不須使用唯一識別碼和序號，以串流方式傳送資料，而且不會等待接收端的確認信號，持續不斷的發送封包資料，傳輸速度快，但不可靠。**socket()預設使用 IPv4 及 TCP 協定。**

範例
```
s = socket.socket(socket.AF_INET, socket.SOCK_STREAM)
```

表 13-4　socket()方法

參數	宣告	說明
family	socket.AF_UNIX	於本機端進行連接。
family	socket.AF_INET	使用 IPv4 進行連接。
family	socket.AF_INET6	使用 IPv6 進行連接（ESP8266 不支援）。
type	socket.SOCK_STREAM	使用 TCP 協定。
type	socket.SOCK_DGRAM	使用 UDP 協定。

2. bind(host, port)方法

　　bind(host, port)方法用來將伺服器綁定（bind）所指定的 IP 位址及埠號，host 參數為 IP 位址，port 參數為埠號。下列範例用來綁定連線成功的 IP 位址及埠號 80。

範例
```
s.bind('0.0.0.0', 80)
```

3. listen(value)方法

　　listen(value)方法用來設定可接受 socket 串接請求的最大值，value 參數用來設定最大值。下列範例設定 socket 串接請求的最大值為 1 臺。

範例
```
s.listen(1)
```

4. accept()方法

accept()方法用於伺服器等待用戶端的串接，如果串接成功，會傳回串接對象（Client）的 IP 位址。

範例

```
client, addr = s.accept()
```

5. send(data)方法

send(data)方法用來傳送資料給串接對象，data 參數為所要傳送的資料。

6. recv(bufsize)方法

recv(bufsize)方法用來接收串接對象所傳送的資料，bufsize 參數設定可接收資料的最大位元組。下列範例設定接收串接對象所傳送的資料最大值為 1024 位元組，並且將回傳的接收資料儲存在 reply 物件中。

範例

```
reply = s.recv(1024)
```

13-4 網頁與 HTML

13-4-1 認識 HTML

我們經常使用 Microsoft Edge 或 Google Chrome 瀏覽器來瀏覽網頁，**網頁是由 HTML、CSS 及 JavaScript 三大元素所架構而成**。HTML 負責建構並呈現網頁的內容、CSS 負責管理網頁的外觀樣式、而 JavaScript 負責管理使用者的操作行為，讓使用者與網站互動。

HTML 是超文字標記語言（HyperText Markup Language）的縮寫，不同於一般程式設計語言，HTML 是用來告訴瀏覽器如何呈現網頁的標記式語言。HTML 是由一群元素（element）所組成，**元素包含標籤（tag）及內容（content）**。

如圖 13-11 所示 HTML 元素，元素名稱是段落（paragraph，簡稱 p），因此由開始標籤 <p> 及結束標籤 </p>，將內容 "Hello, MicroPython" 包圍起來。結束標籤必須在元素名稱前面再多加一條斜線（forward slash）。

圖 13-11　HTML 元素

如表 13-5 所示基本 HTML 標籤，開始標籤（opening tag）是由一對角括號 "<>" 包圍起來，結束標籤（closing tag）是由一對角括號加上斜線"</ >" 包圍起來。標籤文字沒有大、小寫之分，**慣例是全部使用小寫字母**。

表 13-5　基本 HTML 標籤

開始標籤	結束標籤	說明
\<html\>	\</html\>	定義一個 HTML 文件。
\<head\>	\</head\>	說明關於該網頁的元資訊（metadata）。
\<title\>	\</title\>	網頁標題。
\<body\>	\</body\>	文件的正文內容。
\<h1\> ~ \<h6\>	\</h1\> ~ \</h6\>	正文標題的字體大小，h1 最大，h6 最小。
\<p\>	\</p\>	段落。

13-4-2　HTML 文件的架構

如下所示 HTML 文件的架構範例，主要是由<html>、<head>及<body>三個部份所組成。<html>標籤包含所有顯示在這個頁面的內容。<head>標籤包含關於網頁的元資訊（metadata），例如網頁標題、編碼方式等，**元資訊不會顯示在網頁上**。<body>標籤用來呈現網頁的內容，包含文件的標題、段落、圖像、超連接、表格及列表等。如圖 13-12 所示為範例 ch13_1.html 的執行結果。

範例 ch13_1.html

```
<!DOCTYPE html>                        <!-- HTML 類型文件-->
<html>                                 <!--定義一個 HTML 文件-->
    <head>                             <!--說明網頁的元資訊-->
        <title>Web page</title>        <!--網頁標題-->
    </head>
    <body>
        <p>This is a paragraph.</p> <!--網頁內容-->
    </body>
</html>
```

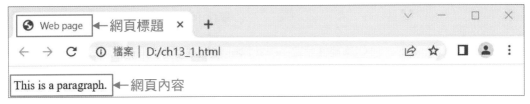

圖 13-12　ch13_1.html 的執行結果

13-4-3　認識 CSS

　　CSS 是階層樣式表（Cascading StyleSheets）的縮寫，用來將 HTML 文件中的元素（element）套用不同的頁面樣式（style），以美化網頁的外觀。如下所示範例 ch13-2.html，使用 HTML 的 <style> 標籤來套用 CSS 樣式效果，將段落文字改為紅色。如圖 13-13 所示為範例 ch13_2.html 的執行結果。

範例 ch13_2.html

```
<!DOCTYPE html>              <!-- HTML 類型文件-->
<html>                       <!--定義一個 HTML 文件-->
    <head>
        <title>Web page</title>   <!--定義網頁元資訊-->
        <style>
            p{color:red}         <!--套用 CSS 樣式-->
        </style>
    </head>
    <body>
        <p>This is a paragraph.</p> <!--網頁內容-->
    </body>
</html>
```

圖 13-13　ch13_2.html 的執行結果

　　如圖 13-14 所示 CSS 屬性設定，由選擇器（selector）及宣告（declaration）所組成，選擇器就是要改變外觀屬性的 HTML 標籤，多個 HTML 標籤套用相同屬性時，標籤之間以逗號 "," 隔開。宣告必須寫在一對大括號 "{ }" 內，包含屬性及屬性的值，中間以冒號 ":" 隔開，結尾輸入分號 ";"，以區別不同的屬性。

圖 13-14　CSS 屬性設定

如表 13-6 所示常用 CSS 屬性（property），包含文字顏色、文字大小、背景顏色、元素內外間距，以及元素邊框的寬度、樣式及顏色等。

表 13-6　常用 CSS 屬性

屬性	值	說明
display	block	區塊元素。元素在同行內呈現，圖片或文字均不換行。
display	inline	行內元素。元素寬度最大，佔滿整行。
color	#RRGGBB	設定文字顏色。#RRGGBB，其中 RR (紅色)、GG (綠色) 和 BB (藍色) 以 16 進制整數指定顏色的分量。所有值介於 00 ~ FF 之間，00 為最小值，FF 為最大值。
background-color	#RRGGBB	設定背景顏色。#RRGGBB 設定方法同上說明。
font-size	length	設定文字大小。length 為像素 (pixel) 值，單位 px。
margin	up right down left	設定元素之間上 (up)、右 (right)、下 (down)、左 (left)的外間距，例如 margin :10px 20px 30px 40px; 如果四邊外間距相同，只須輸入一個數值即可。
padding	up right down left	設定元素本身上 (up)、右 (right)、下 (down)、左 (left)的內間距，例如 margin :10px 20px 30px 40px; 如果四邊內間距相同，只須輸入一個數值即可。
border	size style color	設定邊框的寬度(size)、樣式(style)及顏色(color)。size 為寬度像素(pixel)值，單位 px。style 為邊框樣式，solid 為實線、dotted 為點線。color 為邊框顏色。
border-radius	r1 r2 r3 r4	設定元素四邊的圓弧半徑。左上 r1、右上 r2、右下 r3、左下 r4。 如果四邊圓弧半徑相同，只須輸入一個數值。
width	size	設定元素的寬度，size 單位為 px。
height	size	設定元素的高度，size 單位為 px。
cursor	mouse	設定鼠標形狀，常用鼠標形狀為 pointer 。

如圖 13-15 所示 CSS 的 padding、border、margin 屬性說明，□ 為元素本身，寬度及高度由 width 及 height 屬性設定，內間距由 padding 屬性設定，背景由 background-color 屬性設定。□ 為邊框，由 border 屬性設定。□ 為元素與元素之間的間距，由 margin 屬性設定。

圖 13-15　CSS 的 padding、border、margin 屬性說明

13-5　實作練習

13-5-1　建立 socket 通訊實習

■ 功能說明

　　如圖 13-16 所示電路接線圖，使用 NodeMCU ESP32-S 開發板的內建 ESP32-S 晶片建立 socket 通訊。當用戶端請求連線時，回傳字串 'Hello, MicroPython!' 給用戶端。

■ 電路接線圖

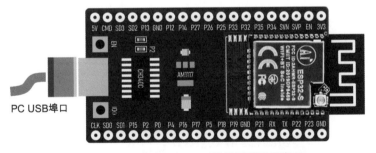

PC USB埠口

圖 13-16　建立 socket 通訊實習電路圖

■ 程式：ch13_1.py

`import network`	#載入 network 函式庫。
`import socket`	#載入 socket 函式庫。
`ssid='Wi-Fi 基地台名稱'`	#你的 Wi-Fi 基地台名稱。
`pwd='Wi-Fi 密碼'`	#你的 Wi-Fi 連線密碼。

`wifi = network.WLAN(network.STA_IF)`	#建立 STA 模式的無線區域網路物件。
`if not wifi.isconnected():`	#已連線?
`    print('connecting to network...')`	#顯示連線中…
`    wifi.active(True)`	#啟動 Wi-Fi 接口。
`    wifi.connect(ssid, pwd)`	#開始連線。
`    while not wifi.isconnected():`	#連線成功?
`        pass`	#等待連線。
`print(wifi.ifconfig())`	#連線成功，顯示 IP 位址。
`s = socket.socket(socket.AF_INET, socket.SOCK_STREAM)`	#使用 IPv4 及 TCP 協定。
`s.bind(('', 80))`	#綁定連線成功的 IP 位址及埠號。
`s.listen(5)`	#設定連線請求數量最大值為 5。
`while True:`	
`    client, addr = s.accept()`	#等待用戶端的串接。
`    print('Got a connection from %s' % str(addr))`	#顯示串接用戶端的 IP 位址。
`    response = 'hello, MicroPython!'`	#回傳字串。
`    client.send('HTTP/1.1 200 OK\n')`	#用戶端請求成功。
`    client.send('Content-Type: text/html\n')`	#使用 html 格式。
`    client.send('Connection: close\n\n')`	#訊息傳送完成後，關閉 TCP 連線。
`    client.send(response)`	#回傳字串給客戶端。
`    client.close()`	#關閉 socket 通訊。

練習

1. 使用 NodeMCU ESP32-S 開發板的內建 ESP32-S 晶片建立 socket 通訊。當用戶端請求連線時，回傳字串 'Hello, MicroPython!' 給用戶端，且 GPIO2 內建 LED 閃爍一下。

2. 使用 NodeMCU ESP32-S 開發板的內建 ESP32-S 晶片建立 socket 通訊。當用戶端請求連線時，回傳字串 'Hello, MicroPython!' 給用戶端，同時顯示用戶端的 IP 位址。

13-5-2　Web 遠端控制 LED 實習

一　功能說明

如圖 13-16 所示電路接線圖，使用 NodeMCU ESP32-S 開發板的內建 ESP32-S 晶片，建立網站伺服器，顯示如圖 13-17 所示伺服器頁面。伺服器頁面可以控制連接 GPIO2 的 LED。按下 ON ，則 GPIO2 輸出邏輯 1，點亮 LED；按下 OFF ，則 GPIO2 輸出邏輯 0，關閉 LED。

圖 13-17　Web 遠端控制 LED 伺服器頁面

二 電路接線圖

如圖 13-16 所示電路。

三 程式：ch13_2.py

`import network`	#載入 network 函式庫。
`import socket`	#載入 socket 函式庫。
`ssid='Wi-Fi 基地台名稱'`	#你的 Wi-Fi 基地台名稱。
`pwd='Wi-Fi 密碼'`	#你的 Wi-Fi 連線密碼。
`from machine import Pin`	#載入 machine 函式庫中的 Pin 類別。
`wifi = network.WLAN(network.STA_IF)`	#建立 STA 模式的無線區域網路物件。
`if not wifi.isconnected():`	#已連線？
`    print('connecting to network...')`	#顯示連線中…。
`    wifi.active(True)`	#啟動 Wi-Fi 接口。
`    wifi.connect(ssid, pwd)`	#開始連線。
`    while not wifi.isconnected():`	#連線成功？
`        pass`	#等待連線。
`print(wifi.ifconfig())`	#連線成功，顯示 IP 位址。
`s = socket.socket(socket.AF_INET, socket.SOCK_STREAM)`	#使用 TCP 協定。
`s.bind(('', 80))`	#綁定連線成功的 IP 位址及埠號。
`s.listen(5)`	#設定連線請求數量最大值為 5。
`led = Pin(2, Pin.OUT)`	#使用連接於 GPIO2 的內建 LED。
`def web_page():`	#網頁伺服器內容。
`    if led.value() == 1:`	#GPIO2=1？
`        gpio_state="ON"`	#LED 狀態為 ON。
`    else:`	#GPIO2=0。
`        gpio_state="OFF"`	#LED 狀態為 OFF。

```python
        html ="""
        <html>                                    <!--HTML 文字-->
            <head>                                <!--網頁元資訊-->
                <title>ESP8266 Web Server</title>
                <meta name="viewport" content="width=device-width, initial-scale=1">
                <style>                       <!--CSS 樣式-->
                    html{font-family:Helvetica;
                    display:inline-block;
                    margin:0px auto;
                    text-align:center;}
                    h1{color: #0F3376; padding:2vh;}
                    p{font-size:1.5rem;}
                    .button{                  <!--按鈕 ON 樣式-->
                        display:inline-block;
                        background-color:#eeb60d;
                        border:none;
                        border-radius:4px;
                        color:white;
                        padding: 16px 60px;
                        font-size:30px;
                        margin:2px;
                        cursor:pointer;
                        width:200px;
                        height:80px;}
                    .button2{background-color:#00007f;} <!--按鈕 OFF 樣式-->
                </style>
            </head>
            <body>                                    <!--網頁內容-->
                <h1>ESP Web Server</h1>
                <p>LED : """ + gpio_state + """</p>
            <p><a href="/?led=on"><button class="button">ON</button></a></p>
            <p><a href="/?led=off"><button class="button button2">OFF</button></a></p>
            </body>
        </html>"""
    return html                                 #傳回 html 內容。
while True:                                      #迴圈。
    client, addr = s.accept()                   #等待用戶端的串接。
    print('Got a connection from %s' % str(addr))#顯示串接客戶端的 IP 位址。
    request = client.recv(1024)                 #接收串接對象資料，最大 1024 位元組。
    request = str(request)                      #顯示接收資料。
    led_on = request.find('/?led=on')           #搜尋字串'led=on'所在位置。
```

```
led_off = request.find('/?led=off')    #搜尋字串'led=off'所在位置。
if led_on == 6:                          #接收到字串'led=on'?
    print('LED ON')                      #顯示字串'LED ON'。
    led.value(1)                         #設定 GPIO2=1,點亮 LED。
if led_off == 6:                         #接收到字串'led=off'?
    print('LED OFF')                     #顯示字串'LED OFF'。
    led.value(0)                         #設定 GPIO2=0,關閉 LED。
response = web_page()                     #讀取 html 內容。
client.send('HTTP/1.1 200 OK\n')          #傳送 HTML 元資訊。
client.send('Content-Type: text/html\n') #內容類型為 HTML 文字。
client.send('Connection: close\n\n')      #允許客戶端或服務器關閉連結。
client.sendall(response)                  #傳送網頁伺服器 HTML 文件。
client.close()                            #關閉 socket 接口。
```

練習

1. 接續範例,將網站伺服器頁面修改如圖 13-18(a)所示頁面。

(a) 練習 1 頁面

(b) 練習 2 頁面

圖 13-18　ESP 網站伺服器頁面

2. 接續範例,建立如圖 13-18(b)所示網站伺服器頁面,分別控制連接於 GPIO5、4、0、2 四個 LED 的 ON / OFF。

13-5-3　Web 遠端溫溼度計實習

一 功能說明

　　如圖 13-20 所示電路接線圖,使用 NodeMCU ESP32-S 開發板的內建 ESP32-S 晶片,建立 Web 網站伺服器,將遠端的環境溫度(temperature)及溼度(humidity)顯示於圖 13-19 所示網站伺服器頁面。

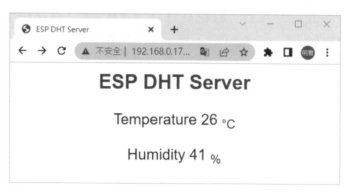

圖 13-19　Web 遠端溫溼度計伺服器頁面

■ 電路接線圖

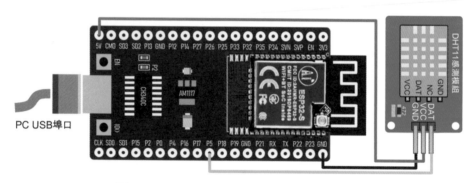

圖 13-20　Web 遠端溫溼度計電路接線圖

■ 程式：ch13_3.py

`import dht`	#載入 dht 函式庫。
`import network`	#載入 network 函式庫。
`import socket`	#載入 socket 函式庫。
`ssid='Wi-Fi 基地台名稱'`	#你的 Wi-Fi 基地台名稱。
`pwd='Wi-Fi 密碼'`	#你的 Wi-Fi 連線密碼。
`from machine import Pin`	#載入 machine 函式庫中的 Pin 類別。
`wifi = network.WLAN(network.STA_IF)`	#建立 STA 模式的無線區域網路物件。
`if not wifi.isconnected():`	#已連線？
`    print('connecting to network...')`	#顯示連線中…。
`    wifi.active(True)`	#啟動 Wi-Fi 接口。
`    wifi.connect(ssid, pwd)`	#開始連線。
`    while not wifi.isconnected():`	#連線成功？
`        pass`	#等待連線。
`print(wifi.ifconfig())`	#連線成功，顯示 IP 位址。
`s = socket.socket(socket.AF_INET, socket.SOCK_STREAM)`	#使用 TCP 協定。
`s.bind(('', 80))`	#綁定連線成功的 IP 位址及埠號。

程式碼	註解
`s.listen(5)`	#設定連線請求數量最大值為 5。
`sensor = dht.DHT11(Pin(5))`	#建立 dht 物件 sensor。
`def read_dht():`	#溫溼度讀取函式。
`    global temp, hum`	#公用變數。
`    temp = hum = 0`	#初值為 0。
`    try:`	#正常處理。
`        sensor.measure()`	#dht11 感測器開始測量。
`        temp = sensor.temperature()`	#讀取溫度。
`        hum = sensor.humidity()`	#讀取溼度。
`    except OSError as e:`	#無法正確讀取的例外處理。
`        return('Failed to read sensor.')`	#顯示錯誤訊息。
`def web_page():`	#網頁伺服器內容。
`    html ="""`	
`    <html>`	`<!--HTML 文字-->`
`        <head>`	`<!--網頁元資訊-->`
`            <title>ESP DHT Server</title>`	
`            <meta name="viewport" content="width=device-width,initial-scale=1">`	
`            <style>`	`<!--CSS 樣式-->`
`                html{font-family: Helvetica;`	
`                display:inline-block;`	
`                margin:0px auto;text-align:center;}`	
`                h1{color: #0F3376; padding:2vh;}`	
`                p{font-size:1.5rem;}`	
`            </style>`	
`        </head>`	
`        <body>`	
`            <h1>ESP DHT Server</h1>`	
`            <p> <span>Temperature</span>`	`<!--顯示 Temperature-->`
`                <span>"""+str(temp)+"""</span>`	`<!--顯示溫度-->`
`                <sub>&deg;C</sub></p>`	`<!--顯示溫度單位°C-->`
`            <p> <span>Humidity</span>`	`<!--顯示字串 Humidity-->`
`                <span>"""+str(hum)+"""</span>`	`<!--顯示溼度-->`
`                <sub>%</sub></p>`	`<!--顯示溼度單位%-->`
`        </body>`	
`    </html>`	
`    """`	
`    return html`	#傳回 html 內容。
`while True:`	#迴圈。
`    client, addr = s.accept()`	#等待用戶端的串接。
`    read_dht()`	#讀取溫度及溼度資料。
`    response = web_page()`	#讀取網頁資訊。

`client.send('HTTP/1.1 200 OK\n')`	#傳送 HTML 元資訊。
`client.send('Content-Type: text/html\n')`	#傳送 HTML 元資訊。
`client.send('Connection: close\n\n')`	#傳送 HTML 元資訊。
`client.sendall(response)`	#傳送網頁伺服器 HTML 文件。
`client.close()`	#關閉 socket 接口。

 練習

1. 接續範例，修改網站伺服器頁面如圖 13-21(a)所示 Web 網站伺服器頁面。

(a) 練習 1 頁面　　　　　　　　(b) 練習 2 頁面

圖 13-21　Web 網站伺服器頁面

2. 使用 NodeMCU ESP32-S 開發板的內建 ESP32-S 晶片，建立如圖 13-21(b) 所示 Web 網站伺服器頁面，檢測並顯示連接到 GPIO5 及 GPIO4 兩個 DHT11 感測器的溫度及溼度。

14

Blynk 物聯網互動設計

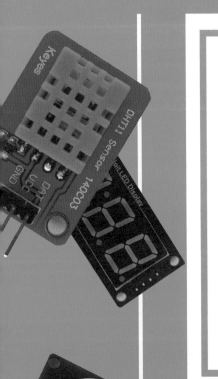

14-1　認識 Blynk

　　Blynk 是由 Pasha Baiborodin 創建，並且在 Kickstarter 網站上募資成功。Blynk 是專為物聯網（Internet of Things，簡稱 IoT）所設計，讓用戶端能夠快速建立物聯網平臺，使用 IOS 或 Android 手機遠端控制硬體，進行雙向資料的傳輸。

　　如圖 14-1 所示 Blynk 物聯網平臺，主要由 Blynk 應用程式（application，簡稱 App）、Blynk 伺服器（Server）及開發板（硬體）三個部份組成。

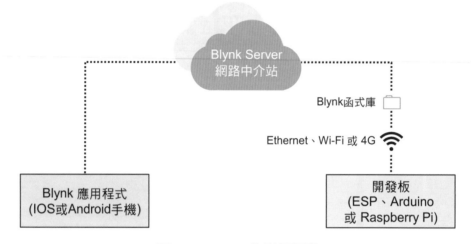

圖 14-1　Blynk 物聯網平臺

　　Blynk App 提供各種元件（widgets），讓使用者能快速建立美觀又實用的介面應用程式。Blynk Server 扮演網路中介站的角色，負責 Blynk 智慧手機及開發板之間的所有 Internet 通信工作。

　　Blynk 所提供的函式庫（libraries），支援 Arduino、Raspberry Pi、ESP8266、ESP32 常用開發板。Blynk 提供 256 個虛擬接腳（virtual pin）V0～V255，透過 Ethernet、Wi-Fi、4G 等網路連線方式，來處理 Blynk 手機應用程式及開發板之間的所有輸入及輸出命令。手機及開發板經由 Blynk Server，可以快速交換數據資料。

14-1-1　註冊及使用 Blynk 服務

　　在使用 Blynk 服務前，必須先註冊帳號才能使用 Blynk 功能，免費版本最多可以使用 **2 個裝置**（**Device**），每個樣板（template）最多使用 **10 個元件**（**widgets**）。操作步驟如下所述：

STEP 1

1. 在瀏覽器網址列輸入 blynk.io。

2. 點選 STRAT FREE 鍵，使用免費版本。

STEP 2

1. 填入你的電子郵件 EMAIL。

2. 勾選同意條款，接受隱私政策。

3. 按下 Sign Up ，開始註冊。

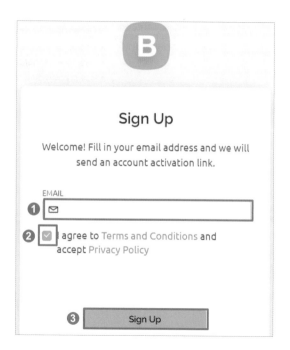

STEP 3

1. 開啟註冊的 EMAIL，接收 Blynk 寄送的確認信。按下 Create Password ，開啟設定視窗

STEP 4

1. 輸入要設定的密碼，長度至少 8 個字元。下方會提示設定密碼的安全性等級。

2. 按 Next 至下一頁。

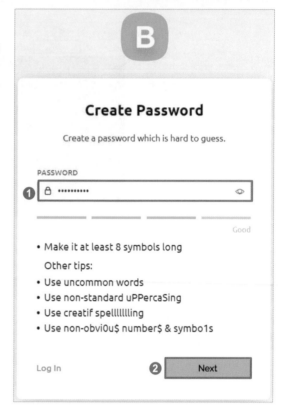

STEP 5

1. 輸入自己名字的 FIRST NAME。

2. 按 Done 鈕，結束密碼設定。

14-1-2 下載 Blynk 函式庫

如果要使用 Blynk 來開發物聯網專題，MicroPython 開發板必須先安裝好 **BlynkLib.py** 及 **BlynkTimer.py** 兩個函式庫。安裝步驟如下所述：

STEP 1

1. 在網址輸入列輸入網址 https://github.com/vshymanskyy /blynk-library-python。

2. 按 Code ▼ 鈕，開啟下拉視窗。

3. 點選 Download ZIP 下載所需的函式庫。

4. 下載並將其解壓縮後，可以看到 BlynkLib.py 及 BlynkTimer.py 兩個函式庫。

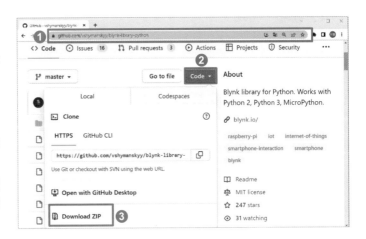

STEP 2

1. 點選 BlynkLib.py，按滑鼠右鍵彈出浮動視窗

2. 點選浮動視窗 上傳到 / ，將 BlynkLib.py 函式庫上傳到 MicroPython 設備中。

3. 使用相同方法，將 BlynkTimer.py 函式庫上傳到 MicroPython 設備中。

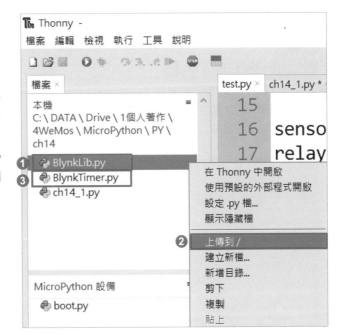

14-1-3 下載 Blynk App

Blynk 提供簡單易用的跨平台 App 行動儀表板（Mobile Dashboard），能夠快速建立物聯網專題所須的手機介面，使用者不須再使用 App 開發工具來設計手機應用程式。Android 手機可至 Play 商店下載，IOS 手機可至 App Store 下載。以 Android 手機為例，下載步驟如下所述：

STEP 1

1. 開啟 Play 商店，在搜尋列中輸入 blynk，下載 Blynk IoT。

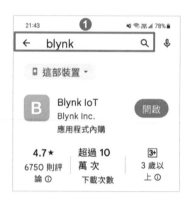

STEP 2

1. 下載完成後，開啟 Blynk IoT B。
2. 按 ▢ Log In ▢ 登入，所需的 EMAIL 及密碼，與之前註冊 Blynk 官網(blynk.io)的 EMAIL 及密碼相同。

14-2 函式說明

　　Micropython 使用 BlynkLib 及 BlynkTimer 兩個函式庫,快速建立手機與 MicroPython 開發板之間的連線,進行雙向資料傳輸。

14-2-1 BlynkLib 函式庫

　　在使用 BlynkLib 函式庫之前,必須先將 BlynkLib 函式庫匯入 MicroPython 程式中,再建立 Blynk 物件。如下所示格式,建立 Blynk 物件所傳入的參數稱為**權杖(token)**,每一個新建立的裝置,Blynk 會自動產生一組專屬的權杖。MicroPython 開發板使用權杖才能與 Blynk 手機應用程式,進行雙向資料傳輸。

格式 BlynkLib.Blynk(token)

範例

```
token = 'euo1vcbu5NiNhpGl6fVptByZWe_xxxxx'    #Blynk.io 網站建立的權杖。
blynk = BlynkLib.Blynk(token)                 #建立 Blynk 物件 blynk。
```

　　如表 14-1 所示 BlynkLib 函式庫的常用方法,Blynk Server 提供 256 支虛擬接腳 V0 ～ V255。利用 Blynk App 建立的手機介面,每個控制元件(widget)都會對應一個虛擬接腳。virtual_write(pin, val) 方法用來將虛擬接腳設定為輸出模式,可以將數值 val 輸出到虛擬接腳 pin。on(pin, event) 方法用來將虛擬接腳設定為輸入模式,當接腳有觸發(輸入)事件時,會自動執行 event 自訂函式。run() 方法用來啟用 Blynk 服務,建立手機與 MicroPython 開發板之間的數據通信連線。

表 14-1　BlynkLib 函式庫的常用方法

方法	功用	參數
virtual_write(pin, val)	將數值 val 輸出到虛擬接腳 pin。	pin:接腳 0 ～ 255,val:數值。
on(pin, event)	虛擬腳 pin 觸發,執行 event 自訂函式。	pin:接腳 'V0' ～ 'V255'。
run()	啟用 Blynk 服務。	無。

14-2-2 BlynkTimer 函式庫

　　BlynkTimer 函式庫的主要功用是設定一個**定時執行的自訂函式**。在使用 BlynkTimer 函式庫之前,必須先將 BlynkTimer 函式庫匯入 MicroPython 程式中,再建立 BlynkTimer 物件,設定格式如下所示。

格式 timer=BlynkTimer( )

範例

```
timer = BlynkTimer()                    #建立 BlynkTimer 物件 timer。
```

如表 14-2 所示 BlynkTimer 函式庫的常用方法。set_interval(value, func)用來設定執行 func 自訂函式的間隔時間 value，每經過 value 秒會執行 func 函式一次。run()函式用來啟用 Timer 服務。

表 14-2　BlynkTimer 函式庫的常用方法

方法	功用	參數
set_interval(value, func)	設定執行 func 函式的間隔時間 value。	value：間隔時間，單位秒。 func：自訂函式。
run()	啟用 Timer 服務。	無。

14-3　實作練習

14-3-1　手機遠端調光燈實習

功能說明

使用如圖 14-2 所示遠端調光燈手機介面，用來控制圖 14-3 所示 NodeMCUESP32-S 開發板 GPIO2 上的內建 LED（P2）。手指由左至右拖曳調整器，LED 亮度由熄滅逐漸變亮，同時亮度指示元件顯示 0%～100%的亮度變化。本例使用 Gauge 及 Slider 兩個元件，Gauge 元件使用虛擬接腳 V0，Slider 元件使用虛擬接腳 V1。

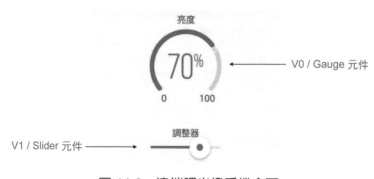

圖 14-2　遠端調光燈手機介面

二 電路接線圖

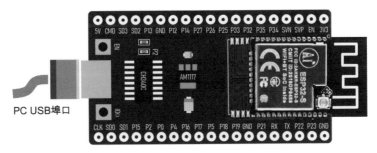

PC USB埠口

圖 14-3　手機遠端調光燈實習電路圖

三 建立樣板（Template）

STEP 1

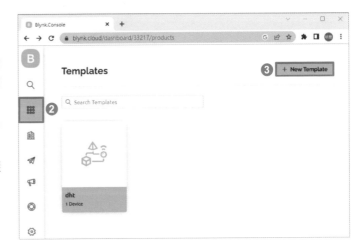

1. 在瀏覽器網址列輸入 blynk.io，輸入 EMAIL 及密碼，登入 Blynk 網站。

2. 點選 ▦ 切換至樣板(Templates)頁面。

3. 按 `+ New Template` 鈕，建立新樣板。

STEP 2

1. NAME 欄位輸入新樣板名 led。

2. 硬體(HARDWARE)輸入 ESP32。

3. 連接類型(CONNECTION TYPE)輸入 WiFi。

4. 按 `Done` 鈕建立新樣板。

四 建立資料流（Datastream）

STEP 1

1. 點選 ▦ 進入樣板頁面。
2. 點選樣板 led，進入 led 樣板設定頁面。

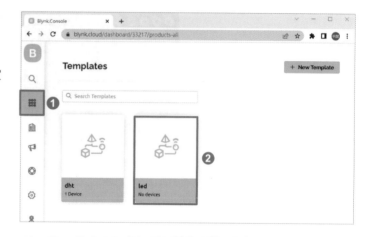

STEP 2

1. 點選資料流 Datatreams。
2. 點選 Edit，進入資料流編輯頁面。

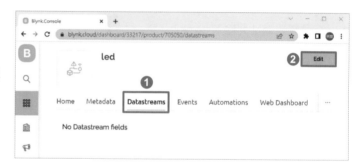

STEP 3

1. 點選 + New Datastream，建立新的資料流(Datestream)。
2. 下拉視窗，點選 Virtual Pin，建立 V0 及 V1 兩支虛擬接腳。

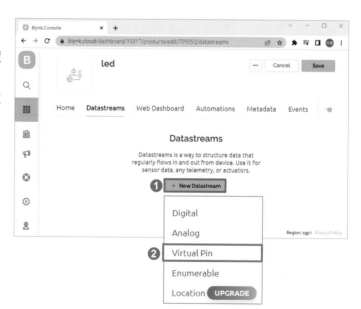

STEP ④

1. 名稱(NAME)輸入 Brightness。

2. 別名(ALIAS)預設與名稱相同。

3. 虛擬接腳(PIN)選擇 V0。

4. 資料型態(DATA TYPE)預設為整數(Integer)。

5. 單位(UNITS)選擇 Percentage,%

6. 最小值(MIN)設定為 0。

7. 最大值(MAX)設定為 100。

8. 按 Create 建立 V0 資料流。

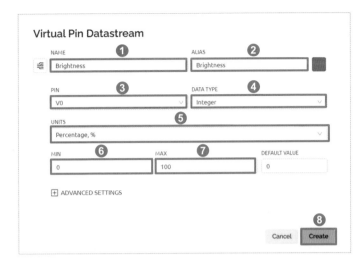

STEP ⑤

1. 名稱(NAME)輸入 Dimmer。

2. 別名(ALLAS)預設與名稱相同。

3. 虛擬接腳(PIN)選擇 V1。

4. 資料型態(DATA TYPE)預設為整數(integer)。

5. 單位(UNITS)選擇 Percentage, %。

6. 最小值(MIN)設定為 0。

7. 最大值(MAX)設定為 1023。

8. 按 Create 建立 V1 資料流。

STEP ⑥

1. 選擇儀表板 Web Dashboard。

2. 在 Gauge 元件上快按滑鼠左鍵兩下，在儀表板區會新增 Gauge 元件。上鎖元件須付費才能使用

3. 點選 ⚙ 設定 Gauge 元件的屬性。

STEP 7

1. 標題(TITLE)輸入亮度。

2. 資料流 (Datestream) 選擇 Brightness (V0)。

3. 按 Save 鈕，儲存設定。

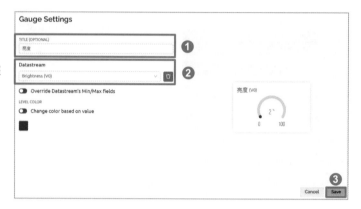

STEP 8

1. 選擇儀表板 Web Dashboard。

2. 在 Slider 元件上快按滑鼠左鍵兩下，在儀表板區(Dashboard)會新增 Slider 元件。

3. 點選 ⊙ 設定 Slider 元件屬性。

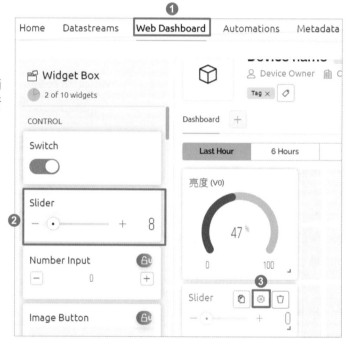

STEP 9

1. 標題(TITLE)欄輸入調光器。

2. 資料流(Datestream)選擇 Dimmer (V1)。

3. 按 Save 鈕，儲存設定。

五 建立裝置（Device）

STEP 1

1. 點選 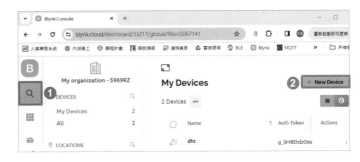 進入我的裝置(My Devices)頁面。

2. 按 + New Device ，新增裝置。

3. **免費(free)版最多只能建立兩個裝置。**

STEP 2

1. 點選 From template，使用樣板 (Template) 來建立新裝置 (Device)。

STEP 3

1. 樣板(TEMPLATE)選擇 led。

2. 裝置名稱(DEVICE NAME)會自動命名為 led。

3. 按 Create 鈕，建立 led 裝置。

STEP ④

1. 建立新裝置後，自動產生一組權杖(token)。

2. 按下 📋 Copy to clipboard 鍵，將權杖(token)複製起來。也可以在 Device info 頁面中找到。

3. 開發板必須使用這組權杖(token)，才能與手機 App 進行雙向資料傳輸。

六 建立手機 App

STEP ①

1. 開啟並登入手機 Blynk App。EMAIL 及密碼與登入 Blynk.io 網站的 EMAIL 及密碼相同。

2. 登入成功後，點選 led 裝置(Device)。

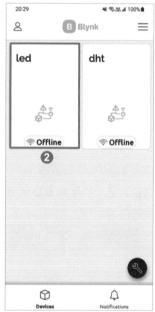

STEP 2

1. 點選 🔧 工具進入元件(widget)設計頁面。

2. 按 ➕ 鈕，新增元件(widget)。

STEP 3

1. 點選加入 Gauge 元件。

2. 點選加入 Slider 元件。

STEP 4

1. 點選 Gauge 元件，進入 Gauge 設定頁面。

2. 資料流選擇 Brightness (V0)。

3. 按下 [Design] 鈕進入 Gauge 元件的屬性設定頁面。

4. 手指常按 Gauge 元件不放，可以調整位置。

5. 手指常按 Gauge 元件再放開，產生四個控點，可以調整大小。

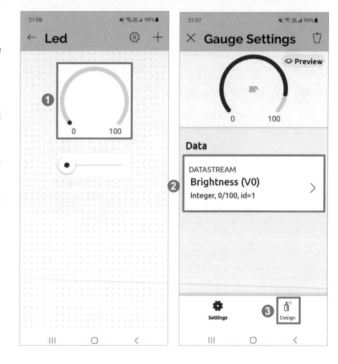

STEP 5

1. 標題(Title)輸入亮度

2. 對齊(Alignment)選擇置中。

3. 字形大小(FONT SIZE)選擇自動 (Auto)。

4. 顏色(Color)依個人喜好設定。

5. 關閉 Gauge 設定頁面。

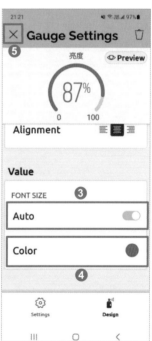

STEP 6

1. 點選 Slider 元件,進入 Slider 設定頁面。

2. 資料流選擇 Dimmer(V1)。

3. 按下 [Design] 鈕進入 Slider 元件的屬性設定頁面。

4. 手指常按 Slider 元件不放,可以調整位置。

5. 手指常按 Slider 元件再放開,產生四個控點,可以調整大小。

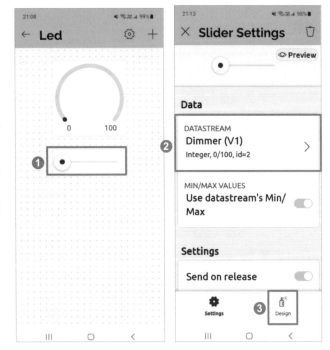

STEP 7

1. 標題(Title)輸入調整器。

2. 對齊(Alignment)選擇置中。

3. 關閉可視鈕(Visible)。

4. 關閉 Slider 設定頁面。

5. 按下 ← 鈕,回到主頁。

七 程式：ch14_1.py

`from machine import Pin,PWM`	#載入 machine 函式庫中的 Pin 及 PWM 類別。
`import BlynkLib, network`	#載入 BlynkLib 及 network 函式庫。
`ssid='Wi-Fi 基地台名稱'`	#你的 Wi-Fi 基地台名稱。
`pwd='Wi-Fi 密碼'`	#你的 Wi-Fi 連線密碼。
`wifi = network.WLAN(network.STA_IF)`	#建立 STA 模式的無線區域網路物件。
`wifi.active(True)`	#啟動 Wi-Fi 接口。
`wifi.connect(ssid, pwd)`	#開始連線。
`while not wifi.isconnected():`	#連線成功？
`    pass`	#等待連線。
`print("Wi-Fi 連線成功")`	#顯示"Wi-Fi 連線成功"
`token ='裝置 token'`	#你的裝置 token。
`blynk = BlynkLib.Blynk(token)`	#建立 Blynk 物件。
`led = Pin(2, Pin.OUT, value = 0)`	#D4(GPIO2)連接 LED，初始值為 0。
`pwm=PWM(led,freq=1000)`	#設定 D4 輸出 PWM 信號、頻率 1000Hz。
`brightness=0`	#LED 的亮度值，介於 0~1023 之間。
`pwm.duty(brightness)`	#依亮度值設定 PWM 的工作週期。
`def V1_handler(value):`	#虛擬腳 V1 觸發執行函式(Slider 元件)。
`    brightness=int(value[0])`	#讀取調整器(V1)的數值。
`    pwm.duty(brightness)`	#依調整器數值，設定 PWM 工作週期。
`    percent=int(brightness*100/1024)`	#亮度值 0~1023 轉成 0~100%。
`    blynk.virtual_write(0,percent)`	#使用虛擬腳 V0 設定 Gauge 元件的百分比。
`blynk.on('V1', V1_handler)`	#啟用虛擬腳 V1 觸發 V1_handler 函式功能。
`while True:`	#迴圈。
`    blynk.run()`	#啟用 Blynk 服務。

練習

1. 接續範例，使用圖 14-2 手機介面，控制如圖 14-4 所示電路全彩 LED 模組（白光）。

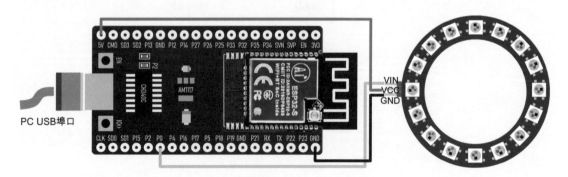

圖 14-4　手機遠端調光燈

2. 使用圖 14-5 所示手機遠端調光燈介面，控制圖 14-4 所示 NodeMCU ESP32-S 開發板上的全彩 LED 模組及 LED。調整器控制全彩 LED 模組白光亮度由熄滅逐漸變亮，同時亮度指示 Gauge 元件顯示 0% ~ 100%的亮度變化。開關控制 LED 燈的 ON / OFF，並設定 LED 元件的顯示 / 不顯示。

(1) 亮度指示器為 Gauge 元件，使用虛擬接腳 V0。

(2) 調節器為 Slider 元件，使用虛擬接腳 V1。

(3) 指示燈為 LED 元件，使用虛擬接腳 V2。

(4) 開關為 Button 元件，使用虛擬接腳 V3。

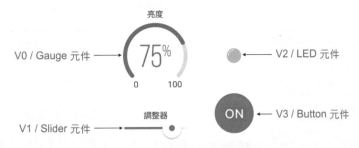

圖 14-5　手機遠端調光燈介面

14-3-2　手機遠端監測環境溫度及相對溼度實習

一 功能說明

參考 14-3-1 所示範例，登入 Blynk.io 網站建立樣板（Template）、資料流（Datastream）及裝置（Device）。之後登入手機 Blynk IoT B，建立如圖 14-6 所示遠端監測溫溼度計手機介面。

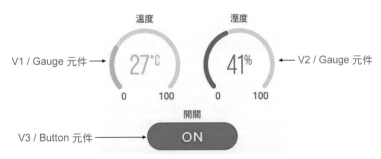

圖 14-6　遠端監測環境溫度及相對溼度的手機介面

如表 14-3 所示新樣板的元件參數，溫度及溼度使用 Gauge 元件，顯示遠端 DHT11 感測模組所讀取的溫度及溼度。開關使用 Switch 元件，控制遠端的 LED 燈。

表 14-3　樣板的元件參數

圖示	元件	標題	名稱(資料流)	單位	資料型態	範圍
溫度 32℃ 0 100	Gauge	溫度	temperature(V1)	Celsius,℃	Integer	0 ~ 100
溼度 56% 0 100	Gauge	溼度	humidity(V2)	Percentage,%	Integer	0 ~ 100
開關 ON	Switch	開關	switch(V3)	無	Integer	0 ~ 1

　　如圖 14-7 所示電路接線圖，使用 NodeMCU ESP32-S 開發板、DHT11 感測模組及內建 LED，監控遠端環境溫度及溼度，並且將溫度及溼度值顯示於如圖 14-6 手機介面。

　　開關控制內建於 NodeMCU ESP32-S 開發板 GPIO2 上 LED 的 ON / OFF。按下開關 ON ，點亮遠端 LED 燈。按下開關 OFF ，熄滅遠端 LED 燈。

二 電路接線圖

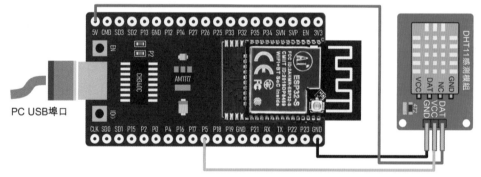

圖 14-7　手機遠端監測環境溫度及相對溼度實習電路圖

三 程式：ch14_2.py

```
from machine import Pin                      #載入 machine 函式庫中的 Pin 類別。
import dht, BlynkLib, network                #載入 dht、BlynkLib 及 network 函式庫。
from BlynkTimer import BlynkTimer            #載入 BlynkTimer 函式。
ssid='Wi-Fi 基地台名稱'                        #你的 Wi-Fi 基地台名稱。
pwd='Wi-Fi 密碼'                              #你的 Wi-Fi 連線密碼。
wifi = network.WLAN(network.STA_IF)          #建立 STA 模式的無線區域網路物件。
wifi.active(True)                            #啟動 Wi-Fi 接口。
wifi.connect(ssid, pwd)                      #開始連線。
while not wifi.isconnected():                #連線成功？
```

```
        pass                                    #等待連線。
print("Wi-Fi 連線成功")                          #顯示"Wi-Fi 連線成功"
token = '裝置 token'                             #您的裝置 token。
blynk = BlynkLib.Blynk(token)                    #建立 Blynk 物件。
timer = BlynkTimer()                             #建立 timer 物件。
sensor = dht.DHT11(Pin(5))                       #D1(GPIO5)連接 DHT11 感測模組輸出。
led = Pin(2, Pin.OUT,value=0)                    #D4(GPIO2)連接 LED。
def V3_handler(value):                           #開關處理函式。
    led.value(int(value[0]))                     #按下開關則 LED 狀態改變。
def temp_huni_handler():                         #溫溼度處理函式。
    sensor.measure()                             #測量環境溫度及溼度
    blynk.virtual_write(1, sensor.temperature())#更新手機介面的溫度值。
    blynk.virtual_write(2, sensor.humidity())    #更新手機介面的溼度值。
timer.set_interval(3, temp_huni_handler)        #每 3 秒更新一次。
blynk.on('V3', V3_handler)                        #按下開關時，執行 V3_handler 函式。
while True:                                       #迴圈。
    blynk.run()                                   #啟動 Blynk 服務。
    timer.run()                                   #啟動計時器服務。
```

練習

1. 接續範例，新增如圖 14-8 所示手機介面 LED 元件（V4）。按下開關 ON ，點亮遠端 NodeMCU ESP32-S 開發板上的 LED，且手機介面顯示 LED 元件。按下開關 OFF ，熄滅遠端 LED 燈，且手機介面不顯示 LED 元件。

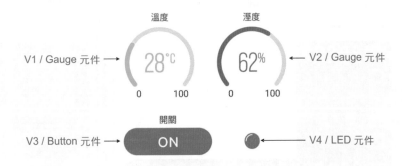

圖 14-8　遠端監測環境溫度及相對溼度的手機介面

2. 接續範例，新增如圖 14-9 所示手機介面的 LED 元件（V4）及光度元件（V5）。

14-21

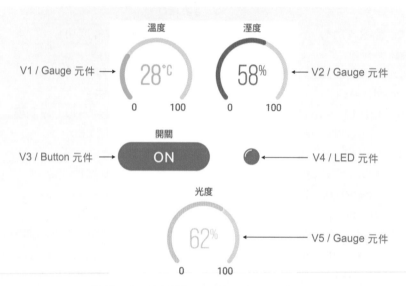

圖 14-9　遠端監測環境溫度、相對溼度及光度的手機介面

　　如圖 14-10 所示使用 NodeMCU ESP32-S 開發板、DHT11 感測模組、光敏電阻模組及 LED 燈，監控遠端環境溫度、溼度及光度，並將其顯示於圖 14-9 手機介面。

(1) 溫度計為 Gauge 元件，使用虛擬接腳 V1。

(2) 溼度計為 Gauge 元件，使用虛擬接腳 V2。

(3) 開關為 Button 元件，使用虛擬接腳 V3。

(4) 指示燈為 LED 元件，使用虛擬接腳 V4。

(5) 光度計為 Gauge 元件，使用虛擬接腳 V5。

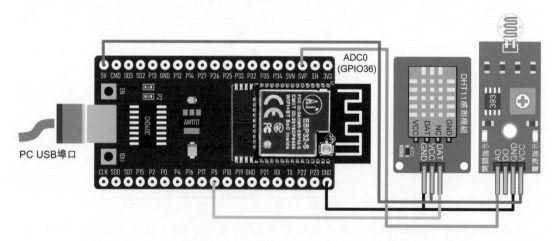

圖 14-10　手機遠端監測環境溫度、相對溼度及光度實習電路圖

14-3-3　專題實作：智慧農場

一 功能說明

　　參考 14-3-1 所示範例，登入 Blynk.io 網站建立樣板（Template）、資料流（Datastream）及裝置（Device）。之後登入手機 Blynk IoT **B**，建立如圖 14-11 所示智慧農場手機介面。

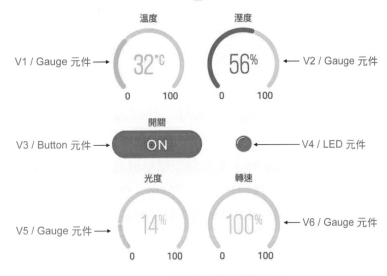

圖 14-11　智慧農場手機介面

　　如表 14-4 所示樣板的元件參數，溫度及溼度使用 Gauge 元件，顯示遠端 DHT11 感測模組所讀取的環境溫度及溼度。開關使用 Switch 元件，控制遠端的 LED 及 LED 元件的狀態。光度使用 Gauge 元件，顯示遠端光敏電阻的光照強度，光線愈強則光度值愈大。轉速使用 Gauge 元件，顯示遠端風扇轉速，風扇停止轉動則顯示 0，風扇低速轉動則顯示 50%，風扇高速轉動則顯示 100%。

表 14-4　樣板的元件參數

圖示	元件	標題	名稱(資料流)	單位	資料型態	範圍
溫度 32℃ 0　100	Gauge	溫度	temperature (V1)	Celsius,℃	Integer	0 ~ 100
溼度 56% 0　100	Gauge	溼度	humidity (V2)	Percentage,%	Integer	0 ~ 100
開關 ON	Switch	開關	switch (V3)	無	Integer	0 ~ 1

圖示	元件	標題	名稱(資料流)	單位	資料型態	範圍
●	LED	無	lamp (V4)	無	Integer	0 ～ 1
光度 14% 0 100	Gauge	光度	brightness (V5)	Percentage,%	Integer	0 ～ 100
轉速 100% 0 100	Gauge	光度	fan(V6)	Percentage,%	Integer	0 ～ 100

　　如圖 14-12 所示電路接線圖，使用 NodeMCU ESP32-S 開發板、DHT11 感測模組、LED 燈、光敏電阻模組及 12V 風扇，完成智慧農場專題。

　　DHT11 感測模組連接於 GPIO5，監測農場環境溫度及相對溼度，並且顯示於手機介面。開關控制內建於 GPIO2 上 LED（P2）的 ON／OFF，並且將 LED 狀態顯示手機介面。光敏電阻連接於 ADC0（GPIO36），監測光照強度，並且顯示至手機介面。全彩 LED 模組連接於 GPIO0，當光度λ<50%時，自動開啟白光，當光度λ≥50%時，關閉白光。GPIO4 控制 12V 風扇，溫度 t≤25°C 時，風扇停止轉動；溫度 25°C< t≤30°C 時，風扇低速轉動；溫度 t>30°C 時，風扇高速轉動。

二 電路接線圖

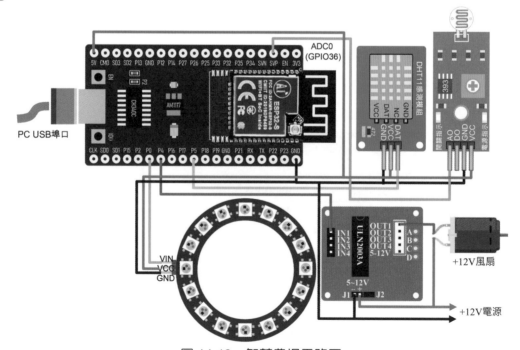

圖 14-12　智慧農場電路圖

程式：ch14_3.py

`from machine import Pin, PWM, ADC`	#載入 Pin、PWM 及 ADC 類別。
`from neopixel import NeoPixel`	#載入 NeoPixel 函式。
`import dht, BlynkLib, network`	#載入 dht、BlynkLib 及 network 函式庫。
`from BlynkTimer import BlynkTimer`	#載入 BlynkTimer 函式。
`ssid='Wi-Fi 基地台名稱'`	#你的 Wi-Fi 基地台名稱。
`pwd='Wi-Fi 密碼'`	#你的 Wi-Fi 連線密碼。
`wifi = network.WLAN(network.STA_IF)`	#建立 STA 模式的無線區域網路物件。
`wifi.active(True)`	#啟動 Wi-Fi 接口。
`wifi.connect(ssid, pwd)`	#開始連線。
`while not wifi.isconnected():`	#連線成功?
`    pass`	#等待連線。
`print("Wi-Fi 連線成功")`	#顯示"Wi-Fi 連線成功"
`token = '裝置 token'`	#你的裝置 token。
`blynk = BlynkLib.Blynk(token)`	#建立 Blynk 物件。
`timer = BlynkTimer()`	#建立 BlynkTimer 物件。
`motor=Pin(4,Pin.OUT)`	#GPIO4 控制風扇。
`fan=PWM(motor,freq=500,duty=0)`	#設定風扇參數。
`n=0`	#風扇轉速級別。
`speed=(0,500,1000)`	#風扇轉速。
`sensor = dht.DHT11(Pin(5))`	#建立 DHT11 物件，使用 GPIO5。
`led = Pin(2, Pin.OUT,value=0)`	#建立 LED 物件，使用 GPIO2。
`adc0=ADC(Pin(36))`	#建立 ADC 物件，使用 ADC0(GPIO36)。
`np=NeoPixel(Pin(0),16)`	#建立 NeoPixel 物件，使用 GPIO0。
`def V3_handler(value):`	#開關處理函式。
`    level=int(value[0])`	#按下開關，LED 狀態改變。
`    led.value(level)`	#依狀態設定 LED 亮或暗。
`    blynk.virtual_write(4, level)`	#設定手機 LED 元件顯示狀態。
`def temp_huni_handler():`	#溫溼度處理函式。
`    sensor.measure()`	#啟動 DHT11。
`    temp=sensor.temperature()`	#讀取溫度值。
`    humi=sensor.humidity()`	#讀取溼度值。
`    blynk.virtual_write(1, temp)`	#手機顯示溫度值。
`    blynk.virtual_write(2, humi)`	#手機顯示溼度值。
`    if(temp>30):`	#溫度 t<30°?
`        n=2`	#設定風扇高轉速。
`    elif(temp>25 and temp<=30):`	#25°<t≤30°?
`        n=1`	#設定風扇低轉速。
`    else:`	#t≤25°?
`        n=0`	#風扇停止轉動。

`        fan.duty(speed[n])`	#設定風扇轉速。
`        blynk.virtual_write(6, n*50)`	#手機顯示風扇轉速。
`def cds_handler():`	#光度處理函式。
`        value=adc0.read()`	#讀取光線強度。
`        value=int(100-value*100/4096)`	#將光度轉成百分比 0~100%。
`        blynk.virtual_write(5, value)`	#手機顯示光度值。
`        if(value<50):`	#光度<50%？
`                for i in range(16):`	#點亮全彩 LED 白光。
`                        np[i]=(255,255,255)`	#白光。
`                np.write()`	#更新顯示。
`        else:`	#光線≥50%。
`                for i in range(16):`	#關閉全彩 LED 白光。
`                        np[i]=(0,0,0)`	#全暗。
`                np.write()`	#更新顯示。
`timer.set_interval(3, temp_huni_handler)`	#設定每 3 秒檢測一次溫度及溼度。
`timer.set_interval(3, cds_handler)`	#設定每 3 秒檢測一次光度。
`blynk.on('V3', V3_handler)`	#設定開關處理函式。
`while True:`	#迴圈。
`        blynk.run()`	#啟動 blynk。
`        timer.run()`	#啟動 timer。

1. 接續範例，設定四級風扇轉速：停止、低速、中速、中高速及高速。當溫度 t<27°C 時，風扇停止轉動。當溫度 27°C≤t<29°C 時，風扇低速轉動。當溫度 29°C≤t<31°C 時，風扇中速轉動。當溫度 31°C≤t<33°C 時，風扇中高速轉動。當溫度 t≥33°C 時，風扇高速轉動。

2. 接續上題，重設白光亮度，當光度λ<25%時，開啟高亮度白光。當光度 25%≤λ<50%，開啟低亮度白光。當光度λ≥50%時，關閉白光。

CHAPTER

15

MQTT 物聯網互動設計

15-1 認識 MQTT

訊息序列遙測傳輸（Message Queuing Telemetry Transport，簡稱 MQTT）最初是由 IBM 的 Andy Stanford-Clark 博士和 Arcom（已更名為 Eurotech）的 Arlen Nipper 博士於 1999 年所發明的通訊協定。2014 年，結構化資訊標準推動組織（Organization for the Advancement of Structured Information Standards，簡稱 OASIS）設立新的技術委員會，來建立物聯網（Internet of Things，簡稱 IoT）與機器對機器（Machine-to-Machine，簡稱 M2M）的 MQTT 開放通訊協定標準。

如圖 15-1 所示 MQTT 架構，使用發布（Publish）與訂閱（Subscribe）的方式連接設備。MQTT 代理人（Broker）扮演伺服器（Server）的角色，全部用戶端（Client）都連接到同一個伺服器，用戶端扮演的角色是發布者及訂閱者。每一個用戶端可以發布主題（Topic）、可以訂閱主題，或是同時兼具發布者及訂閱者角色。

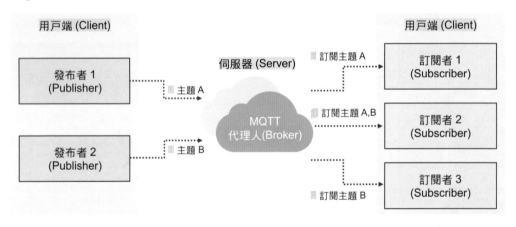

圖 15-1　MQTT 架構

當有發布者針對主題發布訊息時，所有訂閱者都可以透過 MQTT 代理人，接收到訂閱主題的訊息。**發布者不需要知道訂閱者的 IP 位址，只需要知道 MQTT 代理人的位址就可以進行訊息傳遞**。如圖 15-1 所示，發布者 1 發布主題 A、發布者 2 發布主題 B。訂閱者 1 訂閱主題 A，因此可以接收來自於發布者 1 的訊息。而訂閱者 2 同時訂閱主題 A 及 B，因此可以接收來自於發布者 1 及發布者 2 的訊息。

15-1-1 MQTT 訊息

MQTT 與 HTTP 的底層都是採用 TCP / IP 協定，HTTP 使用超文字通訊協定，而 MQTT 使用二進制通訊。**MQTT 是一種專為物聯網設計的輕量級協定，所需要的網路頻**

寬及硬體資源很低。MQTT 通訊協定包含固定標頭（Fixed Header）、可變標頭（Variable Header）及有效負載（Payload）三部分。固定標頭在每個封包中都會傳送，可變標頭及有效負載則視需求決定。

如圖 15-2 所示 MQTT 訊息格式，以發布主題為例，可變標頭放入主題名稱，有效負載就是要傳送的訊息內容。主題名稱及訊息內容使用 UTF-8 編碼，主題名稱最多 2^{16}（= 64KB）個字元，而訊息內容最多 2^{28}（= 256MB）個字元。

固定標頭	主題名稱	訊息內容
2 個字元	最多 2^{16} 個字元 = 64KB	最多 2^{28} 個字元 = 256MB

圖 15-2　MQTT 訊息格式

如圖 15-3 所示 MQTT 固定標頭，共有兩個位元組，位元組 1 是控制標頭（Control Header），位元組 2 記錄剩餘資料長度（Remaining Length）。

位元	7	6	5	4	3	2	1	0
位元組1	訊息類型 (Message Type)				DUP	QoS		Retain
位元組2	剩餘資料長度 (Remaining Length)							

圖 15-3　MQTT 固定標頭

1. 訊息類型（Message Type）

如表 15-1 所示 MQTT 訊息類型，由控制標頭的位元 7~4 表示，共有 16 種訊息類型。以發布（publish）訊息為例，訊息類型值為 3，二進制表示為 $0011_{(2)}$。

表 15-1　MQTT 訊息類型

訊息類型	類型值	說明
Reserved	0	保留。
CONNECT	1	用戶端請求連接到伺服器。
CONNACK	2	連接確認。
PUBLISH	3	發布訊息。
PUBACK	4	QoS1 消息確認。
PUBREC	5	QoS2 消息回執 (保證交付第一步)。
PUBREL	6	QoS2 消息釋放 (保證交付第二步)。
PUBCOMP	7	QoS2 消息完成 (保證交付第三步)。

訊息類型	類型值	說明
SUBSCRIBE	8	請求訂閱。
SUBACK	9	訂閱確認。
UNSUBSCRIBE	10	取消訂閱。
UNSUBACK	11	取消訂閱確認。
PINGREQ	12	心跳請求。
PINGRESP	13	心跳響應。
DISCONNECT	14	用戶端斷開連接。
Reserved	15	保留。

2. 重新交付（duplicate，簡稱 DUP）

如果設定 DUP=0 時，表示 Client 或 Server 第一次嘗試發送 MQTT 的 PUBLISH 數據包。如果設定 DUP=1 時，表示重新交付先前嘗試發送的數據包。當 QoS=0 時，DUP 必須設定為 0。

3. 服務品質（Quality of Service，簡稱 QoS）

如表 15-2 所示 MQTT QoS 設定，由控制標頭位元 2 及位元 1 組成，包含 QoS0（最多傳送一次）、QoS1（至少傳送一次）及 QoS2（確實傳送一次）三種模式。

表 15-2　MQTT QoS 設定

OoS 值	位元 2	位元 1	說明
0	0	0	最多傳送一次 (at most once)。
1	0	1	至少傳送一次 (at least once)。
2	1	0	確實傳送一次 (exactly once)。

QoS0 如同寄平信，是指發布者最多只傳送一次（at most once）訊息給 MQTT Borker。MQTT Borker 收到訊息後，直接轉傳給訂閱者，不會再回傳確認封包。**QoS0 是最低的傳輸服務品質。**

QoS1 如同寄掛號信，是指發布者至少傳送一次（at least once）訊息給 MQTT Broker。MQTT Broker 收到訊息後，會回應 PUBACK 訊息給發布者，確認有收到訊息，如果發布者沒有收到 PUBACK 回應，發布者就會再次傳送一次。

QoS2 如同寄雙掛號信,是指發布者確實傳送一次(exactly once)訊息給 MQTT Borker。MQTT Broker 收到訊息後,會回應 PUBREC 訊息給發布者,確認收到發布訊息。發布者收到 PUBREC 回應時,傳送 PUBREL 並釋放發布訊息。MQTT Broker 收到 PUBREL 後,將訊息發布給訂閱者,並且回報 PUBCOMP 給發布者,確認訂閱者已確實(exactly)收到發布者的訊息。**QoS2 是最高的傳輸服務品質**。

4. 保留(Retain)

當設定 Retain =True 時,在 Client 發送給 Server 的 PUBLISH 數據包中,Server 會儲存「**最新一則**」保留訊息及 QoS 值,並且刪除已存在的訊息。Server 可以傳遞給未來有訂閱相同主題的訂閱者。當設定 Retain =False 時,MQTT Broker 不會將此訊息儲存成保留訊息。

15-1-2 MQTT 主題

如圖 15-4 所示 MQTT 主題(Topic),是由 UTF-8 編碼組成。如同 HTTP 的統一資源定位器(Uniform Resource Locator,簡稱 URL)的概念或是檔案的目錄階層結構。MQTT 主題使用斜線「/」分隔字元,來分割多階層的主題等級,主題名稱可以自訂,最長 2^{16}(= 64KB)個字元。

圖 15-4 MQTT 主題

如圖 15-5 所示主題等級階層,MQTT 主題可以使用**單層萬用字元「+」**來代替單層的主題等級。例如我們要同時訂閱客廳、臥室及廚房的溫度主題,可以寫成如下範例。同理,如要同時訂閱臥室的溫度、溼度及電燈主題,可寫成 home/bedroom/+。

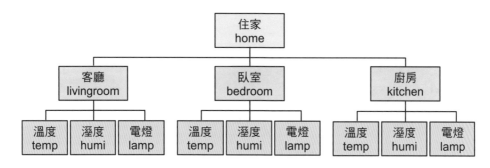

圖 15-5 MQTT 主題等級階層

<table>
<tr><td>格式</td><td>home / + / temp</td></tr>
</table>

範例

```
home/+/temp                              #同時訂閱客廳、臥室及廚房的溫度主題。
```

　　MQTT 主題可以使用**多層萬用字元「#」**來代替多層的主題等級。如果要同時訂閱客廳、臥室及廚房的溫度、溼度、電燈主題，可寫成 home / #。

格式　home / #

範例

```
home/#                          #同時訂閱客廳、臥室及廚房溫度、溼度及電燈主題。
```

15-2　Adafruit IO MQTT 代理人

　　MQTT 代理人負責接收發布者所發布的主題，以及過濾訂閱者所訂閱的主題，並且傳送訂閱者訂閱主題的訊息。我們可以自行安裝 MQTT 代理人，如 Eclipse Mosquitto 軟體，或是使用 MQTT 公開代理人，如 Adafruit IO。

　　Adafruit IO 支援 MQTT 通信協定，註冊後使用 Adafruit IO Basic 免費版（簡稱 AIO），最多可以建立 2 個裝置（Devices）、5 個群組（Groups）、10 個主題（Feeds）、5 個儀表板（Dashboards），以及每分鐘最多可以傳送或接收 30 個訊息的數據率（Data Rate）。付費升級到 AIO+，可以解鎖使用無限裝置、群組、主題、儀表板、數據率。

15-2-1 註冊 Adafruit

STEP 1

1. 進入 Adafruit 官方網站 io.adafruit.com。

2. 點選右上角的 Get Started for Free，進入註冊頁面。

STEP 2

1. 輸入個人資料
   (1)FIRST NAME
   (2)LAST NAME
   (3)EMAIL
   (4)帳號(USERNAME)
   (5)密碼(PASSWORD)

2. 點選 CREATE ACCOUNT 建立帳戶。

FIRST NAME

LAST NAME

EMAIL

USERNAME

Username is viewable to the public
on the forums, Adafruit IO, and
elsewhere.

PASSWORD

CREATE ACCOUNT

15-3　實作練習

15-3-1　遠端監控溫溼度計實習

功能說明

　　如圖 15-6 所示遠端監測溫溼度介面，手機 IoT MQTT 🌐 及網站 io.adafruit.com
同時訂閱「溫度」及「溼度」兩個主題。

(a) 手機 IoT MQTT 介面　　　　　　(b) 網站 io.adafruit.com 介面

圖 15-6　遠端監測溫溼度介面

如圖 15-7 所示電路接線圖，使用 NodeMCU ESP32-S 開發板及 DHT11 溫溼度模組，監測環境溫度及相對溼度。將「溫度」主題 yangmf/feeds/bedroom.temp 及「溼度」主題 yangmf/feeds/bedroom.humi，發布至 MQTT 伺服器。

電路接線圖

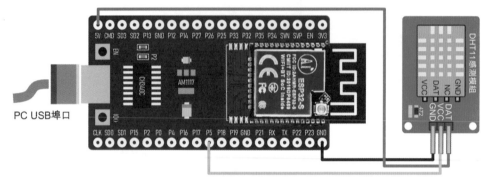

圖 15-7　手機遠端監測溫溼度實習電路圖

建立群組（Group）

STEP 1

1. 輸入網址 io.adafruit.com，進入 adafruit 官網。
2. 點選 Feeds，開始建立主題。
3. 點選 ⊕ New Group。
4. 輸入群組(Group)名 bedroom。
5. 按下 Create，建立新群組。
6. 點選 🔑 取得 API 金鑰(key)。API 金鑰是用戶端(Client)如手機或 MicroPython 開發板，連線 MQTT 伺服器的密碼。

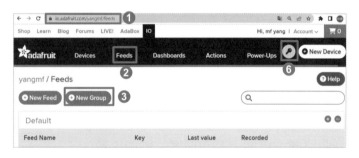

STEP 2

1. 點選 ⊕ 新增第一個主題。

2. 輸入主題名稱(Name)名稱 temp。

3. 按 Create ，將 temp 加入 bedroom 群組中。

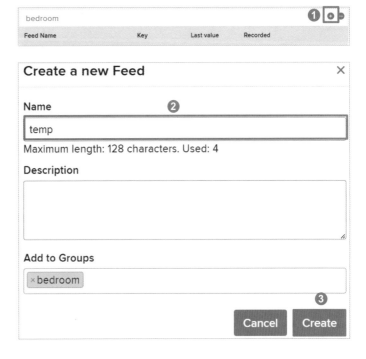

STEP 3

1. 點選 ⊕ 新增第二個主題。

2. 輸入主題名稱(Name)名稱 humi。

3. 按 Create ，將 humi 加入 bedroom 群組中。

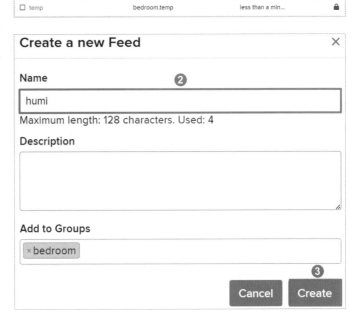

四 建立儀表板（Dashboards）

STEP 1

1. 點選儀表板 `Dashboards`。
2. 點選 `⊕ New Dashboard` 新增 bedroom 儀表板。
3. 點選 bedroom 群組。

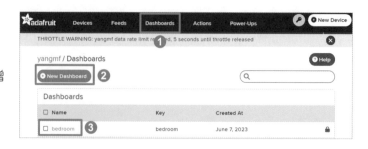

STEP 2

1. 點選 ⚙⌄，開啟儀表板設定頁面 (Dashboard Settings)。

STEP 3

1. 按下 `+ Create New Block`，建立新的方塊元件。
2. 選擇 Gauge 方塊元件。

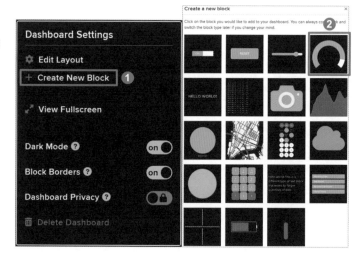

STEP 4

1. 核取 ☑temp。
2. 按 `Next step >` 至下一步。

STEP 5

1. 方塊標題 Block Title 輸入溫度。

2. Gauge Min Vlaue 輸入 0。

3. Gauge Max Value 輸入 100。

4. Gauge Width 不用改變。

5. Gauge Label 輸入 oC。

6. 捲至最下方,按 Create Block ,
   建立 Gauge 方塊元件。

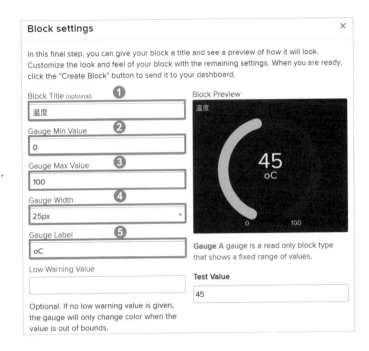

STEP 6

1. 點選 ✿∨ ,開啟儀表板設定頁面
   (Dashboard Settings)。

STEP 7

1. 按下 + Create New Block ,建立新
   的方塊元件。

2. 選擇 Gauge 溫度元件。

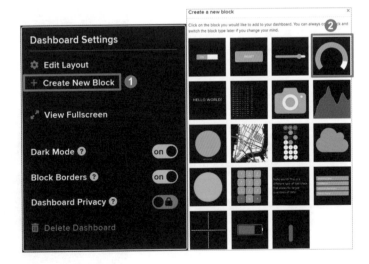

STEP 8

1. 核取 ☑humi。
2. 按 Next step > 至下一步。

STEP 9

1. 方塊標題 Block Title 輸入溼度。
2. Gauge Min Vlaue 輸入 0。
3. Gauge Max Value 輸入 100。
4. Gauge Width 不用改變。
5. Gauge Label 輸入%。
6. 捲至最下方，按 Create Block，建立 Gauge 溼度元件。

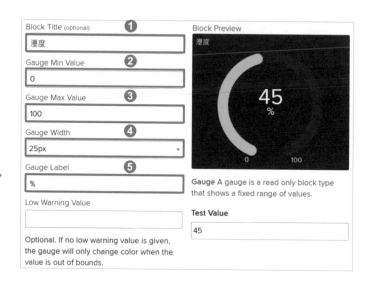

STEP 10

1. 點選 ⚙∨，開啟儀表板設定頁面 (Dashboard Settings)。

STEP 11

1. 點選 Edit Layout，重新排列兩個新增的 Gauge 溫度元件 temp 及 Gauge 溼度元件 humi。

STEP **12**

1. 將兩個新增的 Gauge 方塊元件，temp 及 humi 排列對齊。

2. 按右上方的 Save Layout 儲存設定。

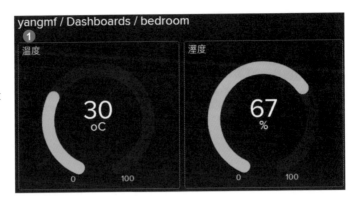

五 建立手機 App

STEP **1**

1. 開啟手機 IoT MQTT Panel。

2. 按 SETUP A CONNECTION 建立 MQTT 伺服器。

3. 連線名稱(Connection name)輸入溫溼度計。

4. Client ID 由系統自動產生。

5. MQTT 伺服器(Broker Web)輸入 io.adafruit.com。

6. 埠號(Port number)預設 1883，通訊協定類型(Network protocol)預設 TCP，不用改變。

7. 按 ⊕ 新增儀表板，輸入臥室。

8. 輸入使用者名稱(Username)及 API 金鑰(Password)。登入官網 io.adafruit.com，按 🔑 可以取得 API 金鑰。

9. 移至最下方，按 CREATE 建立 MQTT 連線。

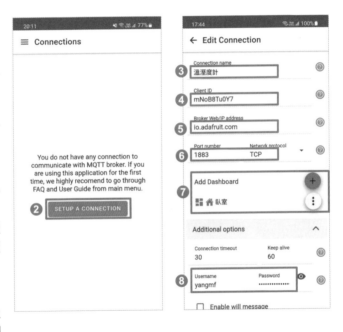

STEP 2

1. 出現 ✓ 符號，表示連線成功，點選進入臥室儀表板頁面。

2. 按下 ADD PANEL 新增第一個面板。

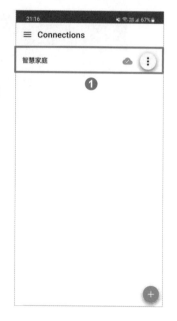
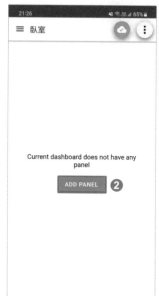

STEP 3

1. 點選文字元件 Text Log。

2. 輸入面板名稱(Panel name)溫度(可自訂)。

3. 輸入訂閱主題，與發布主題相同 yangmf/feeds/bedroom.temp。

4. 勾選☑Single payload mode，只顯示單筆溫度值。

5. 更改文字大小(Text size)30px。

6. 按下 CREATE，建立 Text Log 元件。

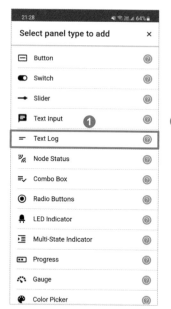

STEP 4

1. 成功建立溫度面板。
2. 按 ⊕ 新增第二個面板。
3. 點選文字元件 Text Log。

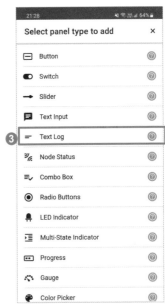

STEP 5

1. 輸入面板名稱(Panel name)溼度。
2. 輸入訂閱主題 (Topic)，與發布主題相同。
   yangmf/feeds/bedroom.humi
3. 勾選 ☑Single payload mode，只顯示單一溼度值。
4. 更改文字大小(Text size)30px。
5. 按下 CREATE ，建立 Text Log 元件。
6. 成功建立溼度面板。

六 程式：ch15_1.py

`from machine import Pin`	#載入 machine 函式庫中的 Pin 類別。
`from time import sleep`	#載入 time 函式庫中的 sleep 函式。
`from umqtt.robust import MQTTClient`	#載入 MQTTClient 函式。
`import network`	#載入 network 函式庫。
`import dht`	#載入 dht 函式庫。
`sensor=dht.DHT11(Pin(5))`	#GPIO5 連接 DHT11 輸出。

`client=MQTTClient(`	#用戶端資料。
`    client_id="home",`	#用戶端識別(必須是唯一不重複)。
`    server="io.adafruit.com",`	#MQTT 伺服器(代理人)。
`    user="adafruit io 使用者名稱",`	#你的 adafruit io 使用者名稱。
`    password="adafruit io 金鑰",`	#你的 adafruit io 金鑰。
`    ssl=False)`	#不加密。
`ssid='Wi-Fi 基地台名稱'`	#你的 Wi-Fi 基地台名稱。
`pwd='Wi-Fi 密碼'`	#你的 Wi-Fi 連線密碼。
`wifi = network.WLAN(network.STA_IF)`	#建立 STA 模式的無線區域網路物件。
`wifi.active(True)`	#啟動 Wi-Fi 接口。
`wifi.connect(ssid, pwd)`	#開始連線。
`while not wifi.isconnected():`	#連線成功?
`    pass`	#等待連線。
`print("connected")`	#連線成功。
`client.connect()`	#用戶端連線 MQTT 伺服器。
`while True:`	#迴圈。
`    sensor.measure()`	#啟動 DHT11 開始測量。
`    temp=sensor.temperature()`	#讀取溫度值。
`    humi=sensor.humidity()`	#讀取溼度值。
`    print('Temp: '+str(temp)+'\u00b0C')`	#shell 顯示溫度值。
`    print('humi: '+str(humi)+'%')`	#shell 顯示溼度值。
`    temp="%2d\u00b0C" % (temp)`	#將溫度值轉換成字串。
`    humi="%2d%%" % (humi)`	#將溼度值轉換成字串。
`    client.publish("yangmf/feeds/bedroom.temp",temp.encode())`	#發布主題。
`    client.publish("yangmf/feeds/bedroom.humi",humi.encode())`	#發布主題。
`    sleep(10)`	#每 10 秒發布一次。

練習

1. 接續範例，在 NodeMCU ESP32-S 開發板 ADC0（GPIO36）連接光敏電阻，檢測光線亮度，並且發布「亮度」主題 yangmf/feeds/bedroom.cds。如圖 15-8 所示 MQTT 伺服器儀表板，設定溫度、溼度及光度三個面板，顯示 ESP32 開發板發布的主題。

圖 15-8　MQTT 伺服器儀表板

2. 接續上題，如圖 15-9 所示手機儀表板，新訂閱主題 yangmf/feeds/bedroom.cds。將 NodeMCU ESP32-S 開發板上光敏電阻光度的檢測值，顯示在手機儀表板上。

圖 15-9　手機儀表板

15-3-2　手機遠端調光燈實習

➊ 功能說明

如圖 15-10 所示遠端調光燈介面，手指調整調光器，亮度面板會隨著調光器變化。手機 IoT MQTT 🔘 及網站 io.adafruit.com，同時發布「調光器」主題 yangmf/feeds/livingroom.lamp。

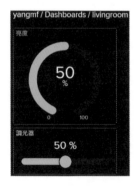

(a) 手機 IoT MQTT 介面　　　　　　　(b) 網站 io.adafruit.com 介面

圖 15-10　遠端調光燈介面

如圖 15-11 所示電路接線圖，使用 NodeMCU ESP32-S 開發板，控制串列全彩 LED 模組的白光亮度。開發板訂閱「亮度」主題 yangmf/feeds/livingroom.lamp，當手機調光器改變時，ESP32 開發板讀取到調光器的數值訊息，並依數值來調整白光的亮度。

電路接線圖

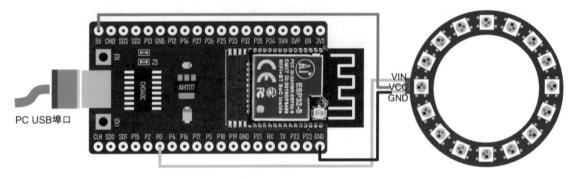

圖 15-11　手機遠端調光燈實習電路圖

建立群組（Group）

STEP 1

1. 輸入網址 io.adafruit.com，進入 adafruit 官網。

2. 點選 Feeds。

3. 點選 ⊕ New Group。

4. 輸入群組(Group)名 livingroom。

5. 按下 Create，建立新群組。

6. 點選 🔑 取得 API 金鑰(key)。API 金鑰是用戶端(Client)如手機或 MicroPython 開發板，連線 MQTT 伺服器的密碼。

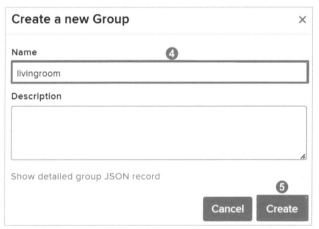

STEP 2

1. 點選 ⊕ 新增主題。

2. 輸入主題名稱(Name)名稱 temp。

3. 按下 Create ，將 lamp 加入 bedroom 群組中。

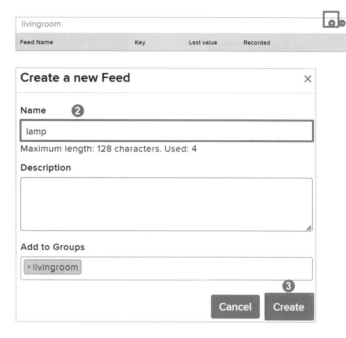

四 建立儀表板（Dashboards）

STEP 1

1. 點選儀表板 Dashboards 。

2. 點選 ⊕ New Dashboard 建立 livingroom 儀表板。

3. 點選 livingroom 群組。

STEP 2

1. 點選 🔧∨ ，開啟儀表板設定頁面 (Dashboard Settings)。

STEP 3

1. 按 + Create New Block ，建立新的元件方塊。

2. 選擇 Gauge 方塊元件。

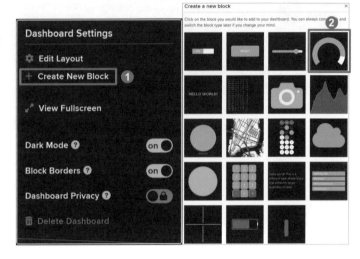

STEP 4

1. 點選核取 ☑lamp。

2. 按 Next step > 至下一步。

STEP 5

1. 方塊標題(Block Title)輸入亮度。

2. Gauge Min Value 輸入 0。

3. Gauge Max Value 輸入 100。

4. Gauge Width 不用改變。

5. Gauge Label 輸入%。

6. 捲至最下方，按 Create Block ，建立 Gauge 方塊元件。

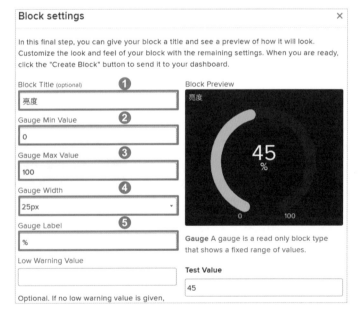

STEP 6

1. 點選 ，開啟儀表板設定頁面 (Dashboard Settings)。

STEP 7

1. 按下 **+ Create New Block** ，建立新的方塊元件。

2. 選擇 Slider 方塊元件。

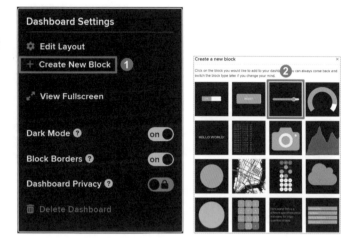

STEP 8

1. 核取 ☑lamp。

2. 按 **Next step >** 至下一步。

STEP 9

1. 方塊標題 Block Title 欄位，輸入調光器。

2. Slider Min Value 輸入 0。

3. Slider Max Value 輸入 100。

4. Slider Step Size 輸入 5。

5. Slider Label 輸入%。

6. 捲至最下方，按 **Create Block** ，建立 Slider 方塊元件。

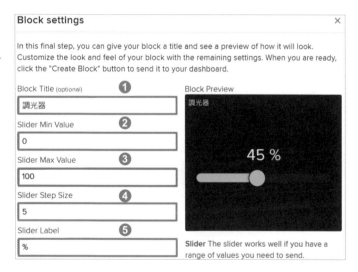

STEP 10

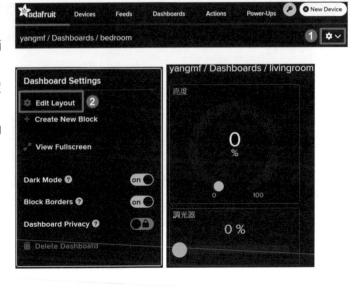

1. 點選 ⚙∨ ，開啟儀表板設定頁面 (Dashboard Settings)。

2. 點選 Edit Layout ，重新排列亮度及調光器方塊元件。

3. 排列完成後，按右上方的 Save Layout 儲存設定。

五 建立手機 App

STEP 1

1. 開啟手機 IoT MQTT Panel 📱 。

2. 按 SETUP A CONNECTION ，建立 MQTT 伺服器。

3. 連線名稱(Connection name)輸入調光燈。

4. Client ID 由系統自動產生。

5. MQTT 伺服器(Broker Web)輸入 io.adafruit.com 。

6. 埠號(Port number)預設 1883，網路協定 (Network protocol)預設 TCP。

7. 按 ⊕ ，新增儀表板客廳。

8. 輸入使用者名稱(Username) 及 API 金鑰(Password)。

9. 移至下方，按 CREATE 建立 MQTT 連線。

STEP ②

1. 出現 ✅ 符號，表示連線成功，點選「調光燈」進入客廳儀表板頁面。

2. 按下 `ADD PANEL` 或 ➕ 新增面板。

STEP ③

1. 點選滑桿元件 Slider。

2. 面板名稱(Panel name)輸入調光器。

3. 輸入發布主題(Topic)
   yangmf/feeds/livingroom.lamp

4. Payload min 輸入 0。

5. Payload max 輸入 100。

6. 按 `CREATE`，建立 Slider 元件。

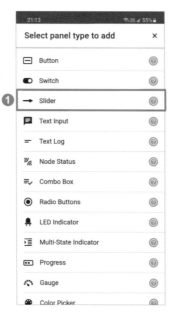

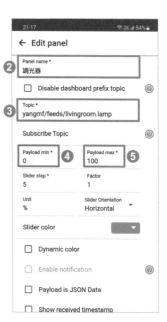

STEP 4

1. 點選軌距元件 Gauge。

2. 面板名稱(Panel name)輸入亮度。

3. 輸 入 訂 閱 主 題 (Topic)
   yangmf/feeds/livingroom.lamp

4. Payload min 輸入 0。

5. Payload max 輸入 100。

6. 單位 Unit 輸入%。

7. 設定 Gauge 刻度及顏色，25 以下
   為綠色，25~75 之間為黃色，75
   以上為紅色。

8. 按 下 CREATE 或 SAVE 建 立
   Gauge 元件。

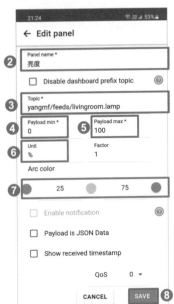

STEP 5

1. 設定完成後，在客廳儀表板中，
   會 有 調 光 器 (Slider) 及 亮 度
   (Gauge)兩個面板元件。

2. 手指拉動滑桿改變亮度值，同時
   發布亮度值至 MQTT 伺服器。

3. 亮度 Gauge 面板隨調光器的設定
   而改變。

4. MicroPython 開發板訂閱亮度主
   題接收訊息，即可控制串列全彩
   LED 模組的白光亮度。

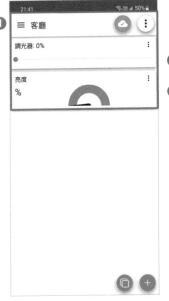 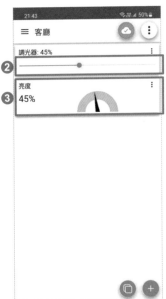

六 程式：ch15_2.py

```python
from machine import Pin          #載入 machine 函式庫中的 Pin 類別。
from neopixel import NeoPixel    #載入 NeoPixel 函式。
from umqtt.robust import MQTTClient  #載入 MQTTClient 函式。
import network                   #載入 network 函式庫。
np=NeoPixel(Pin(0),16)           #D3(GPIO0)連接全彩 LED 模組。
```

`client=MQTTClient(`	#建立 MQTTClient 物件。
`    client_id="lamp1",`	#用戶端 ID(必須是唯一不重複)。
`    server="io.adafruit.com",`	#MQTT 伺服器。
`    user="adafruit io 使用者名稱",`	#你的 adafruit io 使用者名稱。
`    password="adafruit io 金鑰",`	#你的 adafruit io 金鑰。
`    ssl=False)`	#不加密。
`ssid='Wi-Fi 基地台名稱'`	#你的 Wi-Fi 基地台名稱。
`key='Wi-Fi 密碼'`	#你的 Wi-Fi 連線密碼。
`wifi = network.WLAN(network.STA_IF)`	#建立 STA 模式的無線區域網路物件。
`wifi.active(True)`	#啟動 Wi-Fi 接口。
`wifi.connect(ssid, key)`	#開始連線。
`while not wifi.isconnected():`	#連線成功?
`    pass`	#等待連線。
`print("connected")`	#連線成功。
`client.connect()`	#用戶端連線 MQTT 伺服器。
`def get_cmd(topic,msg):`	#主題及訂閱訊息讀取函式。
`    n=int(msg.decode())`	#二進碼轉換成整數。
`    n=int(n*250/100)`	#0~100 轉成 0~250。
`    for i in range(16):`	#依 n 值調整白光亮度。
`        np[i]=(n,n,n)`	#設定顏色值。
`    np.write()`	#顯示。
`client.connect()`	#用戶端連線 MQTT 伺服器。
`client.set_callback(get_cmd)`	#設定回調處理函式。
`client.subscribe(b"yangmf/feeds/livingroom.lamp")`	#訂閱主題。
`while True:`	#迴圈。
`    client.check_msg()`	#檢查訂閱主題是否有新訊息。

練習

1. 接續範例，訂閱主題 yangmf/feeds/bedroom.sw。如圖 15-12 所示 MQTT 伺服器儀表板，設置亮度、調光器及開關面板。當開關切至 ON 位置則 NodeMCU ESP32-S 開發板上內建 LED（P2）點亮，開關切至 OFF 位置則開發板上內建 LED（P2）熄滅。

圖 15-12　MQTT 伺服器面板

2. 接續上題，如圖 15-13 所示手機儀表板，新增 switch 元件並且發布主題 yangmf/feeds/bedroom.sw。當開關切至右方 ON 位置時，NodeMCU ESP32-S 開發板上內建 LED（P2）點亮，當開關切至左方 OFF 位置時，開發板上內建 LED 熄滅。

圖 15-13　手機儀表板

15-3-3　專題實作：Wi-Fi 智能插座

一 功能說明

如圖 15-14 所示 Wi-Fi 智能插座，手機 IoT MQTT 訂閱「溫度」主題 yangmf/feeds/smart.temp 及「溼度」主題 yangmf/feeds/smart.temp。同時，手機發布「插座 1」主題 yangmf/feeds/smart.sw1 及「插座 2」主題 yangmf/feeds/smart.sw2。

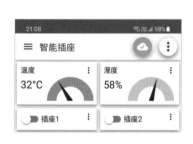

(a) 手機 IoT MQTT 介面

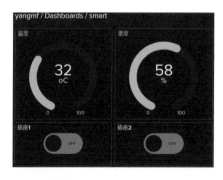

(b) 網站 io.adafruit.com 介面

圖 15-14　Wi-Fi 智能插座介面

如圖 15-15 所示電路接線圖，使用 NodeMCU ESP32-S 開發板、DHT11 溫溼度模組及兩組繼電器模組插座，完成 Wi-Fi 智能插座專題。

NodeMCU ESP32-S 開發板發布「溫度」主題 yangmf/feeds/smart.temp 及「溼度」主題 yangmf/feeds/smart.humi。訂閱「插座 1」主題 yangmf/feeds/smart.sw1 及「插座 2」主題 yangmf/feeds/smart.sw2。

手機 IoT MQTT 📶 使用兩個 switch 元件 sw1 及 sw2，分別控制 NodeMCU ESP32-S 開發板上兩個繼電器模組的 ON / OFF。手機 IoT MQTT 📶 使用兩個 Gauge 元件，顯示 NodeMCU ESP32-S 開發板監測的環境溫度及溼度。

▣ 電路接線圖

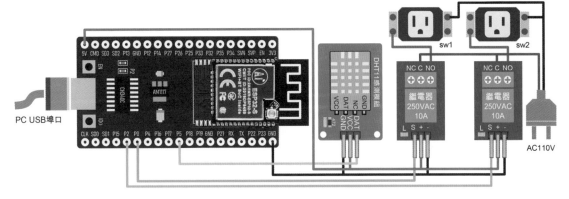

圖 15-15　Wi-Fi 智能插座電路圖

▣ 建立群組（Group）

STEP 1

1. 輸入網址 io.adafruit.com，進入 adafruit 官網。

2. 點選 Feeds，建立主題。

3. 點選 ⊕ New Group。

4. 輸入群組(Group)名稱 smart。

5. 按 Create，建立新群組。

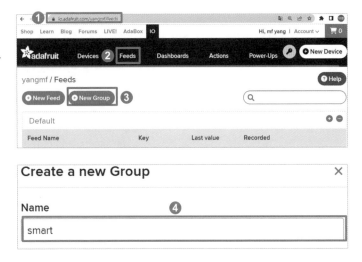

STEP 2

1. 點選 + 新增第一個主題。
2. 輸入主題名稱(Name) temp。
3. 按 Create ，將 temp 主題加入 smart 群組中。

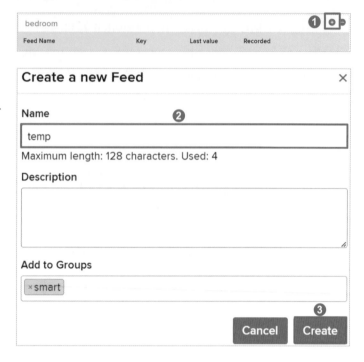

STEP 3

1. 點選 + 新增第二個主題。
2. 輸入主題名稱(Name)名稱 humi。
3. 按 Create ，將 humi 主題加入 smart 群組中。

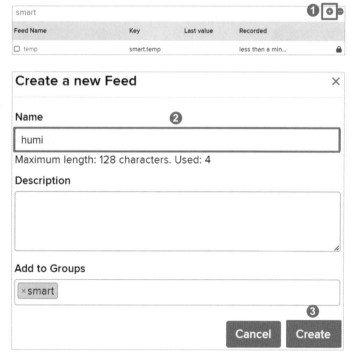

STEP 4

1. 點選 ⊕ 新增第三個主題。

2. 輸入主題名稱(Name)名稱 sw1。

3. 按 Create ，將 sw1 主題加入 smart 群組中。

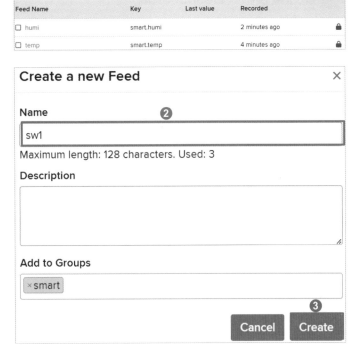

STEP 5

1. 點選 ⊕ 新增第四個主題。

2. 輸入主題名稱(Name)名稱 sw2。

3. 按 Create ，將 sw2 加入 smart 群組中。

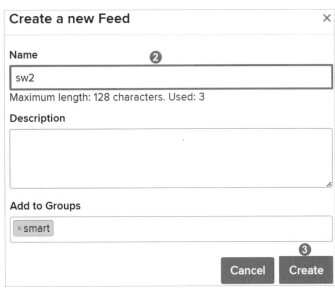

四 建立儀表板（Dashboards）

STEP 1

1. 點選儀表板 **Dashboards**。

2. 點選 **⊕ New Dashboard** 新增 bedroom 儀表板。

3. 輸入儀表板名稱 smart。

4. 按 **Create**，建立 smart 儀表板。

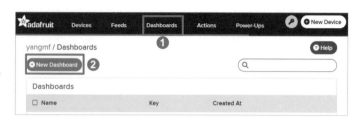

STEP 2

1. 點選 smart 進入儀表板。

2. 點選 **⚙∨**，開啟儀表板設定頁 (Dashboard Settings)。

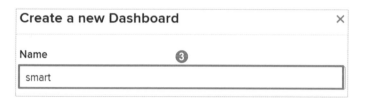

STEP 3

1. 按 **+ Create New Block**，建立新的方塊元件。

2. 選擇 Gauge 元件。

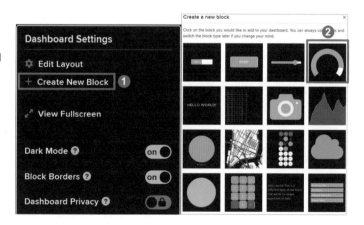

STEP **4**

1. 點選核取 ☑temp。
2. 按 Next step > 至下一步。

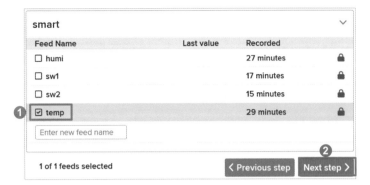

STEP **5**

1. 標題(Block Title)輸入溫度。
2. 最小值(Min Vlaue)輸入 0。
3. 最大值(Max Value)輸入 100。
4. 寬度(Width)不變。
5. 單位(Label)輸入 oC。
6. 捲至最下，按 Create Block ，建立溫度元件。

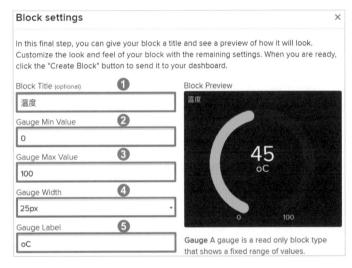

STEP **6**

1. 點選 ✿∨ ，開啟儀表板設定頁(Dashboard Settings)。

STEP **7**

1. 按下 + Create New Block ，建立新的方塊元件。
2. 選擇 Gauge 元件。

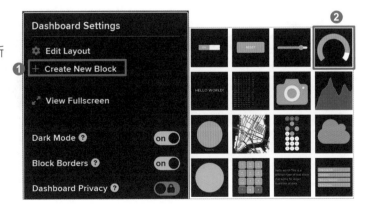

STEP 8

1. 點選核取 ☑humi。
2. 按 **Next step >** 至下一步。

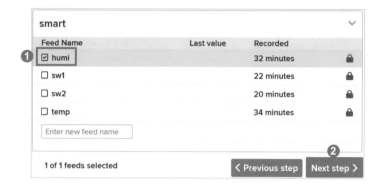

STEP 9

1. 標題(Block Title)輸入溼度。
2. 最小值(Min Vlaue)輸入 0。
3. 最大值(Max Value)輸入 100。
4. 寬度(Width)不變。
5. 單位(Label)輸入%。
6. 捲至最下，按 **Create Block** ，建立溼度元件。

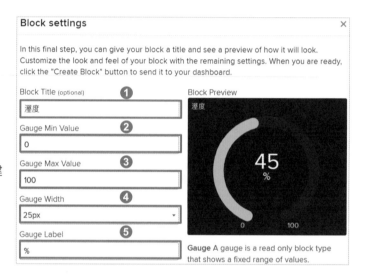

STEP 10

1. 點選 **✿∨** ，開啟儀表板設定頁 (Dashboard Settings)。

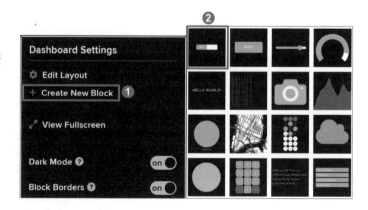

STEP 11

1. 按下 **+ Create New Block** ，建立新的方塊元件。
2. 選擇 Toggle 元件。

STEP 12

1. 點選核取 ☑sw1。
2. 按 Next step > 至下一步。

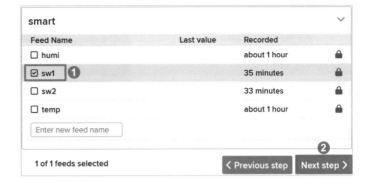

STEP 13

1. 標題(Title)輸入插座 1。
2. Button On Text 文字輸入 ON。
3. Button On 發布訊息輸入 on1。
4. Button Off Text 文字輸入 OFF。
5. Button Off 發布訊息輸入 off1。
6. 捲至最下，按 Create Block，建立插座 1 元件。

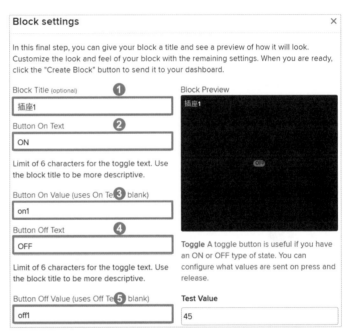

STEP 14

1. 點選 ⚙∨，開啟儀表板設定頁 (Dashboard Settings)。

STEP 15

1. 按 + Create New Block ，建立新的方塊元件。

2. 選擇 Toggle 元件。

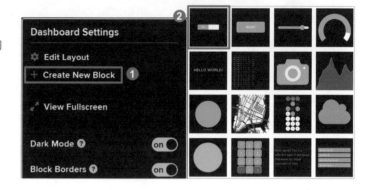

STEP 16

1. 點選核取 ☑sw2。

2. 按 Next step > 至下一步。

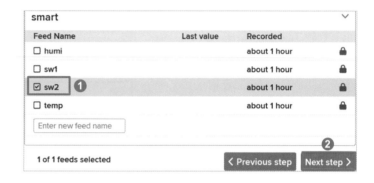

STEP 17

1. 標題(Title)輸入插座 2。

2. Button On Text 文字輸入 ON。

3. Button On 發布訊息輸入 on2。

4. Button Off Text 文字輸入 OFF。

5. Button Off 發布訊息輸入 off2。

6. 捲至最下，按 Create Block ，建立插座 2 元件。

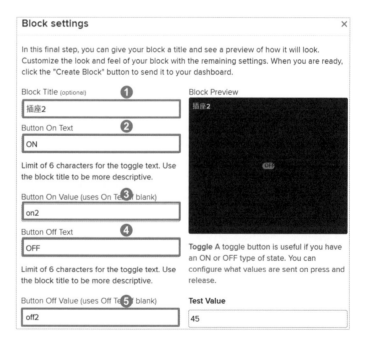

STEP 18

1. 點選 ⚙✓，開啟儀表板設定頁 (Dashboard Settings)。

STEP 19

1. 點選 Edit Layout 。

2. 重新排列溫度、溼度、插座 1、插座 2 四個面板。

3. 排列完成後，按 Save Layout 儲存排列結果。

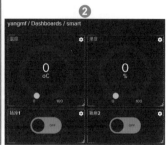

五 建立手機 App

STEP 1

1. 開啟手機 IoT MQTT Panel 📱。

2. 按 ➕ 建立新連結。

3. 連線名稱(Connection name)輸入 WiFi 智能插座。

4. Client ID 由系統自動設定。

5. MQTT 伺服器(Broker Web)輸入 io.adafruit.com。

6. 埠號(Port number)預設 1883，通訊協定類型(Network protocol)預設 TCP。

7. 按下 ➕，新增儀表板，輸入智能插座。

8. 輸入使用者名稱(Username)及 API 金鑰(Password)。

9. 按最下方 CREATE 建立新連結。

STEP 2

1. 出現 符號，表示連線成功，點選進入臥室儀表板頁面。

2. 按下 ADD PANEL 新增第一個面板。

STEP 3

1. 點選 Gauge 元件。

2. 輸入面板名稱(Panel name)溫度。

3. 輸入訂閱主題(Topic)
   yangmf/feeds/smart.temp。

4. 輸入最小值 min 為 0。

5. 輸入最大值 min 為 100。

6. 設定範圍，25°C≤t≤30°C(黃)，t<25°C(綠)，t>30°C(紅)。

7. 按下 CREATE 建立溫度元件。

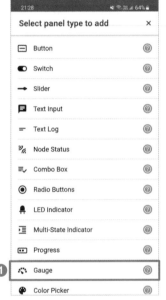

STEP 4

1. 按 ⊕ 新增第二個面板。

2. 點選 Gauge 元件。

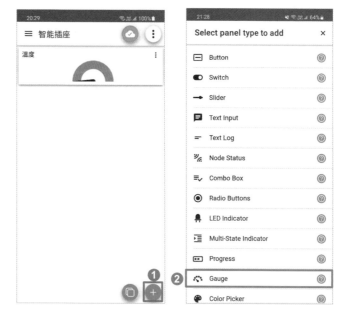

STEP 5

1. 點選 Gauge 元件。

2. 面板名稱(Panel name) 輸入溼
   度。

3. 輸入訂閱主題(Topic)
   yangmf/feeds/smart.temp。

4. 輸入最小值 min 為 0。

5. 輸入最大值 min 為 100。

6. 設 定 範 圍 ， 40≤h≤80(黃) ，
   h<40(綠)，h>80(紅)。

7. 按下 CREATE 建立溫度元件。

8. 按 ⊕ 新增第三個面板

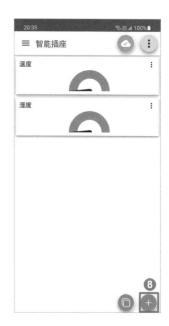

STEP 6

1. 點選 Switch 元件

2. 面板名稱 (Panel name) 輸入插座 1。

3. 輸入發布主題(Topic) yangmf/feeds/smart.sw1。

4. 開關 on 的發布訊息輸入 on1。

5. 開關 off 的發布訊息輸入 off1。

6. 按最下方 CREATE 鈕，建立 Switch 元件。

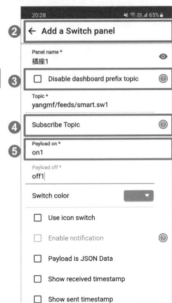

STEP 7

1. 按 ⊕ 新增第四個面板。

2. 點選 Switch 元件。

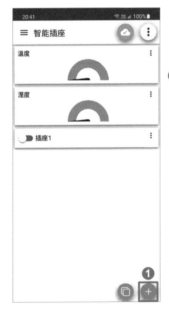

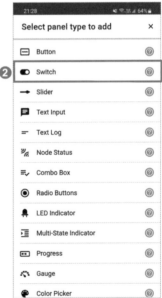

STEP 8

1. 面板名稱 (Panel name) 輸入插座 2。

2. 輸入發布主題
   yangmf/feeds/smart.sw2。

3. 開關 on 的發布訊息輸入 on2。

4. 開關 off 的發布訊息輸入 off2。

5. 按最下方 CREATE 鈕，建立 Switch 元件。

6. 智慧插座儀表板包含四個面板溫度、溼度、插座 1 及插座 2。

STEP 9

1. 按溫度面板右上的 ⋮，開啟屬性設定視窗。

2. 按 Panel Width 設定面板寬度。

3. 點選 1/2 screen width，設定面板寬度為手機螢幕的一半。

4. 如圖所示，將四個面板寬度，全部設定為螢幕的一半。

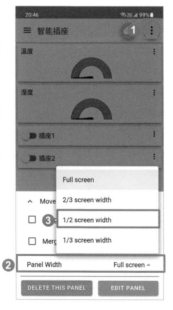

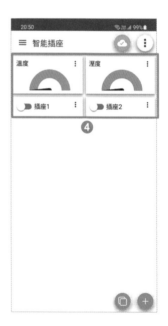

六 程式：ch15_3.py

`from machine import Pin`	#載入 machine 函式庫中的 Pin 類別。
`import time`	#載入 time 函式庫。
`from umqtt.robust import MQTTClient`	#載入 MQTTClient 函式。
`import network`	#載入 network 函式庫。
`import dht`	#載入 dht 函式庫。
`sensor=dht.DHT11(Pin(5))`	#GPIO5 連接 DHT11 模組。

```python
sw1=Pin(0,Pin.OUT,value=0)                      #GPIO0 連接繼電器模組(插座1)。
sw2=Pin(2,Pin.OUT,value=0)                      #GPIO2 連接繼電器模組(插座2)。
client=MQTTClient(                              #用戶端資料。
    client_id="home",                          #用戶端編號(唯一值不可重複)。
    server="io.adafruit.com",                  #MQTT 伺服器(代理人)。
    user="adafruit io 使用者名稱",              #你的 adafruit io 使用者名稱。
    password="adafruit io 金鑰",                #你的 adafruit io 金鑰。
    ssl=False)                                  #不加密。
ssid='Wi-Fi 基地台名稱'                          #你的 Wi-Fi 基地台名稱。
key='Wi-Fi 密碼'                                #你的 Wi-Fi 連線密碼。
wifi = network.WLAN(network.STA_IF)             #建立 STA 模式的無線區域網路物件。
wifi.active(True)                               #啟動 Wi-Fi 接口。
wifi.connect(ssid, key)                         #開始連線。
while not wifi.isconnected():                    #連線成功?
    pass                                        #等待連線。
print("connected")                              #連線成功。
def get_cmd(topic,msg):                         #訂閱主題訊息處理函式。
    print(msg)                                  #顯示訂閱主題訊息。
    if msg==b'on1':                             #訊息是'on1'?
        sw1.value(1)                            #繼電器模組 ON,開啟插座1電源。
    elif msg==b'off1':                          #訊息是'off1'?
        sw1.value(0)                            #繼電器模組 OFF,關閉插座1電源。
    elif msg==b'on2':                           #訊息是'on2'?
        sw2.value(1)                            #繼電器模組 ON,開啟插座2電源。
    elif msg==b'off2':                          #訊息是'off2'?
        sw2.value(0)                            #繼電器模組 OFF,關閉插座2電源。
client.connect()                                #用戶端連線 MQTT 伺服器。
client.set_callback(get_cmd)                    #設定回調函式,處理訂閱主題的訊息。
client.subscribe(b"yangmf/feeds/smart.sw1")#訂閱主題。
client.subscribe(b"yangmf/feeds/smart.sw2")#訂閱主題。
t=time.ticks_ms()                               #讀取程式執行至目前為止的毫秒數。
while True:                                      #迴圈。
    client.check_msg()                          #檢查是否接收到訂閱主題新訊息。
    if(time.ticks_ms()-t==10000):              #已經過10秒?
        t=time.ticks_ms()                       #儲存。
        sensor.measure()                        #啟動 DHT11 開始測量。
        temp=sensor.temperature()               #讀取溫度值。
        humi=sensor.humidity()                  #讀取溼度值。
        print('Temp: '+str(temp)+'\u00b0C')     #顯示溫度值,單位°C。
        print('humi: '+str(humi)+'%')           #顯示溼度值,單位%。
        temp="%2d\u00b0C" % (temp)              #所要發布的溫度訊息。
```

```
humi="%2d%%" % (humi)          #所要發布的溼度訊息。
```
```
client.publish("yangmf/feeds/smart.temp",temp.encode())#發布主題
```
```
client.publish("yangmf/feeds/smart.humi",humi.encode())#發布主題
```

 練習

1. 接續範例，在 NodeMCU ESP32-S 開發板的 GPIO14 及 GPIO12 新增兩個繼電器模組 sw3、sw4 控制插座 3 及插座 4 的電源，並且新增訂閱主題 yangmf/feeds/bedroom.sw3 及 yangmf/feeds/bedroom.sw4。如圖 15-16 所示 MQTT 伺服器儀表板，設置溫度、溼度及四個插座開關面板。

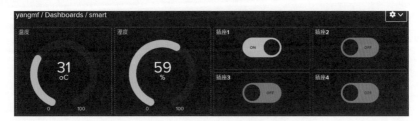

圖 15-16　MQTT 伺服器儀表板

2. 接續上題，如圖 15-17 所示手機 MQTT 儀表板，新增發布主題 yangmf/feeds/bedroom.sw3 及 yangmf/feeds/bedroom.sw4。

圖 15-17　手機 MQTT 儀表板

CHAPTER

16

IFTTT 物聯網互動設計

16-1　認識 IFTTT

IFTTT（If This Then That 的縮寫）是一個網路服務平台，可以讓支援 IFTTT 的某個應用程式、設備或服務，去觸發另一個服務。要使用 IFTTT 將兩個不同的服務連結在一起時，必須先建立 Applet 執行程序。IFTTT 內建多樣的 Applet 供使用者選擇，也可以自己建立客製化的 Applet。一旦開啟 Applet，IFTTT 就會開始執行這項程序，當某個服務被事件（event）觸發後，該服務就會再去觸發另一個服務。

如圖 16-1 所示 Applet 執行程序範例，MicroPython 開發板連接 RFID-RC522 模組，讀取 RFID 卡片號碼。透過 IFTTT 網路服務平台，觸發並且傳送 RFID 卡片的卡號給 Webhooks，Webhooks 就會將 RFID 卡號送到 Line Notify 通知用戶。

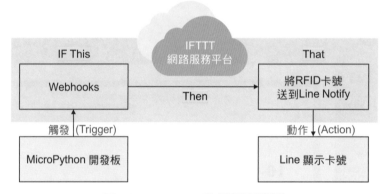

圖 16-1　Applet 執行程序範例

16-1-1　註冊 IFTTT 服務

在使用 IFTTT 網路服務之前，必須先註冊。IFTTT 免費版最大可以建立 2 個 Applets，註冊步驟如下所述。

STEP 1

1. 輸入網址 https://ifttt.com。
2. 按下 Get started 。

STEP 2

1. 如果尚未註冊，可以選擇使用 Apple、Facebook 或 Google 帳號來註冊。或是按 sign up 註冊新帳號。

2. 如果已註冊，點選登入 log in，進入。

STEP 3

1. 輸入註冊帳號及密碼。

2. 按下 **Get started** 建立新帳號。

STEP 4

1. 輸入新帳號及密碼。

2. 按 **Log in** 登入。

STEP 5

1. 帳號及密碼驗證成功後，即可進入 IFTTT 首頁。

16-1-2　在 IFTTT 平台建立 Applet

　　Applet 是由觸發器（Trigger）及動作（Action）組成，用來連結兩個不同且獨立的應用程式、設備或服務。由一個服務去觸發啟動 Applet，再去執行另一個服務，以得到所要的結果。以 HTTP 請求觸發 LINE 通知（notify）為例，在 IFTTT 平台建立 Applet 的步驟如下所述。

STEP 1

1. 登入 IFTTT 後，點選 `Create` 建立 Applet。

STEP 2

1. 按下 `Add`，新增觸發事件。

STEP 3

1. 輸入 webhooks。
2. 按下 `Webhooks`，使用 HTTP 請求，來觸發事件。

STEP 4

1. 點選 Receive a web request 觸發器。

STEP 5

1. 事件名稱 (Event Name) 輸入 RC522。
2. 按下 Create trigger ，建立觸發器。

STEP 6

1. 完成 If 指定觸發器後，可以再進行修改(Edit)或刪除(Delete)。
2. 接著按 Then That 的 Add 鈕，新增觸發後的服務。

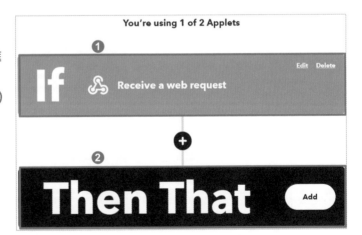

STEP **7**

1. 輸入 line。
2. 點選 LINE 服務。

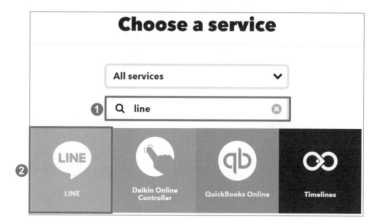

STEP **8**

1. 點選 Send message，執行發布訊息至 LINE 的動作(Action)。

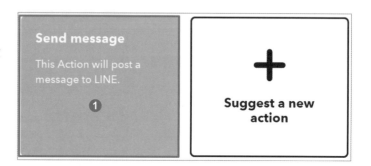

STEP **9**

1. 點選 Connect，建立連結。
2. 輸入 LINE 的電子郵件帳號。
3. 輸入 LINE 的密碼。
4. 按 登入 鈕，登入 LINE。
5. 按 同意並連動，提供用戶名稱及聊天室列表給 IFTTT 服務。

STEP (10)

1. 訊息(Message)欄最多傳送三個參數 Value1、Value2、Value3，我們使用 Value1 參數，來傳送卡號。

2. 按 **Create action** 建立。

3. 按 **Continue** 繼續下一步。

STEP (11)

1. 按 **Finish** 完成設定。

2. 完成設定後的畫面如右所示，預設為已連線(Connected)。

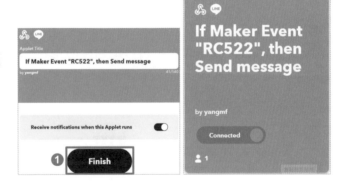

STEP (12)

1. 按 🔘 開啟下拉視窗。

2. 點選 My services。

3. 在 My services 頁面中找到 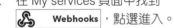，點選進入。

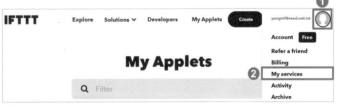

STEP (13)

1. 按 Documentation ，進入 Webhooks 的文件頁面。

2. 在文件頁面中可以看到你的金鑰 (key)，複製金鑰到 MicroPython 程式中。

16-1-3 Applet 編輯與刪除

　　IFTTT 免費版最多只能設定 2 個 Applet，必須付費升級（upgrade）為正式版，才能使用更多的 Applet。當然我們也可以編輯修改現有的 Applet，或是刪除不需要的 Applet，步驟如下所述。

STEP (1)

1. 輸入網址 https://ifttt.com/進入官網後，點選 My Applets。

2. 編輯 Applet：點選 Settings ，進入設定頁面編輯 Applet 內容。

3. 刪除 Applet：移動到頁面的最下方，點選 Archive，可以刪除 Applet。

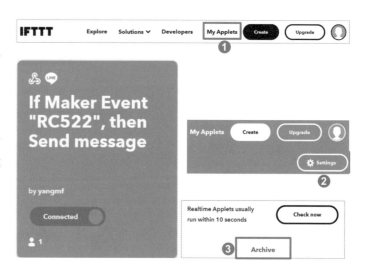

16-2　認識 RFID

　　無線射頻辨識（Radio Frequency IDentification，簡稱 RFID），又稱為電子標籤，是一種非接觸式、短距離的無線辨識技術。RFID 技術廣泛運用在各種行業中，如門禁管理、貨物管理、防盜應用、聯合票證、自動控制、動物監控追蹤、倉儲物料管理、醫療病歷系統、賣場自動結帳、員工身份辨識、生產流程追蹤、高速公路電子收費系統等（Electronic Toll Collection，簡稱 ETC）。RFID 具有小型化、多樣化、可穿透性、可重複使用及高環境適應性等優點。

16-2-1　RFID 工作原理

　　如圖 16-2 所示 RFID 系統包含 **RFID 感應器**（reader）、**線圈**（coil，又稱為天線）及 **RFID 標籤**（tag）等三個部份。RFID 的運作原理是利用 RFID 感應器，透過線圈發射無線電磁波產生射頻場域（RF-field），去觸動在感應範圍內的 RFID 標籤。RFID 標籤再藉由電磁感應產生電流，來供應 RFID 標籤上的 IC 晶片運作，並且利用電磁波回傳 RFID 標籤內存唯一識別碼（**Unique Identifier，簡稱 UID**）給 RFID 感應器來辨識。RFID 卡使用 ISO/IEC 14443A 國際標準，有效距離 10cm。

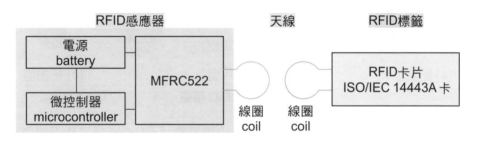

圖 16-2　RFID 系統

1. RFID 感應器

　　RFID 感應器透過無線電波來存取 RFID 標籤上的資料，依其存取方式可以分為 RFID 讀取器及 RFID 讀寫器兩種。**RFID 感應器內部組成，包含電源、天線、微控制器、MFRC522 晶片、發射器及接收器等**。發射器負責將訊號透過線圈傳送給 RFID 標籤。接收器負責接收 RFID 標籤所回傳的訊號，並且轉交給微控制器處理。RFID 感應器除了可以讀取 RFID 標籤內容外，也可以將資料寫入 RFID 標籤中。

　　如圖 16-3 所示 RFID 感應器，可分成圖 16-3(a) 所示手持型讀卡機、圖 16-3(b) 所示固定型讀卡機及圖 16-3(c) 遠距離讀卡機三種機型。手持型讀卡機的機動性較高，但通

訊距離較短、涵蓋範圍較小，常應用於貨品盤點。固定型讀卡機的資料處理速度較快、通訊距離較長、涵蓋範圍較大，但機動性較低，常應用於出勤管理、公車票證等。遠距離讀卡機價格最高，但通訊距離最長、涵蓋範圍最大，常應用於汽車門禁管理、ETC 收費系統等。

(a) 手持型讀卡機　　　　(b) 固定型讀卡機　　　　(c) 遠距離讀卡機

圖 16-3　RFID 感應器

2. RFID 標籤

如圖 16-4 所示 RFID 標籤，依其種類可以分成**貼紙型**、**卡片型**及**鈕扣型**三種，貼紙型 RFID 標籤採用紙張印刷，常應用於物流管理、防盜系統、圖書館管理、供應鏈管理、ETC 收費系統等。卡片型及鈕扣型 RFID 標籤採用塑膠包裝，常應用於門禁管理及大眾運輸等。

(a) 貼紙型　　　　　　　(b) 卡片型　　　　　　　(c) 鈕扣型

圖 16-4　RFID 標籤

如圖 16-5 所示 RFID 標籤內部電路，**是由微晶片（microchip）及天線所組成**。微晶片儲存 UID 碼，而天線的功能是用來感應電磁波和傳送 RFID 標籤內存的 UID 碼。較大面積的天線，可以感應的範圍較遠，但所佔的空間也比較大。

(a) 卡片型　　　　　　　　　　　　　　　(b) 鈕扣型

圖 16-5　RFID 標籤內部電路

RFID 標籤依驅動能量來源可以分為**被動式**、**半主動式**及**主動式**三種，最大不同處是，有沒有**內置電源**，有內置電源裝置的 RFID 標籤傳輸距離較遠。

(1) 被動式 RFID 標籤

　　被動式 RFID 標籤本身沒有電源裝置，所需電流全靠 RFID 標籤上的線圈，來感應 RFID 感應器所發出的無線電磁波，再利用**電磁感應原理**產生電流供電。只有在接收到 RFID 感應器所發出的訊號，才會**被動**回應訊號給感應器，因為感應電流較小，所以通訊距離較短。

(2) 半主動式 RFID 標籤

　　半主動式 RFID 標籤的規格類似於被動式，但是多了一顆**小型電池**，若 RFID 感應器發出的訊號微弱，RFID 標籤還是有足夠的電流將內部記憶體的 UID 碼回傳給 RFID 感應器。半主動式 RFID 標籤與被動式 RFID 標籤比較，具有反應速度更快、通訊距離更長等優點。

(3) 主動式 RFID 標籤

　　主動式 RFID 標籤**內置電源**，用來供應內部 IC 晶片所需的電流，並且**主動傳送訊號**供感應器讀取，電磁波訊號較被動式及半主動式 RFID 標籤強，因此通訊距離最長。另外，主動式 RFID 標籤有較大的記憶體容量，可用來儲存 RFID 感應器所傳送的附加數據訊息。

16-2-2　RFID 頻率範圍

　　如表 16-1 所示 RFID 頻率範圍，分為低頻（low frequency，簡稱 LF）、高頻（high frequency，簡稱 HF）、超高頻（ultra high frequency，簡稱 UHF）及微波（microwave）等四種。低頻 RFID 主要應用於門禁管理，高頻 RFID 主要應用於智慧卡，而超高頻 RFID 暫不開放，主要應用於卡車或拖車追蹤等，微波 RFID 則應用於高速公路 ETC 系統。超高頻 RFID 及微波 RFID 採用主動式標籤，通訊距離最長可達 10~50 公尺。

表 16-1　RFID 頻率範圍

頻帶名稱	頻率範圍	常用頻率	通訊距離	傳輸速度	標籤價格	主要應用
低頻	9~150kHz	125kHz	≤10cm	低速	1 元	門禁管理
高頻	1~300MHz	13.56MHz	≤10cm	低中速	0.5 元	智慧卡
超高頻	300~1200MHz	433MHz	≥1.5m	中速	5 元	卡車追蹤
微波	2.45~5.80GHz	2.45GHz	≥1.5m	高速	25 元	ETC

16-2-3 RFID 模組

常用的 RFID 模組有低頻 RFID 模組及高頻 RFID 模組兩種。**低頻 RFID 模組使用 125kHz 低頻載波通訊**，主要應用於門禁管理。**高頻 RFID 模組使用 13.56MHz 高頻載波通訊**，主要應用於智慧卡、門禁管理及員工身份辨識等。兩者載波不同，無法通用。

本章節使用如圖 16-6 所示 13.56MHz 高頻 RFID 模組 RC522，內建恩智普（NXP）半導體公司所生產的晶片 MFRC522，支援 UART、I2C、SPI 等多種串列介面。**多數的 RFID 模組以使用 SPI 介面居多**。高頻 RFID 模組使用 SPI 串列通訊介面，輸出 TTL 電位，工作電壓 3.3V，最大傳輸速率 10Mbps，感應距離 0~10 公分。

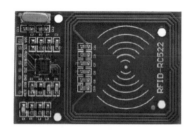
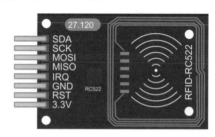

(a) 外觀　　　　　　　　　　　　　　(b) 接腳圖

圖 16-6　高頻 RFID 模組 RC522

高頻 RFID 模組（proximity coupling device，簡記 **PCD**）可以經由感應方式來讀取近接式（非接觸式）Mifare 卡（proximity IC card，簡記 **PICC**）。Mifare 卡是 NXP 公司在近接式 IC 智慧卡領域的註冊商標，使用 ISO/IEC 14443-A 標準。

Mifare 卡具有使用簡單、技術成熟、性能穩定、安全性高、保密性高及內存容量大等特性，是目前世界上使用量最大的近接式 IC 智慧卡。在 Mifare 卡內存有一組 **4 位元組長度的 UID 碼**，可作為電子錢包、大樓門禁、大眾運輸、差勤考核、借書證等識別用途。

16-3　函式說明

16-3-1 MFRC522 函式庫

MFRC522 函式庫的功用是初始化 RC-522 模組，讀取 RFID 標籤的 UID 碼。MicroPython 並無內建，須先至網址 https://github.com/wendlers/micropython-mfrc522 下載。解壓縮後的檔案，已儲存在 py/ch16 資料夾中的檔案 mfrc522.py。將其上傳到 MicroPython 設備中，再載入到程式中（**import mfrc522**），才能正常工作。

建立 mfrc522 物件格式如下所述。RFID 模組使用 SPI 通訊介面，sck 設定串列脈波接腳、mosi 設定主出從入接腳、miso 設定主入從出接腳、rst 設定重置接腳、cs 設定致能接腳。

格式 rfid=mfrc522.MFRC522(sck, mosi, miso, rst, cs)

範例

```
import mfrc522                        #載入 mfrc522 函式庫。
rfid=mfrc522.MFRC522(5,4,0,2,14)      #設定 sck、mosi、miso、rst、cs 接腳。
```

如表 16-2 所示 mfrc522 函式庫的方法說明，request()方法用來搜尋卡片，mode 參數選擇搜尋卡片的模式，傳回尋卡狀態及卡片類型，當尋卡狀態回傳 OK 訊息，表示搜尋卡片成功。anticoll()方法用來讀取卡片 UID，當讀卡狀態回傳 OK 訊息，表示讀取卡片成功，同時傳回 4 位元組的 UID 卡號。

表 16-2　mfrc522 函式庫的方法說明

方法	功能	參數說明	傳回值
request(mode)	搜尋卡片	mode=REQIDL：搜尋未休眠卡片。 mode=REQALL：搜尋所有卡片。	尋卡狀態及卡片類型。 尋卡狀態傳回值為 0，表示尋卡成功。
anticoll()	讀取卡片 UID	無。	讀卡狀態及卡片 UID。 讀卡狀態傳回值為 0，表示讀卡成功。

使用 ESP8266 開發板，以 MicroPython 撰寫 RFID 應用程式時，必須載入 mfrc522 函式庫。但是如果改用 ESP32 開發板時，會出現下列的錯誤，表示原始 mfrc52 函式庫並不支援 ESP32 開發板。

```
RuntimeError: Unsupported platform
```

只要修改 mfrc522.py 函式庫的第 32 行程式，並且新增如下所示「紅字」部份。再將修改後的 mfrc522.py 函式庫，上傳至 ESP32 開發板中，即可正常工作。

```
elif board == 'esp8266' or board == 'esp32':
```

16-4 實作練習

16-4-1 讀取 RFID 卡號實習

▣ 功能說明

　　如圖 16-7 所示電路接線圖，使用 NodeMCU ESP32-S 開發板、LED、RFID 模組及蜂鳴器模組，讀取 RFID 的 UID 卡號。當正確讀取到 UID 卡號時，LED 閃爍一下且蜂鳴器產生一次短嗶聲，同時將 4 位元組 UID 卡號顯示於 shell 互動環境視窗中。

▣ 電路接線圖

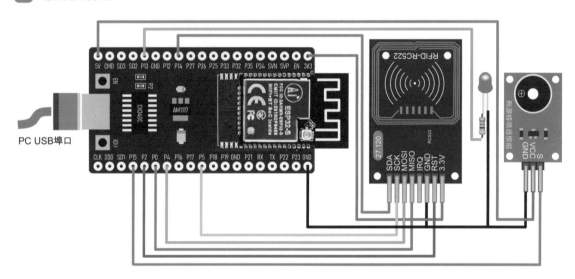

圖 16-7　讀取 RFID 卡號實習電路圖

▣ 程式：ch15_1.py

`from machine import Pin,PWM`	#載入 Pin 及 PWM 類別。
`import mfrc522,time`	#載入 time 函式庫。
`led=Pin(13,Pin.OUT,value=0)`	#GPIO13 連接 LED。
`buzzer=PWM(Pin(15),freq=1000,duty=0)`	#GPIO15 連接蜂鳴器模組。
`rfid=mfrc522.MFRC522(5,4,0,2,14)`	#建立 MFRC522 物件。
`buzzer.freq(1000)`	#PWM 頻率 1000Hz。
`while True:`	#迴圈。
`    stat,tag_type=rfid.request(rfid.REQIDL)` #搜尋卡片。	
`    if stat==rfid.OK:`	#尋卡成功？
`        stat,uid=rfid.anticoll()`	#讀取卡片。

if stat==rfid.OK:	#讀卡成功?
id="%02x%02x%02x%02x" % (uid[0],uid[1],uid[2],uid[3])	
	#儲存 UID
print('card number:',id)	#顯示卡片 UID。
led.value(1)	#LED 燈閃爍一下。
buzzer.duty(512)	#蜂鳴器短嗶一聲。
time.sleep(0.1)	#延遲 0.1 秒。
led.value(0)	#關閉 LED。
buzzer.duty(0)	#關閉蜂鳴器。
time.sleep(1)	#每秒檢測一次。

練習

1. 接續範例，新增 GPIO12 控制繼電器模組，用來控制門鎖。當有 RFID 卡片感應門鎖時，讀取卡號並且與內存住戶卡號比對。如果卡號相同，則 LED 亮、短嗶一聲，同時繼電器開啟 ON，三秒後自動關閉 LED 及繼電器。如果卡號不同則 LED 閃爍三次、短嗶三聲（500Hz），繼電器維持 OFF 狀態。

2. 接續上題，新增第二組內存住戶卡號。

16-4-2　專題實作：RFID 感應門鎖

一 功能說明

　　登入 IFTTT 官網 https://ifttt.com，點選 My Applets 編輯 LINE 動作中的訊息設定如圖 16-8(a)所示。第一個訊息接收 UID 卡號，第二個訊息接收讀取卡與系統內存住戶卡號的比較結果。

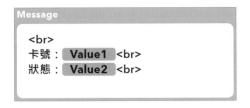

(a) IFTTT Applet 的 LINE 訊息設定　　　　(b) LINE Notify 顯示訊息

圖 16-8　IFTTT Applet 的 LINE 訊息設定及 LINE Notify 顯示訊息

　　如圖 16-9 所示電路接線圖，使用 NodeMCU ESP32-S 開發板、LED、RFID 模組、蜂鳴器模組及繼電器模組，設計完成 RFID 感應門鎖。繼電器未動作時，門鎖通電上鎖，繼電器動作時，門鎖斷電解鎖。

　　當有 RFID 卡感應門鎖時，讀取卡號並且與內存住戶卡號比較。如果卡號相同則 LED 亮、短嗶一聲（1000Hz）、啟動（ON）繼電器，並且傳送如圖 16-8(b)所示卡號及 'success' 訊息至 LINE Notify，三秒後自動關閉 LED 及繼電器。如果卡號不同則 LED 閃爍三次、短嗶三聲（500Hz）、關閉（OFF）繼電器，並且傳送如圖 16-8(b)所示卡號及 'fail' 訊息至 LINE Notify。

電路接線圖

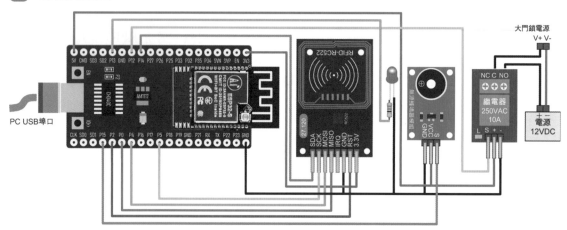

圖 16-9　專題實作：RFID 感應門鎖電路圖

程式：ch16_2.py

程式碼	說明
`from machine import Pin,PWM`	#載入 Pin 及 PWM 類別。
`import mfrc522,urequests`	#載入 mfrc522 及 urequests 函式庫。
`import network,time`	#載入 network 及 time 函式庫。
`import gc`	#載入 gc 函式庫。
`relay=Pin(12,Pin.OUT,value=0)`	#D6(GPIO12)連接繼電器模組。
`led=Pin(13,Pin.OUT,value=0)`	#D7(GPIO13)連接 LED 指示燈。
`buzzer=PWM(Pin(15))`	#D8(GPIO15)連接蜂鳴器模組。
`api_key='IFTTT API key'`	#你的 IFTTT API key。
`ssid='Wi-Fi 基地台名稱'`	#你的 Wi-Fi 基地台名稱。
`pwd='Wi-Fi 密碼'`	#你的 Wi-Fi 連線密碼。
`wifi = network.WLAN(network.STA_IF)`	#建立 STA 模式的無線區域網路物件。
`wifi.active(True)`	#啟動 Wi-Fi 接口。
`wifi.connect(ssid, pwd)`	#開始連線。
`while not wifi.isconnected():`	#連線成功？

```
        pass                                    #等待連線。
print("connected")                               #連線成功。
rfid=mfrc522.MFRC522(0,2,4,5,14)                 #建立 mfrc522 物件。
passwd='86ea1b9e'                                #內存卡號。
while True:                                       #迴圈。
    stat,tag_type=rfid.request(rfid.REQIDL)      #尋卡。
    if stat==rfid.OK:                            #尋卡成功?
        stat,uid=rfid.anticoll()                 #讀卡。
        if stat==rfid.OK:                        #讀卡成功?
            id="%02x%02x%02x%02x" % (uid[0],uid[1],uid[2],uid[3])
            print('card number:',id)             #在 shell 互動環境視窗顯示卡號。
            if passwd==id:                        #卡號正確(開啟大門)?
                line_url=('https://maker.ifttt.com/trigger'
                '/RC522/with/key/{}'
                '?value1={}&value2={}'.format(api_key,id,'success'))
                buzzer.freq(1000)                #蜂鳴器短嗶(1000Hz)一聲。
                buzzer.duty(512)                 #工作週期 50%。
                time.sleep(0.1)                  #延遲 0.1 秒。
                buzzer.duty(0)                   #關閉蜂鳴器。
                led.value(1)                     #LED 指示燈亮。
                relay.value(1)                   #繼電器開啟(ON),門鎖斷電解鎖。
                time.sleep(3)                    #延遲 3 秒。
                led.value(0)                     #LED 指示燈滅。
                relay.value(0)                   #繼電器關閉(OFF),門鎖通電上鎖。
            else:                                #卡號錯誤(無法開門)。
                line_url=('https://maker.ifttt.com/trigger'
                '/RC522/with/key/{}'
                '?value1={}&value2={}'.format(api_key,id,'fail'))
                for i in range(3):               #三次。
                    led.value(1)                 #LED 指示燈閃爍三次。
                    buzzer.freq(500)             #蜂鳴器短嗶(500Hz)三聲。
                    buzzer.duty(512)
                    time.sleep(0.05)             #延遲 50 毫秒。
                    led.value(0)                 #關閉 LED 燈。
                    buzzer.duty(0)               #關閉蜂鳴器。
                    time.sleep(0.05)             #延遲 50 毫秒。
            try:
                gc.collect()                     #回收記憶體。
                line_res= urequests.get(line_url)    #傳訊息至 LINE Nofity
            except Exception as e:               #傳訊息失敗。
                print(e)                         #顯示錯誤訊息。
```

line_res.close()	#關閉 TCP 通道。
time.sleep(1)	#每秒檢測一次。

 練習

1. 接續範例，新增第二組內存住戶卡號。

2. 登入 IFTTT 官網 https://ifttt.com，點選 My Applets，編輯 LINE 動作中的訊息設定如圖 16-10(a)所示。如圖 16-11 所示使用 NodeMCU ESP32-S 開發板及 DHT11 溫溼度模組，感測環境溫度及溼度，並且將溫度及溼度的數據傳送至 LINE Notify，顯示訊息如圖 16-10(b)所示。

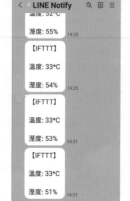

(a) IFTTT Applet 的 LINE 訊息設定　　　　　(b) LINE Notify 顯示訊息

圖 16-10　IFTTT Applet 的 LINE 訊息設定及 LINE Notify 顯示訊息

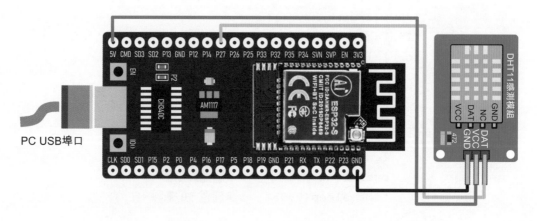

圖 16-11　使用 IFTTT LINE 傳送溫度及溼度實習電路圖

17

BLE 物聯網互動設計

17-1 認識低功耗藍牙

藍牙（Bluetooth，簡稱 BT）是藍牙技術聯盟（Bluetooth Special Interest Group，簡稱 Bluetooth SIG）所訂定的一種個人區域無線通訊技術標準。自 Bluetooth V4.0 開始，提出傳統藍牙、高速（High Speed，簡稱 HS）藍牙及低功耗藍牙（Bluetooth Low Energy，簡稱 BLE）三種模式。為了與低功耗藍牙區別，藍牙又稱為經典（Classic）藍牙，可分傳統藍牙及高速藍牙兩種。

如表 17-1 所示經典藍牙與低功耗藍牙的特性比較，經典藍牙持續保持連接，進行大量數據通訊。傳統藍牙傳輸速度 1~3Mbps，傳輸距離 10~100 米，高速藍牙傳輸速度可達 24Mbps。低功耗藍牙以短脈衝形式，進行少量數據通訊，以降低功率消耗。低功耗藍牙主要是針對穿戴式裝置或工業自動化之低功耗、小數據的需求設計，傳輸速度 1Mbps、傳輸距離 10~30 米。**低功耗藍牙並不相容於經典藍牙。**

表 17-1　經典藍牙 BT 與低功耗藍牙 BLE 的特性比較

基本特性	經典藍牙 BT	低功耗藍牙 BLE
頻率	2.4GHz	2.4GHz
頻道使用	跳頻展頻 FHSS [註1]	跳頻展頻 FHSS [註1]
傳輸速度	1~3Mbps、24Mbps (HS)	1Mbps
傳輸距離	10~100 公尺	10~30 公尺
安全性	64/128 位元，可自訂	128 位元 AES [註2]，可自訂
語音功能	有	無
聲音串流	有	無
免手持語音 (Hands-Free Profile)	有	無
功耗	15~200mA	4~6mA
網路拓撲	點對點	點對點、廣播、網狀網路

註 1：FHSS 是跳頻展頻（Frequency Hopping Spread Spectrum）的縮寫。
註 2：AES 是進階加密標準（Advanced Encryption Standard）的縮寫。

17-1-1 BLE 伺服器及用戶端

ESP8266 只有內建 Wi-Fi，沒有內建藍牙，而 ESP32 同時內建 Wi-Fi、BlueTooth 及 BLE。BLE 有兩種類型的設備：**伺服器（Server）**及**用戶端（Client）**，ESP32 可以充當 Server 設備，也可以充當 Client 設備。在物聯網應用中，通常將 ESP32 開發板充當 Server 設備，手機等行動裝置充當 Client 設備。

如圖 17-1 所示 BLE Client 與 BLE Server 建立連線的方式，在還沒有配對之前，BLE Server 每隔一段時間，就會重新廣播自己的裝置名稱，一旦建立連線後，就會停止廣播。BLE Client 掃描確認周邊的 BLE Server 設備後，開始進行配對連線。BLE Server 設備只能與一個 BLE Client 設備建立連線，而 BLE Client 設備可以與多個 BLE Server 設備同時建立連線。

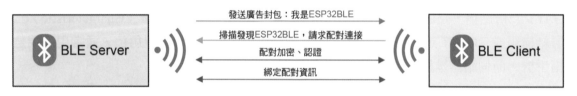

圖 17-1　BLE Client 與 BLE Server 建立連線的方式

17-1-2 BLE 協定

如圖 17-2 所示 BLE 協定（protocol）架構，由主機（Host）與控制器（Controller）組成。任何配置文件（Profiles）和應用程序（Applications）都位於 GAP 層及 GATT 層之上。

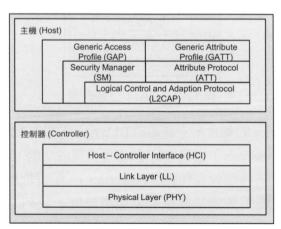

圖 17-2　BLE 協定架構

動手玩 Python / MicroPython - ESP32 物聯網互動設計

1. GAP

通用存取配置文件（Generic Access Profile，簡稱 GAP）是用來控制藍牙的連接（connection）、廣播（advertising）、設備對外界的可見性，以及確定兩個設備如何互相溝通。GAP 定義了各種設備的角色，包含廣播員（Broadcaster）、觀察者（Observer）、外圍設備（Peripheral）及中央設備（Central）四個角色，**最常使用的角色是中央設備和外圍設備**。外圍設備即是 BLE Server，是指小型、低功耗、資源有限的設備，如 ESP32 開發板。中央設備即是 BLE Client，是指連接外圍設備的智慧型手機或平板電腦。

2. GATT

通用屬性配置文件（Generic Attribute Profile，簡稱 GATT），使用**服務（Service）**及**特徵（Characteristic）**的概念，定義兩個 BLE 設備之間的數據傳輸。如圖 17-3 所示 GATT 三層結構，是由配置文件（Profile）、服務（Service）及特徵（Characteristic）三層結構組成。GATT 定義用戶端（Client）及伺服器（Server）兩種角色，通常用戶端是指手機，而伺服器是指 ESP32。

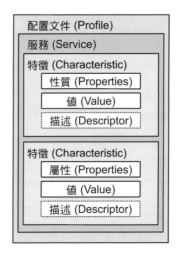

圖 17-3　GATT 三層結構

Profile 是一群 Service 的集合，定義連結 BLE 設備的分層數據結構，並未實際存在於 BLE 設備中。服務（Service）定義 BLE 設備所支援的功能，每個服務都有一個或多個特徵（Characteristic）。特徵包含性質（Properties）、配置數據的值（Value）及描述（Descriptor）。例如，使用外圍設備來測量環境溫度，我們定義一個溫度配置文件（Profile），包含一個溫度服務。溫度服務有一個特徵，其屬性是溫度（temperature），值是所測得的溫度，例如 25。描述可有可無，主要用來說明，例如說明溫度所使用的單位是攝氏。

每個服務及特徵都包含一個通用唯一識別碼（universally unique identifier，簡稱 UUID）。UUID 有 16 位元短碼及 128 位元長碼兩種，短碼是由藍牙技術聯盟（Bluetooth SIG）定義，而長碼是由程式開發者定義。例如，智慧型手機與 ESP32 開發板建立 BLE 連線通訊，使用串列傳輸（UART）進行數據傳輸。預設 Nordic UART 服務（Nordic UART Service，簡稱 NUS）的 UUID 如下所示。

```
服務 UUID：'6E400001-B5A3-F393-E0A9-E50E24DCCA9E'
```

NUS UART 服務包含兩個特徵：RX 特徵及 TX 特徵，兩者的 UUID 如下所示。RX 特徵是外圍設備（ESP32 開發板）用來接收中央設備（手機）所傳送的數據，而 TX 特徵用來將外圍設備（ESP32 開發板）的數據傳送到中央設備（手機）。

```
RX 特徵 UUID：'6E400002-B5A3-F393-E0A9-E50E24DCCA9E'
TX 特徵 UUID：'6E400003-B5A3-F393-E0A9-E50E24DCCA9E'
```

3. ATT

如圖 17-4 所示屬性協定結構（Attribute protocol，簡稱 ATT），是由把柄（Handle）、類型（Type）、數據（Value）及權限（Permissions）四個部分組成。在 GATT 中的每個子元素（包含 Service、Characteristic 及 Descriptor）都可稱為 ATT，ATT 是傳輸的基本單位。

2 Bytes	2 或 16 Bytes	可變長度 (0 到 512 Bytes)	具體規範
柄 Handle	類型 Type	值 Value	權限 Permissions

圖 17-4　ATT 協定結構

(1) 把柄（Handle）

ATT 的把柄（Handle）如同索引值（index），有效範圍為 0x0001 ~ 0xFFFF，用來尋找某個 ATT。

(2) 類型（Type）

ATT 的類型（Type）使用 16 位元短碼或 128 位元長碼 UUID 來區別 Service 或 Characteristic。如表 17-2 所示 ATT 類型，包含主要服務（Primary Service）、次要服務（Secondary Service）、包含服務（Include）及特徵值（Characteristic）四種類型。

表 17-2　ATT 的類型

UUID	聲明 (Declaration)
0x2800	主要服務（Primary Service）
0x2801	次要服務（Secondary Service）
0x2802	包含（Include）
0x2803	特徵（Characteristic）

(3) 數據（Value）

ATT 的數據（Value）最大長度為 512 Bytes。如果該屬性是 Service 類型或 Characteristic 聲明類型，那麼它的屬性值就是 UUID。如果是普通的 Characteristic，則屬性值就是用戶端（Client）可以訪問的實際數據內容。

(4) 權限（Permissions）

ATT 的權限（Permissions）許可分成訪問（Access）權限、加密（Encryption）權限、認證（Authentication）權限及授權（Authorization）權限四種。也可以使用多個權限的組合。

訪問權限有可讀、可寫及讀寫三種，如果是可讀權限，就不能對其寫入數據，其它以此類推。加密（Encryption）權限有加密及不加密兩種，是指是否需對數據內容進行加密。認證（Authentication）權限分需要認證及不需認證兩種，是指是否需要確認對方的身份。授權（Authorization）權限有需要授權及不需授權兩種，是指是否對設備授權開放，**授權的設備一定是經過認證的，而認證的設備不一定被授權。**

17-2　函式說明

17-2-1　ubluetooth 函式庫

ubluetooth 函式庫可以建立 ESP 開發板上藍牙控制器的接口。支援 BLE 通訊的中央設備、外圍設備、廣播者及觀察者等角色。而且設備可以充當 GATT Service、GATT Client 或是同時兼具。使用 ubluetooth 函式庫建立 BLE 物件的格式如下：

格式 ble=ubluetooth.BLE()

範例

import ubluetooth	#載入 ubluetooth 函式庫。
ble=ubluetooth.BLE()	#建立外圍設備的 BLE 接口。

　　如表 17-3 所示 ubluetooth 函式庫的常用方法說明，使用指令格式為**物件.方法**。參考網址 https://docs.micropython.org/en/latest/library/bluetooth.html。

格式 物件.方法

表 17-3　ubluetooth 函式庫的常用方法說明

方法	功能	參數說明
active(act)	設定 BLE 裝置活動狀態	act=True：啟用，act=False：停用。
irq(handler)	設定 callback 函式	handler：callback 函式。
gap_advertise(interval_us, adv_data)	以指定的間隔時間廣播	interval_us：間隔時間，單位μs。adv_data：廣播內容，長度 31 Bytes。
gattes_register_services(SERVICES)	註冊服務	SERVICES：服務與特徵的 UUID。

1. active()方法

　　active(act)方法用來設定 BLE 裝置的活動狀態，參數 act=True 時啟用 BLE 裝置，act=False 則停止 BLE 裝置。**在使用其它方法之前，必須先啟用 BLE 裝置。**

2. irq()方法

　　irq(handler)方法用來設定回調（callback）函式，參數 handler 為自定的回調函式，包含 event 及 data 兩個參數，event 是觸發事件，而 data 是特定事件的傳回值。如表 17-4 所示 irq()方法常用的觸發事件，當手機掃描並請求與 ESP32 建立 BLE 連線時，會引發代碼 1 的觸發事件，當手機與 ESP32 斷開 BLE 連接時，會引發代碼 2 的觸發事件。當手機使用 RX 特徵寫入資料時，會引發代碼 3 的觸發事件。

　　為了節省 MicroPython 開發板的韌體空間，觸發事件的常數定義不包含在 ubluetooth 函式庫中，必須自行加入程式中，或是直接使用代碼。

表 17-4 irq()方法常用的觸發事件

觸發事件	代碼	說明
_IRQ_CENTRAL_CONNECT	1	中央設備（手機）連接到外圍設備（ESP32）。
_IRQ_CENTRAL_DISCONNECT	2	中央設備（手機）與外圍設備（ESP32）斷開連接。
_IRQ_GATTS_WRITE	3	中央設備（手機）將資料寫入 RX 特徵。

3. gap_advertise()方法

外圍設備使用 gap_advertise(interval_us, adv_data)方法將廣播封包傳送出去。參數 interval_us 用來設定每次廣播的間隔時間，單位μs，設定 interval_us=None 則停止廣播。參數 adv_data 為廣播封包（package），廣播封包格式如圖 17-5 所示。

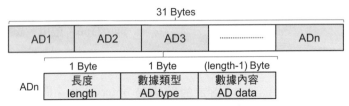

圖 17-5 廣播封包格式

一個廣播封包由多筆廣播數據（advertisement data，簡稱 AD）元素組成，每筆元素由長度（length）、數據類型（AD type）及數據內容（AD data）三個部分組成。元素的長度等於 AD type 及 AD data 兩者的位元組長度之和。元素的數據類型如表 17-5 所示。

表 17-5 廣播數據的數據類型

類型	名稱	說明
0x01	旗標。	數據內容（AD data）： 0x00：不可發現模式。 0x01：有限可發現模式。 0x02：一般可發現模式。 0x04：不支援 BR/EDR。 0x08：支援同一設備（控制器）同時進行 LE 和 BR/EDR。 0x10：支援同一設備（主機）同時進行 LE 和 BR/EDR。 0x05：僅在有限發現模式下支援 BLE。 0x06：僅在一般模式下支援 BLE。
0x02	16 位元服務 UUID 不完整列表。	例如：'0x1809'。
0x03	16 位元服務 UUID 完整列表。	例如：'6E400002-B5A3-F393-E0A9-E50E24DCCA9E'

類型	名稱	說明
0x08	縮短的外圍設備名稱。	適用於較長的廣播封包。
0x09	完整的外圍設備名稱。	適用於較短的廣播封包。

　　當旗標設定為不可發現模式時，廣播數據仍然能夠被中央設備（手機）掃描連接，但是中央設備（手機）在解析廣播數據時應該尊重外圍設備（ESP32）不願意被發現的意圖，主動忽略該廣播數據。當旗標設定為有限可發現模式時，在廣播一段時間後，外圍設備即會停止廣播，只有再重新按下外圍設備上的按鍵，才可以再次廣播。

　　如圖 17-6 所示廣播封包的實際範例，外圍設備（ESP32 BLE）的廣播封包有兩筆 AD，第一筆數據類型為 0x01（旗標），是用來設定外圍設備（ESP32）如何宣告自身的存在，數據類型及數據內容兩者總長度佔用 2 個位元組。數據內容為 0x02（一般可發現模式），設定外圍設備一直持續廣播。第二筆數據類型為 0x09（完整的外圍設備名稱），數據內容為設備名稱 'ESP32BLE'，數據類型及數據內容兩者總長度佔用 9 個位元組。

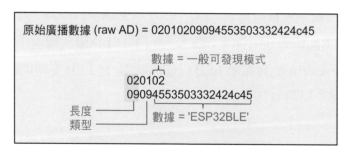

圖 17-6　廣播封包的實際範例

4. gatts_register_services()方法

　　如下所示範例，使用 gap_register_services(SERVICES) 方法註冊服務，參數 SERVICES 包含一個服務 UUID（NUS_UUID）及兩個特徵 UUID（RX_UUID 及 TX_UUID）。RX_UUID 的屬性為可寫（WRITE），致能 ESP32 開發板可以讀取手機所傳送的數據。TX_UUID 的屬性為可讀（READ）及通知（NOTIFY），可讀屬性讓手機可以讀取 ESP32 開發板所傳送的數據，而通知屬性使手機可以顯示數據內容。

範例

```
NUS_UUID = '6E400001-B5A3-F393-E0A9-E50E24DCCA9E'
RX_UUID = '6E400002-B5A3-F393-E0A9-E50E24DCCA9E'
TX_UUID = '6E400003-B5A3-F393-E0A9-E50E24DCCA9E'
BLE_NUS = ubluetooth.UUID(NUS_UUID)
BLE_RX = (ubluetooth.UUID(RX_UUID), ubluetooth.FLAG_WRITE)
BLE_TX = (ubluetooth.UUID(TX_UUID), ubluetooth.FLAG_NOTIFY | ubluetooth.FLAG_READ)
```

```
BLE_UART = (BLE_NUS, (BLE_TX, BLE_RX,))
SERVICES = (BLE_UART, )
((self.tx, self.rx,), ) = self.ble.gatts_register_services(SERVICES)
```

17-3 實作練習

17-3-1 手機 BLE 遠端控制 LED 實習

● 功能說明

　　如圖 17-7 所示電路接線圖，使用手機 BLE 遠端控制 LED 燈。ESP32 與手機未建立 BLE 連線時，P2 LED 持續閃爍，建立 BLE 連線後，P2 LED 恆亮。有兩種方式可以控制 P2 LED 狀態。

(1) ESP32 開發板內建 IO0 按鍵每按一次，LED 狀態改變依序為：暗➜亮➜暗。

(2) nRC Connect「RX Characteristic」輸入「0」則 LED 暗，輸入「1」LED 亮。

　　手機「TX Characteristic」會顯示 LED 目前的狀態，當 LED 亮時則顯示「LED is ON」，當 LED 暗時則顯示「LED is OFF」。

● 電路接線圖

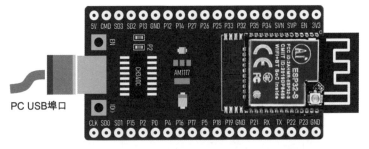

圖 17-7　手機 BLE 遠端控制 LED 實習電路圖

● 程式：ch17_1.py

```
from machine import Pin,Timer          #載入 Pin、Timer 類別。
from time import sleep_ms              #載入 sleep_ms 函式。
import ubluetooth                      #載入 ubluetooth 函式庫。
ble_msg = ""                           #ESP32 接收手機的訊息。
class BLE():                           #BLE 類別。
    def __init__(self, name):          #定義 BLE 類別。
```

```
        self.led = Pin(2, Pin.OUT)        #使用內建 LED(GPIO2)。
        self.timer1 = Timer(0)            #計時器 Timer1。
        self.name = name                  #外圍設備的 BLE 名稱。
        self.ble = ubluetooth.BLE()       #建立 BLE 物件。
        self.ble.active(True)             #致能 BLE。
        self.disconnected()               #disconnected()方法。
        self.ble.irq(self.ble_irq)        #irq()方法。
        self.register()                   #register()方法。
        self.advertiser()                 #advertiser()方法。
    def connected(self):                  #connected()建立 BLE 連線函式。
        self.led.value(1)                 #BLE 連線時點亮 LED。
        self.timer1.deinit()              #初始化計時器 timer1。
    def disconnected(self):               #disconnected()斷開 BLE 連線函式。
                                          #設定 LED 每 0.1 秒閃爍一次。
        self.timer1.init(period=100, mode=Timer.PERIODIC, \
        callback=lambda t:self.led.value(not self.led.value()))
    def ble_irq(self, event, data):       #irq()觸發事件處理函式。
        global ble_msg                    #手機傳送給 ESP32 的數據。
        if event == 1:                    #手機連線請求?
            self.connected()              #建立手機與 ESP32 的連線。
        elif event == 2:                  #手機離線請求?
            self.advertiser()             #ESP32 開始廣播。
            self.disconnected()           #斷開手機與 ESP32 的連線。
        elif event == 3:                  #手機端傳送數據?
            buffer = self.ble.gatts_read(self.rx)    #ESP32 讀取數據。
            ble_msg = buffer.decode('UTF-8').strip()#取出數據內容。
    def register(self):                   #register()註冊函式。
                                          #Nordic UART Service(NUS)
        NUS_UUID = '6E400001-B5A3-F393-E0A9-E50E24DCCA9E'#服務 UUID。
        RX_UUID = '6E400002-B5A3-F393-E0A9-E50E24DCCA9E' #RX 特徵 UUID。
        TX_UUID = '6E400003-B5A3-F393-E0A9-E50E24DCCA9E'#TX 特徵 UUID。
        BLE_NUS = ubluetooth.UUID(NUS_UUID)
        BLE_RX = (ubluetooth.UUID(RX_UUID), ubluetooth.FLAG_WRITE)
        BLE_TX = (ubluetooth.UUID(TX_UUID), \
                  ubluetooth.FLAG_NOTIFY | ubluetooth.FLAG_READ)
        BLE_UART = (BLE_NUS, (BLE_TX, BLE_RX,))
        SERVICES = (BLE_UART, )
        ((self.tx, self.rx,),)= self.ble.gatts_register_services(SERVICES)
                                          #註冊服務。
    def send(self, data):                 #send()傳送函式。
        self.ble.gatts_notify(0, self.tx, data + '\n')    #傳送數據給手機。
```

```
    def advertiser(self):                           #advertiser()廣播函式。
        name = bytes(self.name, 'UTF-8')            #外圍設備名稱。
        adv_data = bytearray(b'\x02\x01\x02')+ bytearray((len(name)+1 ,
        0x09)) + name
        self.ble.gap_advertise(100,adv_data)#每 100 微秒廣播一次。
led = Pin(2, Pin.OUT)                               #使用內建 LED(GPIO2)。
but = Pin(0, Pin.IN, Pin.PULL_UP)                   #使用內建按鍵(GPIO0)。
ble = BLE('ESP32BLE')                               #建立 BLE 物件。
def buttons_irq(pin):                               #按鍵觸發事件回調函式。
    stat=not led.value()                            #改變 LED 的狀態。
    led.value(stat)                                 #設定 LED 的狀態。
    ble.send('LED is ON.' if led.value() else 'LED is OFF')#傳數據給手機
but.irq(trigger=Pin.IRQ_FALLING, handler=buttons_irq)#設定觸發及回調函式。
while True:                                          #迴圈
    if ble_msg == '0':                              #ESP32 接收到手機傳送訊息'0'?
        led.value(0)                                #關閉 LED。
        ble.send('LED is OFF')                      #傳送數據
        ble_msg = ''                                #清除數據。
    elif ble_msg == '1':                            #ESP32 接收到手機傳送訊息'1'?
        led.value(1)                                #點亮 LED。
        ble.send('LED is ON.')                      #傳送數據
        ble_msg = ''                                #清除數據。
    sleep_ms(100)                                   #每 100 毫秒檢測一次。
```

四 操作步驟

STEP 1

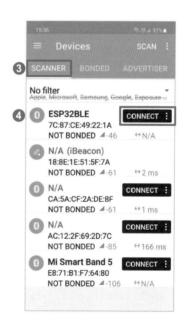

1. 以 Android 手機為例，進入 App 商店，安裝 nRC Connect。

2. **執行程式** ch17_1.py，ESP32 板上的 P2 LED 持續 閃爍，開始廣播。

3. 開啟 nRC Connect 應用程式，點選 SCANNER 掃描 外圍設備。

4. 點選 ESP32BLE 外圍設備右方的 **CONNECT**，進 行配對連接。

STEP 2

1. BLE 連線成功後，在外圍設備名稱 ESP32BLE 下方，會出現 MAC 位址。同時 ESP32 板 P2 LED 恆亮，表示已建立 BLE 連線。

2. 點選「Nordic UART Service」開啟下方「TX Characteristic」及「RX Characteristic」兩個特徵。

STEP 3

1. IO0 按鍵(GPIO0)可以切換內建 P2 LED(GPIO2)的亮 / 暗。

2. 同時 ESP32 透過 BLE 將 LED 的數據傳送給手機。當 LED 亮時，手機接收到「LED is ON」數據。當 LED 暗時，手機接收到「LED is OFF」數據。

STEP 4

1. 按下「RX Characteristic」右上角的↑，開啟「Write value」視窗。

2. 在「Write value」視窗輸入「1」。

3. 按下 SEND，將數據傳送給 ESP32 開發板，點亮 P1 LED。

4. 同理，在「Write value」視窗輸入「0」並按下 SEND，將數據傳送給 ESP32 開發板，關閉 P1 LED。

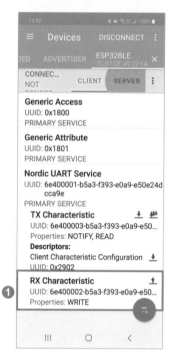

練習

1. 接續範例，使用手機遠端控制全彩 LED 模組。當 ESP32 與手機未建立 BLE 連線時，P2 LED 持續閃爍，建立 BLE 連線後，P2 LED 恆亮。兩種方式可以控制的全彩 LED 模組（連接於 GPIO4）的狀態。

   (1) ESP32 開發板的 IO0 按鍵每按一次，LED 狀態改變依序為：暗➜白光。

   (2) nRC Connect「RX Characteristic」輸入「0」則 LED 暗，輸入「1」LED 亮白光。ESP32 使用「TX Characteristic」將全彩 LED 的狀態傳送至手機，當 LED 亮時則顯示「LED is ON」，當 LED 暗時則顯示「LED is OFF」。

2. 接續上題，使用手機遠端控制全彩 LED 模組。ESP32 與手機未建立 BLE 連線時，P2 LED 持續閃爍，建立 BLE 連線後，P2 LED 恆亮。兩種方式可以控制連接於 GPIO4 的全彩 LED 的狀態。

   (1) ESP32 開發板的 IO0 按鍵每按一次，LED 狀態改變依序為：暗➜白光➜藍光。

   (2)「RX Characteristic」輸入「0」：LED 暗，輸入「1」：亮白光，輸入「2」：亮藍光。ESP32 使用「TX Characteristic」將全彩 LED 的狀態傳送至手機，當 LED 亮（白光或藍光）時則顯示「LED is ON」，當 LED 暗時則顯示「LED is OFF」。

17-3-2 手機 BLE 遠端監測溫溼度實習

一 功能說明

如圖 17-8 所示電路接線圖,使用手機 BLE 遠端監測溫度及溼度。ESP32 與手機未建立 BLE 連線時,P2 LED 持續閃爍,建立 BLE 連線後,P2 LED 恆亮。使用 ESP32-S 開發板上的 DHT11 溫溼度感測器,測量環境溫度及相對溼度,並且顯示於 TM1637 顯示模組中。TM1637 顯示模組左邊兩位顯示攝氏溫度,右邊兩位顯示相對溼度。

假設現在遠端環境溫度為 34°C、相對溼度為 56%。手機端執行 nRF Connect 應用程式,使用「RX Characteristic」傳送數據「t」,可以讀取遠端環境溫度,同時「TX Characteristic」顯示「Temp=34°C」。使用「RX Characteristic」傳送數據「h」,可以讀取遠端相對溼度,同時「TX Characteristic」顯示「Humi=56%」。

二 電路接線圖

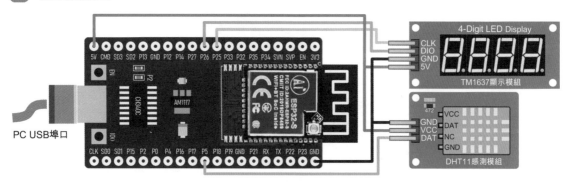

圖 17-8 手機 BLE 遠端監測溫溼度實習電路圖

三 程式:ch17_2.py

```python
from machine import Pin,Timer          #載入 Pin、Timer 類別。
from time import sleep                 #載入 sleep 函式。
import ubluetooth                      #載入 ubluetooth 函式庫。
import dht                             #載入 dht 函式庫。
import time                            #載入 time 類別。
import tm1637                          #載入 tm1637 類別。
dht11=dht.DHT11(Pin(5))                #建立 DHT11 溫溼度感測器物件。
tm = tm1637.TM1637(clk=Pin(25), dio=Pin(26))#建立 TM1637 顯示模組物件。
tm.brightness(1)                       #設定顯示器亮度。
ble_msg = ""                           #數據內容。
class BLE():                           #BLE 類別。
    def __init__(self, name):          #定義 BLE 類別。
        self.led = Pin(2, Pin.OUT)     #使用內建 LED(GPIO2)。
```

```python
        self.timer1 = Timer(0)           #計時器 Timer1。
        self.name = name                 #外圍設備的 BLE 名稱。
        self.ble = ubluetooth.BLE()      #建立 BLE 物件。
        self.ble.active(True)            #致能 BLE。
        self.disconnected()              #disconnected()方法。
        self.ble.irq(self.ble_irq)       #irq()方法。
        self.register()                  #register()方法。
        self.advertiser()                #advertiser()方法。
    def connected(self):                 #connected()建立 BLE 連線函式。
        self.led.value(1)                #BLE 連線時點亮 LED。
        self.timer1.deinit()             #初始化計時器 timer1。
    def disconnected(self):              #disconnected()斷開 BLE 連線函式。
                                         #設定 LED 每 0.1 秒閃爍一次。
        self.timer1.init(period=100, mode=Timer.PERIODIC, \
        callback=lambda t:self.led.value(not self.led.value()))
    def ble_irq(self, event, data):      #irq()觸發事件處理函式。
        global ble_msg                   #手機傳送給 ESP32 的數據。
        if event == 1:                   #手機連線請求?
            self.connected()             #建立手機與 ESP32 的連線。
        elif event == 2:                 #手機離線請求?
            self.advertiser()            #ESP32 開始廣播。
            self.disconnected()          #斷開手機與 ESP32 的連線。
        elif event == 3:                 #手機端傳送數據?
            buffer = self.ble.gatts_read(self.rx)    #ESP32 讀取數據。
            ble_msg = buffer.decode('UTF-8').strip()#取出數據內容。
    def register(self):                  #register()註冊函式。
                                         #Nordic UART Service(NUS)
        NUS_UUID = '6E400001-B5A3-F393-E0A9-E50E24DCCA9E'#服務 UUID。
        RX_UUID = '6E400002-B5A3-F393-E0A9-E50E24DCCA9E' #RX 特徵 UUID。
        TX_UUID = '6E400003-B5A3-F393-E0A9-E50E24DCCA9E'#TX 特徵 UUID。
        BLE_NUS = ubluetooth.UUID(NUS_UUID)
        BLE_RX = (ubluetooth.UUID(RX_UUID), ubluetooth.FLAG_WRITE)
        BLE_TX = (ubluetooth.UUID(TX_UUID), \
                ubluetooth.FLAG_NOTIFY | ubluetooth.FLAG_READ)
        BLE_UART = (BLE_NUS, (BLE_TX, BLE_RX,))
        SERVICES = (BLE_UART, )
        ((self.tx, self.rx,),)= self.ble.gatts_register_services(SERVICES)#註冊服務。
    def send(self, data):                           #send()傳送函式。
        self.ble.gatts_notify(0, self.tx, data + '\n')    #傳送數據給手機。
    def advertiser(self):                           #advertiser()廣播函式。
        name = bytes(self.name, 'UTF-8')        #外圍設備名稱。
```

```
        adv_data = bytearray(b'\x02\x01\x02')+ bytearray((len(name)+1 , 0x09)) + name
        self.ble.gap_advertise(100,adv_data)#每 100 微秒廣播一次。
ble = BLE('ESP32BLE')                       #建立 BLE 物件。
def readDHT():                              #溫溼度讀取函式。
    dht11.measure()                         #啟動 DHT11 開始測量。
    t=dht11.temperature()                   #讀取環境攝氏溫度。
    h=dht11.humidity()                      #讀取環境相對溼度。
    return(t,h)                             #傳回環境溫度及相對溼度。
while True:                                 #迴圈。
    (temp,humi)=readDHT()                   #讀取環境溫度及相對溼度。
    tm.numbers(temp,humi)                   #TM1637 顯示環境及相對溼度。
    if ble_msg == 't':                      #ESP32 接收到手機傳送訊息't'？
        ble.send('Temperature=' + str(temp) + '°C')  #傳送環境溫度數據。
        ble_msg = ''                        #清除數據。
    elif ble_msg == 'h':                    #ESP32 接收到手機傳送訊息'h'？
        ble.send('Humidity=' + str(humi) + '%')  #傳送相對溼度數據。
        ble_msg = ''                        #清除數據。
    sleep(1)                                #DHT11 每秒讀取一次環境溫度及相對溼度。
```

四 操作步驟

STEP 1

1. **執行程式** ch17_2.py，開始廣播，ESP32 板的 P2 LED 持續閃爍。

2. 開啟 nRC Connect 應用程式，點選 SCANNER 掃描外圍設備。

3. 找到 ESP32BLE 外圍設備，點選 **CONNECT** 進行配對連接。

4. BLE 連線成功後，在外圍設備名稱 ESP32BLE 下方出現 MAC 位址。ESP32 板的 P2 LED 恆亮。

5. 點選「Nordic UART Service」開啟下方「TX Characteristic」及「RX Characteristic」兩個特徵。

6. 按「RX Characteristic」右上角的 ⬆，開啟「Write value」視窗。

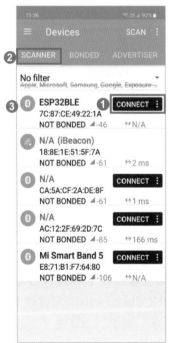

STEP ②

1. 在「Write value」視窗輸入「t」。
2. 按下 SEND ，將數據傳送給 ESP32，請求回傳環境溫度。
3. 回應數據在「TX Characteristic」的 Value：Temperature=34°C。

STEP ③

1. 按「RX Characteristic」右上角的 ⬆，開啟「Write value」視窗。
2. 在「Write value」視窗輸入「h」。
3. 按下 SEND ，將數據傳送給 ESP32，請求回傳相對溼度。
4. 回應數據在「TX Characteristic」的 Value：Humidity=56%。

練習

1. 接續範例，假設現在遠端環境溫度為34°C、相對溼度為56%。手機端執行nRF Connect 應用程式，使用「RX Characteristic」傳送數據「t」，可以讀取遠端環境溫度，同時「TX Characteristic」顯示「Temp=34°C」。使用「RX Characteristic」傳送數據「h」，可以讀取遠端相對溼度，同時「TX Characteristic」顯示「Humi=56%」。使用「RX Characteristic」傳送數據「a」，同時讀取遠端溫度及溼度，同時「TX Characteristic」顯示「Temp=34°C,Humi=56%」。

2. 接續上題，使用 ESP32-S 開發板內建 IO0 按鍵控制內建 P2 LED。每按一下按鍵，LED 狀態改變。另外，使用「RX Characteristic」傳送數據「0」則 P2 LED 暗，使用「RX Characteristic」傳送數據「1」則 P2 LED 亮。

A

實習器材表

A-1 全章實習器材表

A-1 全章實習器材表

本書所有實習皆使用 NodeMCU ESP32-S 開發板，亦可使用其它相容的 ESP32 開發板，再配合模組及少許元件即可完成。使用 ESP8266 開發板 Wemos D1 mini 的讀者，只要稍加修改本書範例程式內容即可完全適用。如表 A-1 所示全書實習材料表，**依使用章節順序排列**，MicroPython 開發板、模組及元件可至國內各大電子通路商購買。

表 A-1　全書實習材料表

序	元件名稱	規格	數量	使用章節
1	MicroPython 開發板	NodeMCU ESP32-S	1	4～16
2	電阻	220Ω	7	4、5、7
3	LED	5mm，紅色	7	4、5、7
4	麵包板	小型	1	4～17
5	杜邦線	公對公，20cm	10	4～17
6	杜邦線	公對母，20cm	10	4～17
7	杜邦線	母對母，20cm	10	4～17
8	全彩 LED	RGB	1	4
9	串列全彩 LED 模組	圓形，16 位	1	4、5、8、11、14、15
10	串列全彩 LED 模組	條狀，25 位	1	4
11	蜂鳴器模組	無源	1	5、7、16
12	七段顯示模組	MAX7219，8 位	1	6
13	七段顯示模組	TM1637，4 位	1	6、8、17
14	觸摸開關模組	223B	1	6
15	按鍵開關	TACK	7	7
16	可變電阻	50kΩ	1	8、12
17	光敏電阻模組	數位及類比輸出	1	8、12、14
18	超音波感測器	HC-SR04	1	8
19	溫溼度感測器	DHT11	1	8、10、12、13、14、15、17
20	三軸加速度計	MMA7361	1	8
21	紅外線感測模組	反射型	2	8
22	矩陣型 LED 模組	MAX7219	4	9

序	元件名稱	規格	數量	使用章節
23	串列式 LCD 模組	16×2，I2C 介面	1	10
24	OLED 模組	128×64，I2C 介面	1	11、12
25	馬達驅動模組	28BYJ-48，ULN2003A	1	12、14
26	直流馬達	DC5V	1	12、14
27	步進馬達	28BYJ-48，四相	1	12
28	伺服馬達	標準型 0°~180°	1	12
29	伺服馬達	連續型 0°~360°	1	12
30	薄膜鍵盤	4×4 鍵	1	12
31	繼電器模組	單路	4	15、16
32	RFID 模組	RC522	1	16
33	RFID 卡片	ISO/IEC 14443-A	4	16

動手玩 Python / MicroPython-ESP32 物聯網互動設計

作　　者：楊明豐
企劃編輯：石辰蓁
文字編輯：王雅雯
設計裝幀：張寶莉
發 行 人：廖文良

發 行 所：碁峰資訊股份有限公司
地　　址：台北市南港區三重路 66 號 7 樓之 6
電　　話：(02)2788-2408
傳　　真：(02)8192-4433
網　　站：www.gotop.com.tw
書　　號：AEH004900
版　　次：2023 年 12 月初版
建議售價：NT$660

國家圖書館出版品預行編目資料

動手玩 Python / MicroPython：ESP32 物聯網互動設計 / 楊明豐
　著. -- 初版. -- 臺北市：碁峰資訊, 2023.12
　　面；　公分
　ISBN 978-626-324-683-6(平裝)
　1.CST：Python(電腦程式語言)　2.CST：電腦程式設計
　3.CST：物聯網
312.32P97　　　　　　　　　　　　　　　　112018979